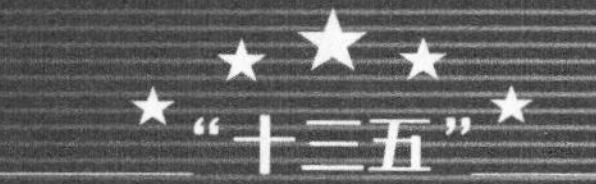

5G丛书

面向5G和B5G的先进多载波技术

[波]汉娜·博古卡(Hanna Bogucka) 阿德里安·克里克斯(Adrian Kliks) 帕维尔·克里舍维奇(Paweł Kryszkiewicz) 著
高晖 曹若菡 译

Advanced Multicarrier Technologies for Future Radio Communication: 5G and Beyond

人民邮电出版社
北京

图书在版编目（CIP）数据

面向5G和B5G的先进多载波技术 / （波）汉娜·博古卡（Hanna Bogucka），（波）阿德里安·克里克斯（Adrian Kliks），（波）帕维尔·克里舍维奇（Pawel Kryszkiewicz）著；高晖，曹若菡译. -- 北京：人民邮电出版社，2020.8（2022.8重印）
（5G丛书）
ISBN 978-7-115-53918-2

Ⅰ. ①面… Ⅱ. ①汉… ②阿… ③帕… ④高… ⑤曹… Ⅲ. ①无线电通信－移动通信－通信技术 Ⅳ. ①TN929.5

中国版本图书馆CIP数据核字(2020)第071502号

版权声明

内 容 提 要

正交频分复用技术已经在 4G 时代发挥了突出的作用。作为 5G 的关键技术之一，面向未来移动通信系统的其他先进多载波技术，如非连续频带多载波技术、滤波器组多载波技术等，都是当前学术界及工业界关注的热点。本书面向未来无线通信系统设计与应用，系统性地介绍了各类多载波技术，包括非连续正交频分复用技术、广义多载波技术和滤波器组多载波技术等，同时也介绍了先进多载波技术在灵活频谱使用场景中的应用。

本书适合学术界、工业界的相关从业人员以及高校师生阅读。

◆ 著　[波] 汉娜·博古卡（Hanna Bogucka）
[波] 阿德里安·克里克斯（Adrian Kliks）
[波] 帕维尔·克里舍维奇（Paweł Kryszkiewicz）
译　高　晖　曹若菡
责任编辑　李　强
责任印制　彭志环

◆ 人民邮电出版社出版发行　北京市丰台区成寿寺路 11 号
邮编　100164　电子邮件　315@ptpress.com.cn
网址　https://www.ptpress.com.cn
涿州市京南印刷厂印刷

◆ 开本：800×1000　1/16
印张：17.5　2020 年 8 月第 1 版
字数：318 千字　2022 年 8 月河北第 2 次印刷

著作权合同登记号　图字：01-2018-2758 号

定价：128.00 元

读者服务热线：(010) 81055493　印装质量热线：(010) 81055316
反盗版热线：(010) 81055315
广告经营许可证：京东市监广登字 20170147 号

前　言

随着移动通信用户（个人或设备）对高速数据传输、多媒体服务以及更大通信带宽等业务的需求不断增加，以及物联网发展所带来的可预期的流量增长，未来移动通信系统面临着前所未有的挑战。为了应对这些挑战，业界对第五代移动通信（5G）系统未来发展的方向以及期望的性能指标达成共识，主要包括显著提升系统容量、连接能力、能量效率、频谱效率，同时在一些关键任务应用中降低端到端时延等。为了实现网络容量与频谱利用率的提升，密集网络和频谱聚合两项技术尤为重要[1]。频谱聚合利用潜在的非连续频段获取更大带宽的频谱资源。目前，在长期演进增强版本（LTE-A）中已经提出了面向第四代移动通信系统（4G）的载波聚合（CA）技术，该技术可以在 20 MHz 带宽的下行信道中实现 1 Gbit/s 的吞吐量。虽然 LTE-A 中的 CA 技术推动了频谱聚合的实现，但 CA 技术在聚合任意频谱碎片方面的灵活性欠佳，与之相关的通信协议尚无法支持动态频谱接入与聚合。

新型多载波传输技术可以有效利用非连续子载波，支持多样、灵活的频谱聚合应用[3, 4]，特别是在物理层和 MAC 层的自适应过程中。在未来异构网络中的授权和非授权频段，通过新型的多载波技术有望实现认知频谱共享，这将极大地增加可用频谱资源，同时减小小区之间及通信节点之间的干扰。然而，面向大带宽中潜在非连续频谱的动态聚合技术依然面临诸多挑战，如基带信号处理、天线与射频（RF）收发机设计等，这些挑战在剧烈变化的无线电环境中尤为突出。在本书中，我们将介绍一些极具前景的技术方案，同时阐述如何利用这些非连续多载波技术以及新算法应对 5G 面临的挑战，提升频谱效率、干扰顽健性以及接收性能。显然，未来灵活无线电以及支持频谱柔性利用的波形设计将会受到持续的科学检验和认可。

多载波调制与复用是频分复用（FDM）的一种形式，数据通过多个子载波的窄带信道并行传输，其中，最典型的例子是正交频分复用（OFDM）技术。近年来，业界对其他形式的多载波调制和复用技术持续投入研究，获得的成果包括性能增强的 OFDM、非正交子载波传输、非连续频带利用、子载波塑型，等等。在本书中，我们将集中讨论基于非连续子载波的新型多载波传输技术，例如，非连续正交频分复用（NC-OFDM）及其增强、广义多载波（GMC）复用、非连续滤波器组多载波（NC-FBMC）技术等。这些技术能够实现灵活的频谱聚合、数据传输和接收，实现能量效率和频谱效率的提升，从而有效应对 5G 系统面临的种种挑战。因此，我们相信，新型多载波技术将在未来几年的移动通信（5G 及以上）应用中成为关键性技术。

第 1 章以波形的频谱柔性、频谱利用效率和灵活度 3 个指标为基础，讨论 5G 通信技术所面临的挑战，着重强调新型多载波技术的实用化设计以及设施的必要性。

第 2 章阐述当前移动通信中多载波传输技术的研究进展，介绍了多载波系统原理、OFDM 以及其他多载波技术。同时，本章还讨论多载波系统设计中的优势及存在的问题，如非线性失真，峰均比（PAPR）抑制技术，自适应传输参数更新、接收技术，同步技术等。

第 3 章介绍 NC-OFDM 的基本原理，该技术能够聚合非连续频带，非常适合面向 5G 移动通信的应用。本章也讨论了高效的 NC-OFDM 收发机设计，还阐述了增强型 NC-OFDM 通信系统的关键技术，包括针对聚合碎片化频谱以及约束邻近频带干扰的带外（OOB）功率抑制、动态频谱聚合、峰均比抑制、信号接收增强以及在可用子载波数量不足和受到邻频系统干扰情况下的同步问题。

第 4 章介绍广义多载波（GMC）调制的基本思想。GMC 涵盖了全部现有的多载波技术，也包括所有理论上可行的多载波或单载波波形，同时进一步讨论了 GMC 灵活且不失一般性的波形描述中所呈现的有趣特征，这些特征展示了 GMC 在 5G（及 B5G）移动通信应用及灵活可编程收发机实现中的潜力。本章也阐述了 GMC 通信所面临的挑战，如较高的 PAPR 以及 GMC 自适应发送和接收所面临的高复杂度收发机设计等。

第 5 章介绍滤波器组多载波（FBMC）技术的基本原理。近年来，全球通信界对 FBMC 进行了广泛而深入的研究，该技术也被提议为 5G 空中接口的关键技术。在 FBMC 中，OOB 功率在每一个子载波上由滤波器控制。同时，FBMC 采用基于偏移正交幅度调制

（OQAM）的 FBMC 高效收发机设计，具有较低的计算复杂度。本章也介绍了原型滤波器设计及其相关的接收机技术，还讨论了 FBMC 以及其他基于滤波器组的技术所面临的一些挑战，如滤波 OFDM、余弦调制多重载波信号设计、滤波多音调制（FMT）、通用滤波多载波（UFMC）或广义频分复用（GFDM）等。

第 6 章介绍了动态频谱接入（DSA）和多种频谱共享技术，这些技术将支撑未来多载波技术应对 5G 通信的需求。本章归纳和整理了一些当前较热门的 DSA 方案，包括基于博弈论、频谱定价以及“合作竞争”DSA 方案。信息传输需求常常和频谱效率需求失配，因此，需要考虑将现有（授权）系统与新兴的认知无线电技术相结合。本章还讨论并评估了基于 NC-OFDM 和 NC-FBMC 的频谱聚合技术在全球移动通信系统（GSM）和通用移动通信系统（UMTS）中的性能。

第 7 章汇总了全书的主要结论，并且对目前现有的技术在大规模工业化生产、硬件可实现性等方面的进展和面临的挑战进行讨论，并展望这些技术未来的发展前景。

（OQAM）的 FBMC 高效收发机设计，以及较低的计算复杂度。[illegible]设计实现相关的收发机技术，还讨论了 FBMC 以及其他基于滤波器组的技术所面临的挑战，如滤波 OFDM、[illegible]（UMT）、通用滤波多载波（UFMC）和广义频分复用（GFDM）等。

第 6 章介绍了动态频谱接入（DSA）和多种频谱共享技术，这些技术将支撑未来[illegible]技术应对 5G 通信的需求。本章回顾了[illegible]的 DSA 方案，包括基于数据库、频谱感知以及“分布式”DSA 方案。[illegible]因此，需要将[illegible]（授权）系统与新兴的认知无线电技术相结合。本章也讨论了基于 NC-OFDM 和 NC-FBMC 的[illegible]在全球移动通信系统（GSM）和通用移动通信系统（UMTS）中的性能。

第 7 章总结了全书的主要结论，并且对目前现有的技术在[illegible]方面的进展和面临的挑战进行讨论，并展望这些技术未来的发展前景。

目 录

第1章

引　　言

自部署蜂窝系统以来，现代社会爆发了一轮又一轮的通信技术革命，层出不穷的无线移动通信新技术引发了社会各界的广泛关注。蜂窝通信系统的开山之作是第一代（1G）北欧模拟移动电话（NMT）系统，该系统在 1981 年首次部署于斯堪的纳维亚，随后又拓展到欧洲和亚洲的一些国家[5]。接下来的几年，模拟通信系统衍生出许多种类并逐步过渡到数字通信。随着系统覆盖范围不断扩大，第二代（2G）蜂窝系统应运而生，其中包括欧洲的全球移动通信系统（GSM）以及美国的 IS-95 系统。紧随其后出现了第三代（3G）全球通信系统，如通用移动通信系统（UMTS）、IMT-2000 等[6]。在这些系统的基础上，通过应用与改进大量高速传输方案，最终形成了第四代（4G）通信标准，显著地提升了 3G 系统的容量、覆盖范围和移动性。除了无线移动通信标准，无线局域网（WLAN）也在不断革新以支持更高的数据速率，如 IEEE 802.11n 标准采用多输入多输出（MIMO）技术使数据的传输速率达到 54～600 Mbit/s（最大净传输速率）[7]。

未来，无线网络面临的主要挑战是需要满足移动设备不断增长的多种业务需求，如高速数据传输、多媒体服务支持以及更高的传输带宽等。图 1.1 展示了当代无线通信标准，这张图反映了不同通信标准的可实现速率与其移动性之间的关系[8]。

需要注意的是，图 1.1 的右上角始终是空白的，这是因为高移动性通常意味着无线信道的高速变化和高动态性，这就需要对可能的数据传输速率加以限制。同时也可以看出，后续几代移动通信系统的研发将持续致力于同步提高系统的移动性和传输速率。而第五代（5G）（以及后 5G）移动通信系统的开发对这种趋势提出了更高的要求。

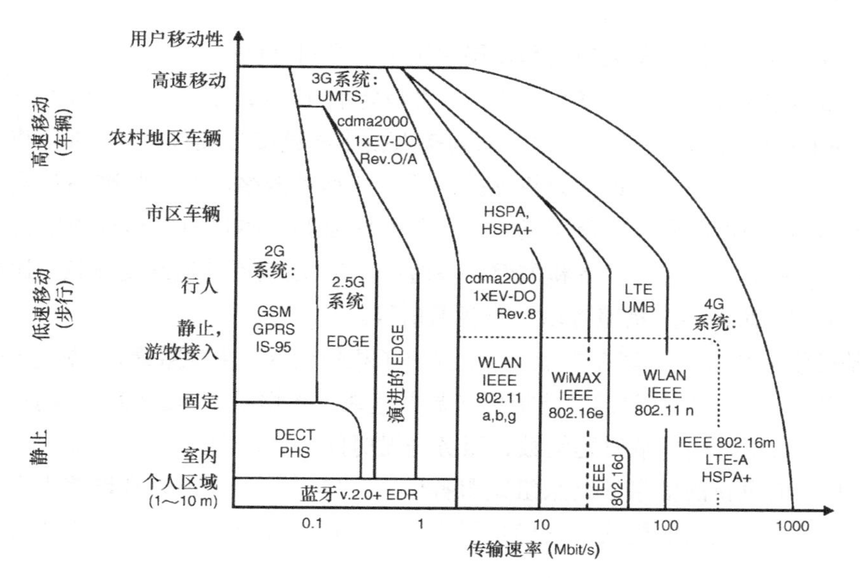

图 1.1 当代无线通信标准

1.1 5G 无线通信

思科公司曾预测，“全球 IP 通信量在 2016 年突破泽字节（2^{10} 艾字节）门限，并在 2019 年超过两个泽字节。2019 年，全球 IP 通信量迈向一个新的里程碑，年通信量实现翻番增长；无线移动设备的通信总量将首次超过有线设备；全世界的移动数据流量将比 2014 年提高 10 倍”[9]。根据爱立信公司发布的报告[10]，在 2016 年初，移动订阅数的总量达到了 73 亿。此外，数十亿的机器和设备（预期将构成物联网）间的通信也带来了前所未有的挑战。这也解释了为什么 5G 成为学术界与产业界关注的焦点，与 4G 系统相比，5G 将实现系统容量提升 1000 倍；能量效率、数据速率和频谱效率均提升 10 倍，小区平均吞吐量提高 25 倍以及能够显著降低传输时延[11]。文献[12]提出了未来 5G 的愿景，包括超高系统容量（每平方千米提高 1000 倍）、超低时延（低于 1 ms）、超大规模链路部署（增加至原来的 100 倍）、超高传输速率（高于 10 Gbit/s）和超低能量消耗等内容。虽然这些性能指标不需要同时满足，但它们为 5G 网络下 Gbit/s 的用户体验提供了基础[12]。在现实世界中，5G 网络在室内或者稠密的室外环境下支持的数据速率应该超过 10 Gbit/s、在城市或郊区环境下支持 100 Mbit/s 左右的数据速率，并且在其他任何区域的传输速率至少达到 10 Mbit/s，包括发达国家和发展中国家的乡村地区[13]。

文献[13]也指出，5G 网络将不再基于一种特定的无线接入技术，正如对 2020 年后移动通信的要求：5G 通信系统将包含一系列接入技术和链接方案包。5G 规范将包括一种新型灵活的空中接口开发，该接口将支持部署极速移动网络，并且瞄准高带宽和高流量的应用场景，此外也面向一些新型场景，包括对时延和可靠性有严格要求的关键任务和实时通信[13]。除了扩展移动宽带和关键任务通信，5G 还包括其他应用场景，比如大规模机器类通信、广播/多路广播服务以及车辆通信等。

5G 基础设施协会的专家在文献[14]中提出了相似的 5G 性能愿景。根据这个愿景（如图 1.2 所示[14]），通过提升关键性能指标（数据速率、数据量、可靠性、移动性、能量效率、服务设施密度、端到端时延倒数、服务开发时间），5G 通信技术将成为一个经济助推器，它通过铺设新的信息通路来组织服务供应商的商业部门，以及培养由高端信息与通信技术支撑的新型商业模式。它们将提供持续的用户体验、物联网（机器型通信）以及关键任务（低时延）服务。

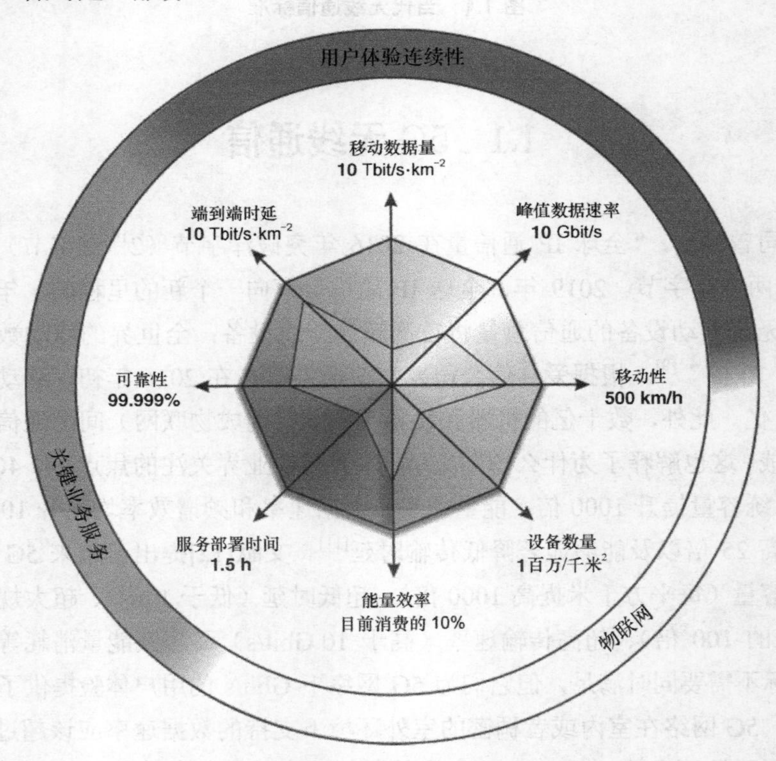

图 1.2　5G 的颠覆性能力

为了满足5G无线通信的系统需求，尤其是移动宽带通信，必须要开拓新的频谱。世界无线电通信大会（WRC）在2015年做出了一个关键决策，即在ITU区域1中（欧洲、非洲、中东和中亚）允许将694～790 MHz频段用来提供移动宽带无线电服务，这将为通信系统提供更多的容量。目前，运行在该频段内的业务已经受到全面保护。毫米波频段也被广泛研究并应用到5G的非授权频带中，且通过认知无线电技术实现频谱共享，进而提高频谱利用率。

一些具有较好前景的5G技术包括大规模MIMO天线系统、节能通信、认知无线电网络以及微蜂窝小区（甚至毫微微小区）等。在某种程度上，这些技术能够有效解决建筑物内无线服务较差的问题。无线设备在室内的使用时间大约占 80%，然而目前蜂窝小区的基础设施大多数还依靠室外的基站。因此，通过将室外流量分散到室内，来提高无线系统的能量效率，同时，基站在分配无线频谱时会面临更小的压力并能以更低的功率传输信号。对于在轿车、火车和公共汽车中的移动用户，移动毫微微小区也能改善服务质量[11]。根据业界对5G未来的发展所具有的一些普遍共识，异构网络将用来处理不断增长的传输流量。异构网络使用不同类型的传输节点，能够支持不同的传输功率、具备各式各样的数据处理能力以及能够支持不同的无线接入技术等[15]。这些技术将通过不同类型的回传链路来支持。因此，异构网络的协作技术相比无线局域网和蜂窝网络中的协作技术更加宽泛、更加一般化。

低功率的小节点（基站、移动终端）与高功率的大节点能够在同一个处理器的管理下维护并共享相同频段的频谱资源。所以还要提供联合无线资源和干扰管理以确保低功率节点的覆盖。而且，这些节点还要能够使用不连续的频段并聚合这些频段。为了达到这个目的，未来的异构通信将采用新型传输技术[3, 4]。增强型正交频分复用（OFDM）与滤波器组多载波（FBMC）是能够应用在未来5G无线接口实例的多载波技术。应用智能频谱共享方案能够有效避免小区间的强干扰和小区内的干扰。采用异构网络的目的是提高系统容量，同时通过在局部地区部署额外的网络节点来对覆盖范围进行高成本效益的拓展，以及实现绿色通信方案，比如在微小区、微微小区、家庭基站（HeNB）中部署低功率节点、毫微微节点或中继节点等。未来的5G网络将支持设备到设备（D2D）通信，即省略中介基站，允许距离很近的设备不经主干网络设施而直接通信。这种通信方式在人口密集的地区能够高效地疏解通信流量和提高频谱的重复利用率。有关5G异构网络的话题已经在产业界和学术界获得大量关注。第三代合作伙伴计划（3GPP）长期演进增强型（LTE-A）已经开展了一个有关部署异构网络的研究项目，以期望其能够有效提高系统容量并扩大网络覆盖范围[16]。该项目已经吸引了IEEE 802.16j标准化的关注。旗舰学术期刊已经推出了一系列专刊，重点关注 5G 通信和异构网络关键问题和未来表现（参考文献[17～20]），以及主要科学会议的专题活动和研讨会。毫无疑问，业界和学术界依然认为需要更多地了解和详细阐述未来异构网络可能实现的技术细节和性能收益。为了支持 5G 通信环境中无线接入技术和网络的异构性、无线资源共享和基础设施共享，业界对网络的虚拟化以及控制进行了深入研究。

1.2 未来移动通信系统面临的技术挑战

未来的异构网络将面临许多挑战，为了成功地部署和运营这些网络，仍有许多技术问题需要解决。从理论上讲，系统的总体容量规模取决于单位面积内部署的小区数量。在一个指定的区域内，缩小每个小区的半径并部署更多的小区将能够提供更多的容量。同时，也能增加频谱的重复利用率。然而，当小区之间的距离缩小时，网络的异构性将面临多方面的挑战。基于加性高斯白噪声（AWGN）信道的容量，在一个蜂窝系统中，单个用户的数据吞吐量 R 的上限值为[21]

$$R < C = m\frac{B}{n}\log_2\left(1 + \frac{P}{\sigma_{\mathrm{I}}^2 + \sigma_{\mathrm{N}}^2}\right) \tag{1.1}$$

其中，C 表示系统容量，B 表示基站信号的带宽，n（载荷因子）是共享同一基站的用户数量，m（空间复用因子）是在基站与单个用户之间空间波束的数量，P 表示目标信号功率，而 σ_{I}^2 与 σ_{N}^2 分别表示从接收端观察到的干扰功率和噪声功率。在存在可用频谱的情况下，可使用额外的频谱来增加信号带宽 B。小区分解可以降低载荷因子 n（$n \geqslant 1$），但这需要部署更多的基站，并且要尽可能地确保用户的数据流量在所有基站中均匀分布。在基站和用户设备上应用大规模天线（具备适当的相关性）可以增大空间复用因子 m。

小区分解的优势在于可以降低用户设备与基站之间的路径损耗，并且能够有效地削弱热噪声 σ_{N}^2 带来的影响，但同时也增加了两者之间的目标信号与干扰信号的功率 P 和 σ_{I}^2。因此，在现代蜂窝系统中，提升链路效率的重要手段是干扰抑制。这需要发射机之间能够自适应地协调配置资源，同时还要提高接收机处理信息的能力。我们或许可以在网络密集化这一背景下看待上述有关提高无线系统容量的参数。网络密集化包括空间密集化（增加 m/n）和频谱聚合（增加 B）[21]。而频谱聚合是指利用大量 500 MHz 至毫米波频段（30～300 GHz）的电磁波频谱，跨越不同的频段聚合潜在的非连续频谱碎片，这为天线与射频（RF）收发机的设计带来了相当大的挑战。为了实现频谱聚合，我们必须克服这些困难。

总的来说，像非连续正交频分复用（NC-OFDM）、非连续滤波器组多载波（NC-FBMC）等多载波技术已经被公认为是合适的5G传输候选方案。这些技术在聚合与开拓空闲频谱碎片以实现高频谱效率的通信以及高速数据传输等方面表现出巨大的潜力[3]。这些技术拥有高效利用频谱碎片的能力，同时，它们还具有频谱整形功能以削减对附近其他的无线传输可能造成的干扰。为了抵消由NC-OFDM带外（OOB）功率散射造成的潜在干扰，本书提出了几项技术，利用这些技术能够显著抑制旁瓣辐射，这使不同的系统利用相邻的频段成为可能[4]。另外，采用子载波滤波的NC-FBMC在需求层面上处理OOB功率散射，这样做的代价是增加了计算复杂度。有一点可以预见的是，OOB的功率层级可以通过自适应改进滤波器的特性，即自适应波形设计来调整。然而，到目前为止，还没有关于自适应调整脉冲波形的公开研究工作。考虑到计算限制、用户设备可用的能源和其他如无线环境等因素的限制，我们需要考虑一个折中的方案，既能够有效限制OOB带来的干扰，又能考虑成本因素。而且，我们仍有诸如频谱聚合、非连续多载波信号接收等问题需要解决。最主要的问题便是系统内部存在的自干扰（子载波之间）以及外部的同频（尤其是窄带）干扰现象，另外还包括信号的接收/检测质量等。

如前文所述，在部署超密集网络时，既要考虑目标信号的强度，又要考虑来自其他小区增加的干扰，以及抑制目标小区对其他小区的干扰。由于移动用户相比以往更容易靠近小区边缘，因此，我们还需要引入相关的移动管理机制。此外，一些私有微小区实施限制接入方案，当这些私有小区与外部小区共享相同的频谱资源时，它们会对外部小区造成强烈的非协调干扰，或者接收到来自外部小区的同频干扰[22]。微小区的部署大多数都不在计划之内，因此，一个网络的自组织机制也需要发展。微小区的自组织模式通常可以分为3个过程：（1）自我配置，小区能够通过下载好的软件进行自动化设置；（2）自我修复，小区能够自动执行故障修复；（3）自我优化，小区能够不间断地监控网络状态以及通过优化它们的设定来扩大覆盖范围并减少干扰[23]。只有成功解决这些问题，部署多小区的技术愿景才能够得以实现。值得注意的是，近年来，3GPP LTE-Advanced系统在加强小区间干扰协调发展方面取得了一些成果[24]。诚然，我们仍然需要采取更加智能的激励措施来鼓励私有微小区业主开放限制以提供更广泛的网络接入资源。

除了满足巨大的流量需求外，全球的网络运营商现在也意识到通过节能的方式管理蜂窝网络，从而减少二氧化碳的排放[25]。“绿色蜂窝网络”一词越来越流行，这说明能量效率已成为蜂窝网络设计中的关键性能指标之一[26, 27]。虽然微小区网络的部署被认为是满足日益增长的业务需求的一种有前景的方式，但是微小区部署的密集性和随机性以及它们不协调的运营方式带来了关于这种多层网络中能效含义的重要问题。除了将微小区引入现有的宏小区网络之外，另一种有效的技术是在宏基站中引入睡眠模式，同时向规模更小、更加节能的小区疏解流量[28, 29]。此外，微小区在高密度部署的情况下，有可能实施睡眠模式，这对于开放接入的微小区是有利的，同时也降低了该地区的能源消耗[30]。在不同覆盖范围的小区与网络之间形成恰当的流量平衡，从终端用户的角度来讲则是通过降低占线概率来提高体验质量（QoE）[31]。

在 5G 时代，网络、系统和节点需要具备环境感知能力，能够基于网络、设备、应用、用户和他/她所处的环境以实时方式将周边信息利用起来。这种周边感知将会提高现有的服务效率，并有助于提供更多以用户为中心的个性化服务。例如，网络需要更多地了解应用需求、QoE 指标以及其他特殊的渠道，来调整应用程序流以满足用户的 QoE 需求。基于周边感知的各种传输参数与网络参数调节必须考虑以下信息：设备周边、应用周边、用户周边、环境周边以及网络周边等[32, 33]。周边信息本身是由不同部分组成的，如文献[34]所述，每一部分都将以不同的方式影响决策过程中的各个步骤。另外，在利用周边信息的过程中有两个重要的性能：信令开销和信息的可靠性，它们直接影响网络容量和能量效率等关键性能指标。

1.3 未来移动通信接口的定义

结合业界对未来 5G 通信的共识，同时考虑到上百吉赫兹的带宽，这些都意味着如果仅仅采用一个空中接口接入如此宽泛的频段，则不是一个可行的方案。这是因为传播特性、可实现性以及兼容性问题对于不同的频率范围是不同的。因此，5G 无线接入的整体方案将更有可能由多种集成度良好的无线空口方案组成[13]。但是，我们已经研究出比较合适的且可以满足 5G 通信需求的信号波形，尤其在动态频谱接入、频谱聚合和频谱共享等方面，这些信号具有参数定制化功能（因此，允许灵活的系统设计）以及灵活的频谱利用能力等特点，可以更好地满足 5G 通信需求。例如，EU Horizon 2020 项目 FANTSTIC-5G 为 5G 系统在 6 GHz 以下的频段研究了灵活的空中接口[35]。此外，新的公共无线电接口将涉及毫米波频段。文献[13]提出了对未来 5G 网络的愿景，即 5G 将以透明的方式将 LTE（基于 OFDM）与新空口联合应用到服务层和用户中。

OFDM 是一项成熟的技术并已成功应用于多种无线标准。因此，有很多关于未来无线接口的提议也主张采用类似技术，其中大部分都来自于电信行业，而且也是5G波形的主要候选方案。例如，文献[12]提出了一种滤波 OFDM 的灵活波形技术，以支持不同类型的接入方案、帧结构、应用场景以及服务需求等，这将有效促进不同系统间的兼容性。在这个方案中，OFDM 的子载波组经过了滤波处理。这些子载波组可能具有不同的子载波间隔、符号持续时间和保护间隔。根据我们在第 5 章的分类，可以将这种方案视为一些独立的滤波 OFDM 波形或通用滤波多载波（UFMC）的更灵活的版本。

如文献[3，4，36～43]所述，为了避免在动态频谱接入（DSA）过程中出现滤波行为，以及进行动态频谱聚合，人们已经在研究增强的 OFDM 波形。该增强性基于一些信号处理和优化方法来实现所需要的频谱整形，其中，在动态变化的无线环境中设计（或重新设计）频谱整形滤波器几乎是不可能的。

我们同样对 FBMC 在未来的无线接入网络中的波形进行了深入的研究。这些波形具备一些由子载波滤波器造成的突出特征。由于对每条子载波的频谱采取单独整形，所以 FBMC 理论上在聚合任意频段的资源的过程中均具有良好的灵活性，从而实现频谱共享。欧盟第六、第七框架计划组已经开始聚焦这种波形设计，目标是为未来的 DSA 与认知无线电网络设计物理层，例如，URANUS、PHYDYAS、EMPhAtiC、METIS 或 5GNOW 等。

需要再次提及，如同文献[44～47]中的描述，基于广义频分复用（GFDM）的 5G 无线接入技术（RAT）是 OFDM 的灵活版本，该技术可以实现子载波间的非正交。GFDM、FBMC 以及其他两个多载波波形，即 UFMC 和双正交频分复用（BFDM）已经成为欧盟第七框架计划组 5GNOW 调研的重点[48]。然而，实际上，GFDM 方案更接近广义多载波（GMC）方案。GMC 方案早期于文献[49，50]中被提出，并且由欧盟第六框架计划组 URANUS[51, 52]研究。

第 2 章

移动通信系统中的多载波技术

多载波调制是频分复用（FDM）的一种形式。其中，消息数据是经过几条位于不同载波频率上的窄带信道进行传输的。与传统的 FDM 系统不同，多载波调制考虑了相邻子载波可能存在的邻信道干扰情况，从而在频域上把窄带信号分配到带有保护频带的信道中，因此，使传输效率得到显著提升。相较于时间离散信道脉冲响应的周期，同时占据数个子载波的并行码元传输产生了相对更长的码元周期。所以，采用多载波调制的通信系统能够有效抑制因多径传输导致的码间串扰所带来的影响。

根据原始数据分流至各平行子载波的方式，目前有多种方式可以实现多载波调制。一般而言，这些实现方式可以被分为以下两大类[3, 53]。

（1）基于离散傅里叶变换（DFT）的多载波调制。应用 DFT 与谐波基函数实现子载波调制。采用快速傅里叶变换（FFT）算法能够有效地实现这种调制方式。例如，对于 N 条子载波来说（N 是 2 的整数次幂），基−2 FFT 的复杂度为 $N\log_2(N)$（就计算次数而言）。大多数商用网络标准采用这种调制方式，比如 OFDM 以及离散多音调制（DMT）等[7, 54~61]。

（2）滤波器组多载波（FBMC）调制。发射机采用带通滤波器对被调制的子载波进行频谱整形，随后将这些子载波叠加到一起构成多载波传输信号。在接收端，位于接收机中的带通滤波器组用来将合成信号分解为不同频率的子信号[49, 62~64]。下面列举了一些出自文献[3]的 FBMC 应用实例：

① 由基于复指数函数和余弦函数的原型低通滤波器集成的复指数滤波器组和余弦调制滤波器组；

② 带有子带对偶编码功能的复用转换器；

③ 理想信道条件下，旨在消除载波间干扰（ICI）的完美重构滤波器组；

④ 采用具有比子载波总数更多采样点的过采样滤波器组；

⑤ 采用偏移 QAM 映射的改进 DFT 滤波器组，可以使每个子载波信号的实部或虚部相对于彼此延迟，以使 ICI 最小化。

因此，这些多载波信号可以根据不同的特性归为不同的类别，如是否经过滤波、是否相互正交以及是否预编码等。所有的多载波信号均可以被广义多载波（GMC）刻画。

像 OFDM 这种采用正交波形（子载波）的多载波传输能够普及的原因在于其优良的传输性能。首先，如果信道的相干带宽远大于 OFDM 信号带宽，则在每条子载波频点周围定义的子信道均可视为平坦型衰落信道。这样，就可以对接收信号采取相对直接、简单的均衡技术，并修正传输信道失真所带来的影响。此外，在实际的设计中，每个 OFDM 符号的持续时间将远小于信道相干时间，因此，信道特性在一个符号周期内不会发生变化。为了消除码间串扰带来的影响，每个数据块的前端都会添加保护间隔，代价是频谱效率降低了。为了克服这些限制以及改善 OFDM 信号的特性，提出了许多新技术用于正交多载波系统中，包括自适应调制和编码[53, 65~68]以及其他高效的资源管理技术[69~73]。而且，OFDM 技术已经应用于 4G 系统[58, 59]，并被推荐应用于 5G 通信系统、认知无线电系统（主要是其非连续形式）[74~77]。

OFDM 系统除了具有上述优点之外，也存在两个缺点，如下。

（1）由非线性功放设备（如功率放大器）造成的高带外散射，导致峰均比较高[6, 53, 78, 79]。

（2）对频率偏移和同步误差很敏感，这将会导致移动无线信道中子载波之间正交性的丢失[53]。

抛开这些缺点，一个需要提及的事实是，由于循环前缀的存在以及传输脉冲之间的正交需求，OFDM 的频谱效率会受到限制[80~82]，这个限制决定了子载波之间的频率间隔。而且，其他采用正交子载波波形的多载波系统也有这样的缺陷，但同时也催生了新的较为复杂的信号调制方式，尤其是一些新的调制方式使相邻脉冲在时—频平面上出现大量的重叠现象[81, 82]。因此，增加了在一个确定的时隙和频带内的传输比特总数。此外，得益于边带功率散射的可控性，以及给定频带内子载波的有效分配[75]，在认知网络环境中，对基础传输脉冲时—频特性的修正能够提高频谱效率。

也有一些工作尝试一般化多载波收发机的架构[49, 51, 52, 83]，从而可以定义一类数据传输信号，这类信号基于具有两种通用需求特性的 GMC 波形[3]：

（1）子载波的数量多于 1 个；

（2）所有传输波形的生成（时域传输以及频域调制等）均基于独有且预定义的脉冲

（也称之为母函数或原型脉冲波形），这样的波形能够构成完备集或超完备集[49, 84, 85]。

基于这些假设，我们可以通过适当选择一组参数来定义每个传输方案，例如，传输脉冲波形、FFT 长度、子载波数以及循环前缀长度。这些对传输信号的通用性描述在许多文献中都有提及（主要是在文献[49, 83, 86, 87]中），其中一些文献假设脉冲信号调制的子载波是相互正交的。然而，有关多载波信号的一种更一般化的情况需要被考虑，即不满足正交性假设的情况。过去几年，已经开始研究这种现象了[81, 82, 84]。

虽然对发射和接收脉冲适当整形的想法还很新鲜，但是在过去几年里，这种技术已经开始呈现较火的趋势。产生这种趋势的原因是其在未来无线通信系统中的潜在应用，如在认知无线电或未来的 5G 通信系统中。欧洲的许多国际研究项目已经解决了脉冲整形问题，此处列举一小部分此类项目：URANUS（通用无线—链路平台，针对以用户为中心的高效接入）[84]、NEWCOM、NEWCOM++以及 NEWCOM#（无线通信中的先进网络）[88]、PHYDYAS（物理层动态频谱接入和认知无线电）[89]、ACROPOLIS（许可和未许可频段内无线优化的先进共存技术）[90]、EMPhAtiC（专业 Ad-Hoc 和 Cell-Based 通信中增强型多载波技术）[91]以及 COST ACTION ic0902（认知无线电和网络，针对异构无线网络的协作式共存）[92]。

一些将非正交信号应用在多载波传输[80~82, 85, 93]中的论文也已经发表。这些论文对各种调制情况进行了分析，其中包括双正交基和 Weyl-Heisenberg 帧。在现实场景中这些调制方案已经得以应用[3, 4, 37, 94]。其中，有一部分论文在基于 Weyl-Heisenberg 的波形传输环境中提出了先进的传输技术。值得强调的是，与现有的多载波系统一样［例如，OFDM、滤波多载波（FMT）、DMT 等］，GMC 信号也会受到时域信号包络（通过峰均比度量）的高度变化带来的影响。然而，由于 GMC 信号独特的性质，现有典型的峰均比最小化算法还不可以直接应用。此外，采用链路自适应技术也可以提高 GMC 传输的频谱效率，而且，接收信号均采用通用方法实现，尤其是非正交的传输情况。最后，值得一提的是，从实践的角度来看，GMC 的传输参数不仅影响链路层，还影响整个系统的系统级仿真[95]。上述这些方面均可以提高整个系统的性能，这也是本书讨论这些问题的原因。

因此，基于各种多载波调制方案的优势，本书呈现了各种应用于未来 5G 无线通信中的多载波调制技术，这些技术会择机接入无线资源，具有灵活性和互操作性，并致力于用合理的计算成本来提高频谱效率。本书同样关注新的先进多载波信号的发送和接收方案。与现有的解决方法相比，这些方案能够改善无线系统的性能。

现在，我们将开始讨论其中最受欢迎的一种多载波技术——OFDM，它已经被应用到许多无线标准中，也被考虑作为未来 5G 无线通信系统的候选波形。

2.1　OFDM 原理

正如前面所提到的，OFDM 技术采用正交子载波实现多条数据流的并行传输。OFDM 具有许多优点，非常适合无线通信，同时它也有一些缺点，这给电信系统的设计过程带来了挑战。文献[96～102]介绍了无线系统中有关 OFDM 的相关综合性工作。

数据符号对频点 $f_1,\cdots,f_N$ 的 N 条子载波进行调制，由此形成的多载波信号如下。

$$\tilde{s}(t)=\sum_{n=0}^{N-1}\left[\Re\left\{d_n^{(p)}\right\}\cos(2\pi f_n t)+\Im\left\{d_n^{(p)}\right\}\sin(2\pi f_n t)\right] \tag{2.1}$$

其中，$pT_B \leqslant t<(p+1)T_B$，$T_B$ 是持续时间，$\Re\{d_n^{(p)}\}$ 和 $\Im\{d_n^{(p)}\}$ 分别是在第 p 个调制间隔内，调制到第 n 条子载波上的第 n 个数据符号的同相分量和正交分量，$\tilde{s}(t)$ 是信号 $s(t)$ 的实部。

$$\tilde{s}(t)=\Re\{s(t)\}=\Re\left\{\sum_{n=0}^{N-1}[d_n^{(p)}\exp\ (\mathrm{j}2\pi f_n t)]\right\} \tag{2.2}$$

其中，$\mathrm{j}=\sqrt{-1}$，$d_n^{(p)}=\Re\{d_n^p\}+\mathrm{j}\cdot\Im\{d_n^{(p)}\}$ 是复数据信号，$\exp(\mathrm{j}2\pi f_n t)=\cos(2\pi f_n t)+\mathrm{j}\sin(2\pi f_n t)$ 是频点 f_n 上的复子载波。当相邻子载波满足以下关系时，子载波之间将相互正交。

$$\Delta f=\frac{1}{T} \tag{2.3}$$

其中，$T=N\Delta t$ 是正交周期，Δt 是信号 $\tilde{s}(t)$ 的采样间隔。假定 $f_0=0$，子载波调制频率满足 $f_n=n\Delta f$。如果采样频率满足 $1/\Delta t=N\Delta f$，那么在第 n 条子载波上，第 p 个 OFDM 符号内的第 m 个采样点为

$$s_{n,m}^{(p)}=d_n^{(p)}\exp\ (\mathrm{j}2\pi f_n m\Delta t)=d_n^{(p)}\exp\ \left(\frac{\mathrm{j}2\pi nm}{N}\right) \tag{2.4}$$

OFDM 数字信号采样由 $s_{n,m}^{(p)}$ 构成。

$$s_m^{(p)}=\frac{1}{\sqrt{N}}\sum_{n=0}^{N-1}\left[d_n^{(p)}\exp\ \left(\frac{\mathrm{j}2\pi nm}{N}\right)\right] \tag{2.5}$$

其中，$m = 0, \cdots, N-1$。注意公式（2.5）是乘以缩放因子 $\sqrt{N}$ 的离散傅里叶逆变换公式（引入 $\sqrt{N}$ 是为了使调制器输出与输入信号具有相同的功率）。从这些公式可以得出，构建 OFDM 信号所需的调制和加法运算的总和可以视为一个 IDFT 过程，能够使用 IDFT 的 IFFT 算法完成。进一步地，接收机端的解调过程使用 DFT 以及相应的快速算法（添加缩放因子 $\sqrt{N}$ 的 FFT 是为了维持相同的输入功率和输出功率）。

IFFT 和 FFT 的快速实现，以及相关超大规模集成芯片（VLSI）的设计和生产方面取得的进展，使 OFDM 在电信系统中的商用化成为可能。在一个 OFDM 系统中，讨论发射机端的信号处理时常采用 IFFT 对应的术语（接收机端则采用 FFT 对应的术语）。例如，在发射机端，数字数据符号在经 IFFT 处理前的输入被称为频域符号，而输出信号则被称为时域的采样点。

现在我们讨论 OFDM 发射机对信号的处理。由于无线信道中存在频率选择性衰落以及加性噪声，误差纠正编码与交织通常应用于 OFDM 发射机（编码 OFDM 在许多文献中被提及，如文献[103～105]）。在进行子载波调制之前，通常先利用导频符号和控制符号延长前向纠错编码（FEC）数据序列，导频符号和控制符号被用于信道估计并携带与传输参数相关的信息。为了使接收机实现同步接收，发射机将周期性地传输一组预定义符号作为先导符号。频带边缘通常要添加过零保护符号，以调整采样频率和 IFFT 阶数。IFFT 模块是 OFDM 发射机采用正交子载波实现多载波调制的核心。

在 IFFT 输出的 OFDM 信号采样序列的前面还要插入 CP，它是通过重复序列尾部的采样值生成的。CP 在发射端引入并在接收端被去除，使 FFT 输入端的接收信号是传输信号和信道冲激响应的循环（非线性）卷积，从而可以支持消除码间干扰（ISI）（接收符号序列之间不存在混叠），即使这些符号在经过信道时发生了失真。因此，CP 的持续时间应该等价于信道冲激响应（样本内）的时间减去一个采样时间。另外，在传输序列中加入 CP 和保护窗可以限制边带频谱的部分功率。

最终，传输信号经数模转换（D/A）并传送到射频（RF）端，其中可能还包括信号滤波，满足了频谱散射掩模（SEM）的需求。一个典型的 OFDM 发射机框图如图 2.1 所示。

典型的 OFDM 接收机框图如图 2.2 所示，接收一个模拟信号涉及射频滤波、低噪声放大、基带（BB）解调（RF/BB 转换）和模数转换（A/D）。OFDM 信号采样与 CP 一起被用于时域和频域同步算法。然后，CP 被去除，接收信号的时域采样经 FFT 模块进行解调。由于发射端应用了 CP 并在接收机端去除 CP，所以 ISI 被消除，并且 OFDM 均衡器是由 N 个单抽头均衡器组成的，这组均衡器应能够均衡由频率选择性衰落信道引起的、在不同子载波上的传输失真。进一步的信号处理涉及符号解映射、解交织和 FEC 解码。

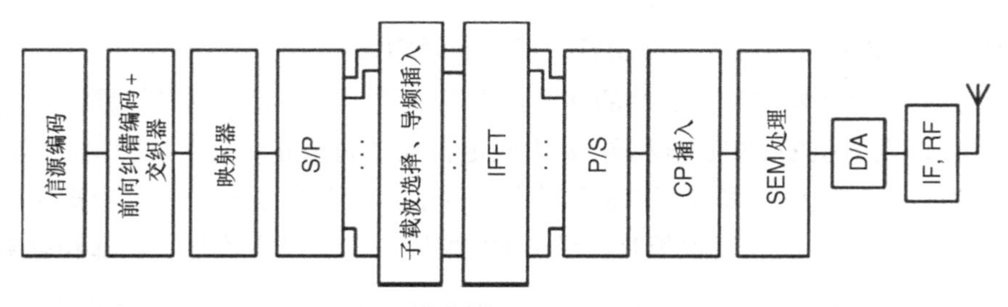

图 2.1 典型的 OFDM 发射机框图（S/P：串并变换，P/S：并串变换）

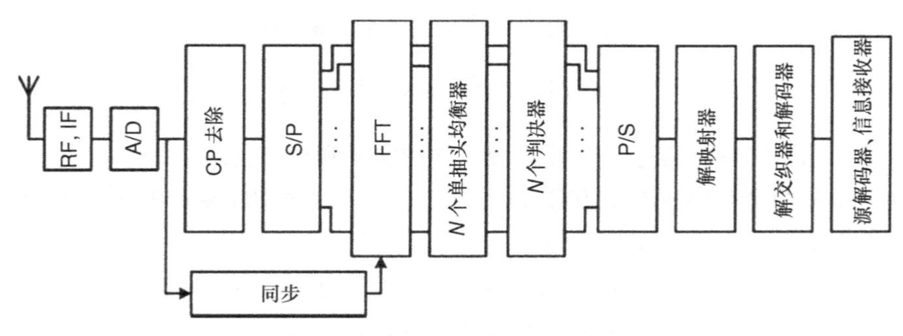

图 2.2 典型的 OFDM 接收机框图

使用多载波传输并行数据流的主要作用是延长了单个 OFDM 符号的持续时间。在设计 OFDM 系统的过程中，信道冲激响应的持续时间应明显比 OFDM 符号的持续时间短，这样才会使多径信号分量（回波）出现在由 CP 组成的保护间隔内。如前所述，在接收端去除 CP 会产生这样的效果：传输样本块（OFDM 符号）和信道脉冲响应的线性卷积等价于两个样本向量间的循环卷积，相较于单载波传输，从而使接收机端信道均衡的复杂度能够被显著降低。

OFDM 传输与不采用任何频谱整形的单载波传输相比具有更高的频谱效率。然而，在实际的系统中，通常需要应用一些频谱整形的方法以保护单载波系统免受 ISI 的影响或满足 SEM 要求。在实际应用中，提供相同数据速率的系统在频谱效率方面具备可比性。

2.2 多载波系统中的非线性失真

多载波（MC）系统的基本问题之一是调制器输出端输出的时域（TD）信号中可能出现极高的信号采样幅度，使峰均比（PAPR）过高。过高的峰均比在发送链路中引发多种非线性失真，例如，功率放大器失真、带内/带外失真以及导致接收机的误比特率（BER）

升高。因此，有必要采用有效的抑制方案来削弱峰均比。

仅 MC 信号存在峰均比值过高的问题，而单载波信号不存在这种问题。数据符号向量（在频域，即发射机的 IFFT 输入端）$\boldsymbol{d}$ 由假定相互之间独立同分布的随机变量组成（数据符号），所以，时域信号采样可以被认为是一个独立变量的加权总和。根据中心极限定理[106]，当输入向量 $\boldsymbol{d}$ 的长度很长时，经 IFFT 模块输出的采样信号的实部和虚部可以被认为是高斯随机变量。因此，输出采样的包络将服从均值为 $\sigma\sqrt{\frac{\pi}{2}}$、方差为 $\frac{4-\pi}{2}\sigma^2$ 的瑞利分布。换言之，用 s 表示任意时刻的采样信号，s 的概率密度函数为

$$f_s(s) = \frac{s}{\sigma^2} \cdot \exp\left(\frac{-s^2}{\sigma^2}\right) \tag{2.6}$$

其中，σ 是高斯分布的标准差。假设时域采样的实部和虚部的均值为 0 且方差为 σ^2。瞬时信号功率服从两个自由度的卡方分布[107~110]。由此可以得出，输出复采样取得较高绝对值的可能性很低，出现较高采样峰值的概率也会很低。

当峰均比较高时，一些不利因素会导致传输信号失真。如果传输链路中出现非线性扰动因素（如一个功率放大器或者一个数模转换器），振幅较高的采样点将严重失真，甚至被削波。由此产生的带内失真和信号星座图的旋转会增加接收端的误比特率。文献[103]中的实例测试展示了编码 OFDM 在 DVB-T 中的应用情况，在相同 $\frac{E_b}{N_0}$ 的情况下，其中 E_b 和 N_0 分别是传输信号的比特能量以及噪声功率谱密度，时域产生的 0.1%的削波会使 BER 下降 0.1～0.2 dB。若削波率为 1%，则 BER 下降 0.5～0.6 dB。然而，在非线性失真存在的情况下，BER 降低可能不是主要的性能问题。值得注意的是，作为一个非线性操作，削波可以造成带外辐射。带外的能量散射（如图 2.3 所示的信号）造成了相邻频段上的传输失真，而且降低了频谱效率。在图 2.3 中，削波率被定义为削波阈值和平均信号功率的平方根之间的比率[111]。在数模转换器中，有限的动态转换范围会导致削波噪声。然而，由于在定点计算中的舍入误差和削波，IFFT 模块中已经出现了采样过高的问题。最终，高功率放大器由于其非线性输入-输出特性而成为削波的另一个来源。

大部分文献对峰均比的定义取决于信号是有限或无限的、连续或离散的[112]。在本书中，我们将峰均比定义为时域采样的最大平方绝对值与采样振幅均方值的比。例如，对于 OFDM 符号采样，信号采样向量的峰均比被定义为

$$PAPR = \frac{\|\boldsymbol{s}\|_\infty^2}{\mathbb{E}\{\|\boldsymbol{s}\|_2^2\}} \tag{2.7}$$

其中，$\boldsymbol{s}$ 是时域采样向量，$\mathbb{E}\{\cdot\}$ 表示期望。此外，公式（2.7）中出现的两种范数分别是无穷范数和 2 范数（欧几里得范数）分别代表向量 $\boldsymbol{s}$ 的最大绝对值和功率。

$$\|\boldsymbol{s}\|_\infty = \max_m |s_m| \tag{2.8}$$

$$\|\boldsymbol{s}\|_2 = \sqrt{\sum_m |s_m|^2} \tag{2.9}$$

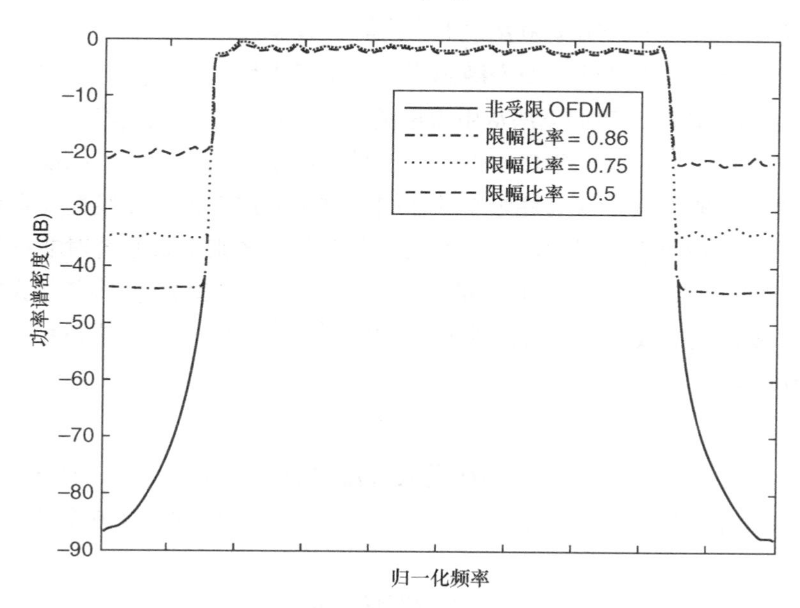

图 2.3　限幅 OFDM 的功率谱密度（带外辐射的影响同样示于图中）

峰均比的度量标准由公式（2.7）定义，通过这一公式有望获得在发送数据块中观察到的最大瞬时功率高于平均功率的次数的信息。如果对平均功率做归一化处理，那么峰均比的度量标准等价于传输采样的最大幅度。此外，在归一化功率的情况下，计算具有 N 条子载波的 OFDM 信号的最大峰均比较为简单。在该情况下，$\|\boldsymbol{s}\|_2^2=1$，而且

$$\begin{aligned} PAPR = \|\boldsymbol{s}\|_\infty^2 &= \max_m \left| \frac{1}{\sqrt{N}} \cdot \sum_{n=0}^{N-1} d_n \cdot \exp\left(\frac{\mathrm{j}2\pi nm}{N}\right) \right|^2 \\ &\leqslant \frac{1}{N} \max_m \left| \sum_{n=0}^{N-1} d_n \cdot \exp\left(\frac{\mathrm{j}2\pi nm}{N}\right) \right|^2 \leqslant \frac{1}{N} \cdot N^2 = N \end{aligned} \tag{2.10}$$

其中，d_n 表示多载波调制器（IFFT 模块）的第 n 个频域（FD）输入符号。

通常，有必要考虑峰均比的互补累积分布函数（CCDF），即任何第 p 个传输符号的峰均比与某个确定的值等于或大于该值的可能性，

$$\mathrm{CCDF}(PAPR_0) = \Pr(PAPR \geqslant PAPR_0) \tag{2.11}$$

以及出现在多个被考虑的采样块中的最大峰均比。

$$PAPR_{\max} = \max_p PAPR_p \tag{2.12}$$

其中，$PAPR_p[p \in (0,1,\cdots,\infty)]$ 是第 p 个采样块的峰均比。

峰均比是定义系统对非线性畸变敏感程度的常用指标之一。然而，在解释实际的峰均比或对应的 CCDF 时，我们无法从中得出关于发射信号中其他高峰值的任何信息。即这些振幅值高于某个预定义的阈值，但是低于最高峰值。因此，峰均比仅反映了由最高峰引起的失真而忽略了其他次高峰带来的影响。这种方法在评估非线性失真程度过程中可能会造成错误结论出现。当然，也存在另一种度量方式来衡量系统对非线性失真的敏感度。3GPP 推荐采用一种优于峰均比的指标：立方度量（CM），并将其作为描述非线性功放（PA）引发系统非线性失真可能性的指标[107, 113~115]。PA 的电压增益特性可以通过三阶多项式 $f(t)$ 近似。

$$f(t) = G_1 \cdot s(t) + G_3 \cdot s^3(t) \tag{2.13}$$

其中，G_1 和 G_3 是功放模型的参数，$s(t)$ 是放大器的输入信号。多项式的三次项保证了在仿真过程中包含非线性项（三阶非线性）。为了评估这种非线性，立方度量在其定义中也加入了三次指数。

$$CM = \frac{RCM - RCM_{\mathrm{ref}}}{K_{\mathrm{emp}}} \tag{2.14}$$

其中，K_{emp} 是每个无线系统根据经验定义的真实值（例如，对于宽频 CDMA（WCDMA），K_{emp}=1.85；对于长期演进（LTE）信号——作为一种典型的多载波信号——K_{emp}=1.56[133]）。RCM 是原始立方度量，定义如下。

$$RCM = 20 \cdot \log_{10}\left(rms\left(\left(\frac{|\boldsymbol{s}|}{rms(|\boldsymbol{s}|)}\right)^3\right)\right) \tag{2.15}$$

其中，

$$rms(\boldsymbol{s}) = \sqrt{\frac{1}{N}\sum_m |s_m|^2} \tag{2.16}$$

公式（2.14）中的 RCM_{ref} 是原始立方度量针对 WCDMA 语音信号等于 1.52 dB 时定

义的参考值。在对 CM 的定义中，考虑了所有拥有适当高幅度的传输信号峰均比。采样值越高，其对 CM 值的影响就越明显。但是，我们有必要强调一下，RCM 在它的定义中包含了所有 TD 采样。因此，为了强调高采样值带来的影响以及逼近三阶非线性失真［由大功率功放（HPA）造成的］，我们将输入采样幅度设置为立方的。

另一个度量指标可在文献[116]中查阅，其中，我们采用瞬时归一化信号功率（INP）来反映由 PA 引发的非线性失真。它反映了一些功率超过预定义阈值的采样导致失真的可能性。最终，有些系统采用了一些可以避免发生非线性失真的算法，这些系统的性能可以用总体退化（TD）指标来度量。该指标度量了信号经过非线性设备（如 PA）处理之后的退化程度，继而有望找到输入功率回退（IBO）的最优值，以最小化发射信号的总失真。

功率放大模型

理想的功率放大器应该以线性方式放大任何输入信号，而不改变相位并且不会引起其他失真。然而，在实践中，PA 特别是 HPA 的放大特性不是线性的（HPA 的处理特性由输入信号幅度与输出信号幅度或相位之间的关系表征，分别表示为 AM/AM 和 AM/PM）。通常情况下，它可以根据输入信号 A_{in} 的幅度值分成 3 个部分：线性部分（输入信号在全增益下被理想放大）、抑制部分（输入信号会产生失真，信号增益不再是理想的）和压缩部分（所有的输入信号都被裁减至同一层级 A_{sat}）。图 2.4 说明了 PA 的典型输入特性，并给出理想线性放大器的特性作为参考。为了提高功率放大器的能量效率，其工作点应当尽可能接近压缩区域。

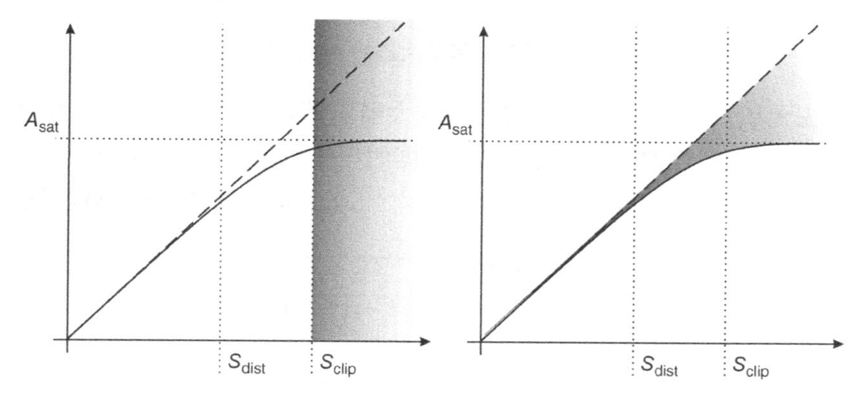

图 2.4 功率放大器的典型 AM/AM 特性

由于非线性元件（主要是PA）对传输信号有显著的影响，因此，能够对其输入输出特性进行准确、高效的近似非常重要。其中一种应用模型是软限幅功率放大器或理想削波器，如果信号的幅度落在一定范围内，它将不会改变放大信号的相位，只对输入采样实现理想放大。

如果输入采样的幅值超过此范围的上限，样本将被理想地裁剪。换句话说，软限幅功率放大器中不存在压缩区域，其AM/AM特性如图2.5所示。软限幅器无法逼近实际的功率放大器，因为即使在低于饱和电平的范围内，功率放大器的放大特性也不是线性的。行波管放大器（TWTA）[117]是最常见的实用PA模型之一，其输入/输出特性如图2.6所示。尽管TWTA广泛应用于卫星通信，但由于其AM/PM特性呈非线性，其在无线终端中的实际使用受到一定程度的限制。

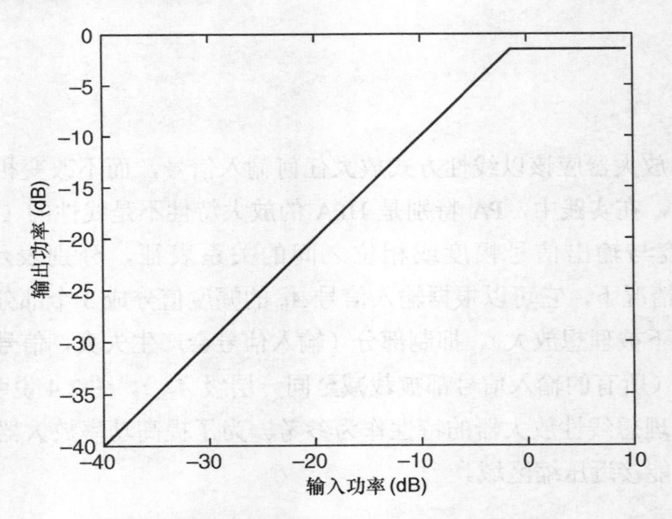

图2.5　软限幅功率放大器的AM/AM特性

通常，在无线终端中使用另一类功率放大器，即固态功率放大器（SSPA），它的AM/AM特性几乎是线性的，并且其对输入数据的相位的影响可以忽略不计。在本书后续论证和实验中将采用基于SSPA的Rapp模型[118,119]，其AM/AM和AM/PM特征定义如下。

$$g_{\mathrm{AM-AM}}(s)=\nu\frac{s}{\left(1+\left(\frac{\nu|s|}{A_{\mathrm{sat}}}\right)^{2p}\right)^{\frac{1}{2p}}} \tag{2.17}$$

$$g_{\mathrm{AM-PM}}(s)\cong 0 \tag{2.18}$$

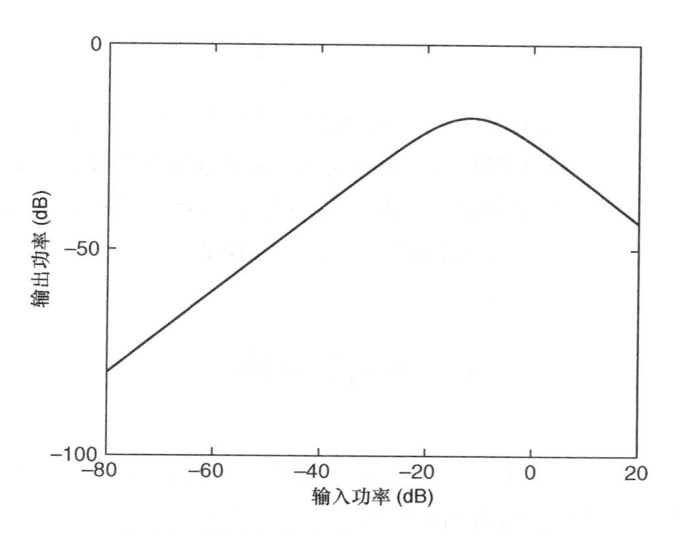

图 2.6　TWTA 的 AM/AM 和 AM/PM 特性

其中，A_{sat} 是 PA 的饱和度、v 是 PA 的增益、p 是 Rapp 模型的参数，通常设为 2。图 2.7 给出了当 p=2 时，基于 Rapp 模型的 SSPA 的 AM/AM 特性。当 $p \to \infty$ 时，SSPA 趋于理想削峰。各种功放之间的比较在文献[120]中给出。

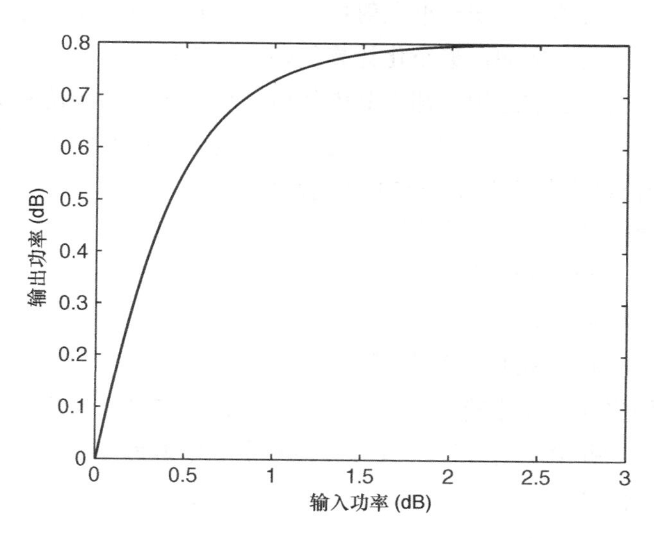

图 2.7　p=2 时基于 Rapp 模型的 SSPA 的 AM/AM 特性（p=2）

这里值得一提的是，PA 通常以 *IBO* 参数为特征，基于文献[110]定义。

$$IBO = \frac{A_{\mathrm{sat}}^2}{P_{\mathrm{in}}} \tag{2.19}$$

其中，P_{in} 是输入到 PA 的信号功率，对该值的解释如下：如果 IBO 较高，则非线性失真可忽略不计（输入功率远低于饱和水平的平方）。这也意味着当功率放大器远离抑制区域工作，功率放大器的功率效率很低。相反，当功率放大器靠近抑制区域工作时，功率效率较高；但 IBO 值会降低，信号可能出现很明显的退化。

2.3 峰均比抑制技术

文献[78, 111, 121～123]提出了大量的峰均比抑制技术，其中大部分都是专门为 OFDM 系统设计的。在这些众所周知的峰均比抑制技术中，一些技术可以被认为是比较好的，因为它们不需要传输所谓的辅助信息。这些辅助信息对修复因发射机端峰均比抑制而造成的原数据符号失真不可或缺。另一种遴选峰均比抑制技术的方法是选择不需要对接收算法中进行任何改动的方案。这些优选评判因素是从实用的角度来考虑的，因为未来支持多种通信标准的终端应该能够与传统的终端相互兼容。这意味着任何标准的接收机所接收到的信号必须同传统标准发射机发送的信号获得同样的处理。此外，关于峰均比抑制还有其他手段，例如，最小化计算复杂度或能量损耗。显然，如果在标准中明确指出了某些峰均比方法的应用，那么其中任何一种峰均比抑制技术均可应用于多标准支持的终端。因此，我们应该专注于不需要对接收机进行任何修改的峰均比抑制技术。以下方案在未来的 5G 系统中具备一定的应用潜力：

（1）削波与滤波（C-F）[110, 124~126]；

（2）峰值窗口（PW）[127~129]；

（3）参考信号相减（RSS）[121]；

（4）主动星座扩展（ACE）[79, 108, 109, 130, 131]。

接下来，我们将介绍和比较这些方案。另外，为了与多标准适用的技术在效率方面进行对比，我们将一并给出选择性映射（SLM）方法作为另一组具有代表性的峰均比抑制技术（需要辅助信息）。

1. 削波与滤波（C-F）

由于高峰值出现的概率相对较低，因此，C-F 在峰均比抑制和 CM 方面算是一种非常有效的技术。削波的思想十分简单——直接削除所有高于某个预定义阈值 ξ_{tr} 的时域采样。它的数学表达方式描述如下[110, 125, 126]：

$$\hat{s}_m = \begin{cases} \xi_{\text{tr}} \cdot \exp\left(\text{j}\phi_{s_m}\right), & |s_m| \geqslant \xi_{\text{tr}} \\ s_m, & |s_m| < \xi_{\text{tr}} \end{cases} \tag{2.20}$$

其中，ϕ_{s_m} 是复采样 s_m 的相位。不难看出，在削波操作过程中，时域采样的相位是恒定的——仅振幅降低。削波过程可以用原始信号乘以一个或一系列窄（跨越单个样本）矩形脉冲。但是，模拟信号削波是一种能够导致信号频谱展宽的非线性运算[110, 126]。这是因为时域相乘相当于频域卷积。由于矩形脉冲的频谱较宽，因此，卷积结果比原始信号的频谱宽得多。削波信号的边带（OOB）频率分量远大于原始信号的边带分量。我们应当尽量减少 OOB 辐射带来的影响，从而满足相邻频段信号功率容限标准的要求。另一种可考虑的方案是在频域进行削波，削波后将保持信号原带宽。但是频域削波会带来不可避免的带内削波噪声，从而造成传输信号失真[111, 132, 133]。为了减弱这个现象，我们引入了限幅信号滤波。频域信号要进行上采样（在 IFFT 之前在数据块的中间添加额外的零采样）以近似模拟信号。上采样速率应至少为 4。上采样信号被削波后，OOB 失真也随之被过滤（时域[126]或频域[132]）。

然而，C-F 方法存在一些显著的缺点。首先，频域符号在星座平面上的偏移会削弱传输信号，从而使系统性能变差。其次，削波后的滤波过程会造成峰值再生，这将影响峰均比的抑制效率，这也造成了限幅和滤波必须要多次重复直至达到需要的峰均比电平。最后，滤波的计算复杂度相对较高，尤其是在频域中的计算。

2. **峰值窗口**（PW）

为了避免非线性器件带来的削波与带外失真，文献[127～129]中提出了一种称为 PW 的峰均比抑制方法，该方法的计算复杂度相对较低。C-F 算法的处理方式是将信号的峰值部分与窄（跨越一个样本）矩形窗口相乘；而 PW 的主要思想是使用特定的预定义函数与 TD 峰值部分相乘，比如高斯函数。对于峰值窗口方案，要尽可能选择窄带窗口以减少传输信号的频谱扩展。这种方法的主要缺点是对接收机的 BER 性能产生较大影响。尽管存在这样的局限性，仍然不妨碍 PW 方法应用于现有的商业系统，如 Wi-Fi。

3. **参考信号相减**（RSS）

RSS 的基本思想是从传输信号中减去预定义的参考函数[121]。在时域中执行减法运算与在频域中进行频谱相减是等价的，发射信号的频谱并没有因峰值削波或加窗操作而被展宽，与之对应的时域信号相乘则等价于频谱之间做卷积。相减信号的振幅是描述该方法的参数之一。遴选参考函数形状的主要依据是尽可能避免增大接收机端的 BER，备选函数之一便是升余弦函数乘以 sinc 函数。

4. **主动星座扩展**（ACE）

ACE 方法最初是针对 OFDM 系统而提出的，它是基于 IFFT 输入端的一些选定的数据符号的振幅预失真来降低输出端的峰均比。在该方法中，只有外围星座点可做预失真操作，从而保证星座点之间恒定的最小距离，如图 2.8 所示。

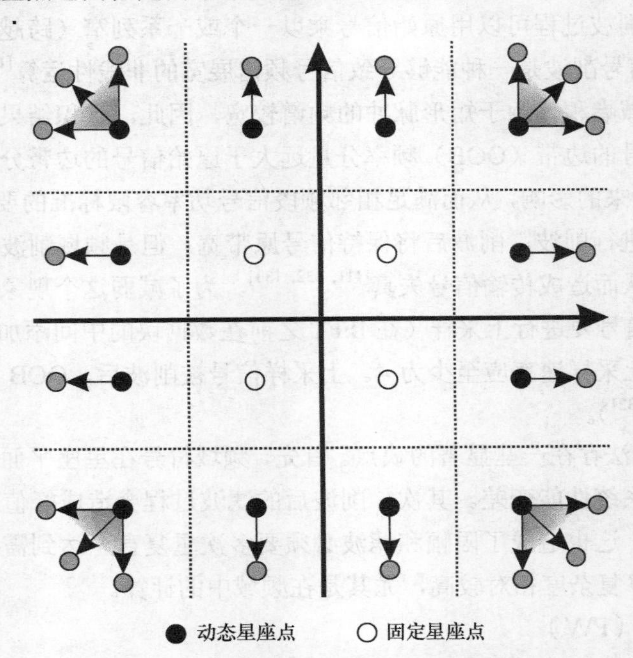

图 2.8 16QAM 星座图预失真能力说明

为了找到一串数据符号以进行预失真处理，我们必须计算一组由度量标准μ_{nm}构成的特殊向量。度量值μ_{nm}反映了位于 IFFT 输入端的数据符号 d_n 对幅度高于预定阈值的输出样本 s_m 的影响程度。阈值的大小取决于 PA 的特性。ACE 算法的流程如下[108]。

（1）找出所有振幅高于阈值ξ_{tr}的输出采样构成集合 B，这些采样值 s_m 的下标构成集合 I。

（2）对于每个输入数据符号 $d_n (0 \leqslant n \leqslant N-1)$ 与每个来自集合 B 的采样，计算度量 $\mu_n = -\sum_{m \in I} \mu_{nm}$，其中，$\mu_{nm} = \cos(\phi_{nm}) \cdot |s_m|^{p_{\mathrm{ACE}}}$，$\phi_{nm}$ 是样本 $s_m (m \in I)$ 与第 n 个输入符号贡献的输出采样值 $d_n \cdot \exp\frac{\mathrm{j}2\pi nm}{N}$ 之间的角度。此外，$|s_m|^{p_{\mathrm{ACE}}}$ 是权重函数，p_{ACE} 是 ACE 算法的参数。

（3）找出 S_{ACE} 个具有最大度量值的输入符号（这些符号在预失真时，对降低集合 B

中样本的幅度有最大的影响），并将其与缩放参数α相乘（α必须大于1）。

（4）对包含预失真符号的输入向量做IFFT运算，从而获得低峰均比的时域信号波形。

总之，该算法找出的样本，经过IFFT操作后，与集合B中的样本具有相反的相位。预失真符号的最佳数量可以用数值方法计算。

ACE方法的缺点是会小幅增加发射功率，因此，会降低能效，即使发射功率可以通过设置失真符号S_{ACE}和参数α实现简易调控。另外，ACE方法具有明显的优点——它不会为传输信号带来负面影响。而且，如果星座内部符号间的最小距离保持不变，预失真符号对信道干扰（比如噪声）不太敏感，因为它们和邻近符号的欧氏距离增大了，所以，即使在不存在非线性失真的情况下，采用ACE算法的OFDM接收机的BER也会低于传统的OFDM接收机的BER。当然，这是以增加发射功率为代价的。

为了提高ACE方法的准确性和效率，前面所述的迭代过程可以重复进行。然而，通常假设只进行一次迭代。值得一提的是，ACE方法已经被应用于2009年发布的DVB-T2新标准中[55]。

5．**选择性映射**（SLM）

SLM技术[134-136]的主要思想是使用U种不同的模式来表示相同的传输块，并从中选择峰均比最低的模式用于传输。在SLM方案中，同一数据块的不同表示方式是通过传输块（在IFFT操作之前）乘以若干特定序列获得的，这些特定序列通常只会对原符号造成相位失真，而幅度不会发生改变。这样做的结果是将会直接产生相同数据块的U种不同的表示方式，且频域信号的相位值不同。SLM方法要求将关于所选数据表示的辅助信息发送给接收端，同时需要对接收机的数据处理进行修改。基于辅助信息能够实现将接收数据块与合适的序列相乘的过程（发射机选择的那个）。SLM的处理过程如图2.9所示。

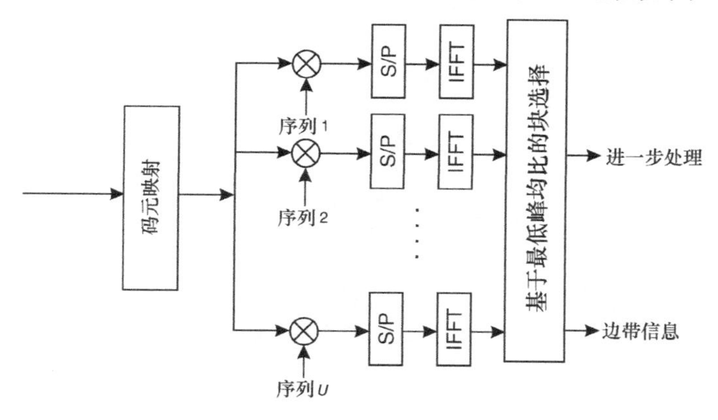

图2.9 SLM的处理过程

仿真结果

让我们来查看这些应用于 OFDM 传输的标准峰均比抑制方法。为了能够直观的对比，我们假设拉普模型的 SSPA 中 p=2[118]，OFDM 的信号长度 N=128，并采用 QPSK 调制，上采样 4 次并做插值处理以更好地逼近模拟信号。如图 2.10 和图 2.11 展示了峰均比和 CM 的 CCDF。对于 ACE 方案，预失真符号的数量 S_{ACE} 已被优化（S_{ACE} 为 15%～20%的 N）。结果表明，每种方法均对峰均比或 CM 的 CCDF 产生了不同的作用。

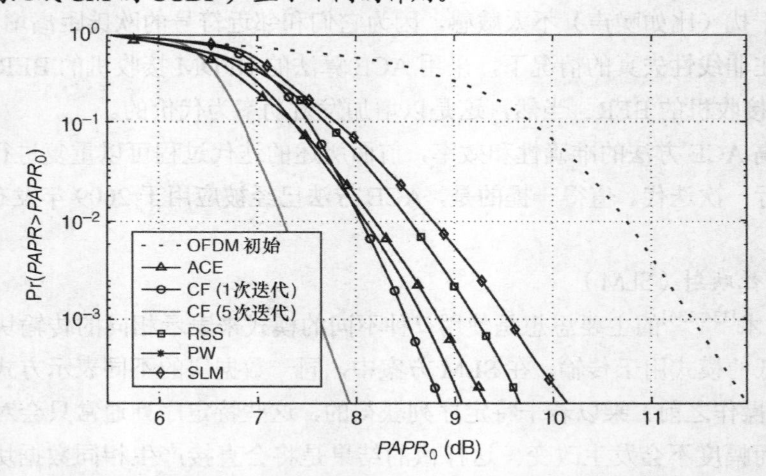

图 2.10　用于峰均比度量的不同峰均比抑制法的 CCDF 比较图

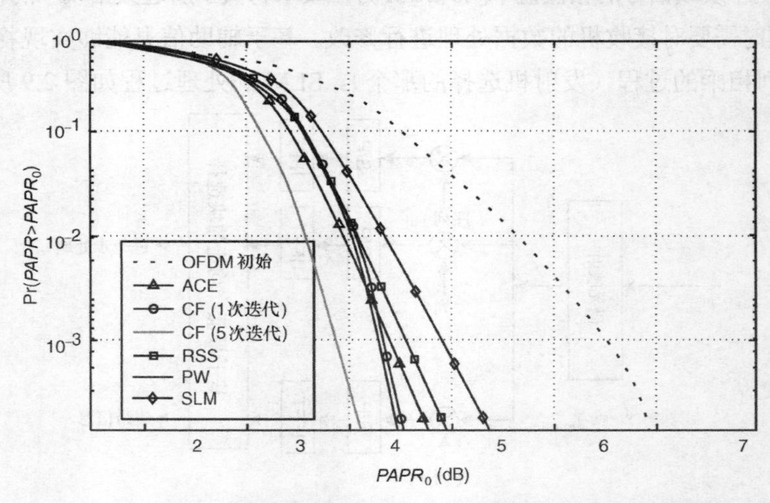

图 2.11　用于 Cubic 度量的不同峰均比抑制法的 CCDF 比较图

这里再次强调，前 4 种方法（C-F、PW、RSS、ACE）不需要发送附加信息，也不需要对接收机做任何修改，而 SLM 则不然，这就是 SLM 不适用于面向广义多载波波形的未来通用多标准终端的原因。所有在本书中提及的峰均比抑制方法以及其他抑制方法在文献中都有详细的描述。这些方法的优点与缺点见表 2.1。

表 2.1 峰均比抑制方法的优点与缺点

方法	失真减小	功率维持	全程维持	发射机的附加操作	接收机的附加操作
削波与滤波	×	√	√	削波与滤波	×
峰值窗口	×	√	√	峰值窗口	×
参考信号相减	×	√	√	峰值检测和相减	×
主动星座扩展	√	×	√	IFFT	×
选择性映射	√	√	×	U×IFFT	边信息处理

2.4 多载波系统中的链路自适应

在无线通信中采用自适应技术能够有效地提高系统的工作效率。这些技术在保证服务质量（QoS）的前提下能够使系统更加充分地利用现有资源（时间、频率或者功率），其中一些已经成功应用于无线系统中，例如，高速下行分组接入（HSDPA）中的混合自动重传请求（HARQ）或 LTE、HSDPA、IEEE 802.11 [7]、WiMAX [58]以及 TETRA2 [137, 138]中的自适应编码调制（AMC）。在给定瞬时信道增益和总发射功率限制的情况下，单载波系统中的自适应调制是基于发射功率与调制星座的最优化分配以最大化数据传输速率。通常，最佳比特与功率分配应当至少优化一项通信指标，例如，链路吞吐量、误比特率、能量消耗或公平性。面向给定频带内的多个独立子频带（如 OFDM 子载波）建立的经典约束优化问题可以在许多关于信息论的文献中找到，如文献[66]。

针对频率选择性衰落信道提出的自适应调制起初应用于 OFDM 系统，这种调制是基于分配给每个子带（OFDM 子载波）上的比特数来进行自适应资源分配的，分配主要依据瞬时信道特性与总发射功率 P_{tot} 的限制。为了得到最佳性能的比特分配方案，可用功率必须面向全部子载波恰当地进行分配。这个问题的解决方案就是众所周知的功率注水原理（Water Filling）[66]。在该方法中，分配至第 n 段信号频带的功率 $P(f_n)$等于注水线（注水等级）W_{level} 与噪声功率谱密度与第 n 个子载波信道特性的平方绝对值之比 $\dfrac{\mathcal{N}(f_n)}{|H(f_n)|^2}$ 的

差，如果差值小于零则不分配功率。频域功率注水原理如图 2.12 所示。

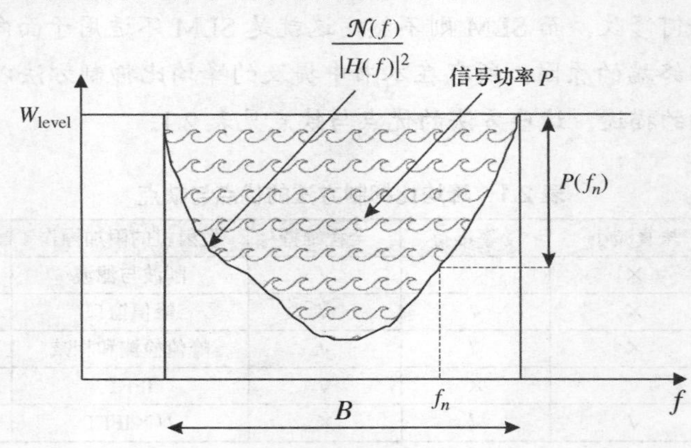

图 2.12　频域功率注水原理

下面我们阐述比特与功率加载方案，在给定误码率（BEP）的前提下，功率分配通过计算以下两项的差值获取：注水线 W_{level}、噪声的 PSD 和信道特性绝对值平方乘以系数 ρ 的比值：$\frac{\mathcal{N}(f_n)}{\rho|H(f_n)|^2}$，其中，$\rho$ 考虑了假设的 BEP。

在找到可用频带上的最佳功率分配后，每条子载波分配的比特数（比特传输）由公式（2.21）计算。

$$\log_2[\mathcal{M}(f_n)] = \log_2\left[1 + \frac{\rho P(f_n)|H(f_n)|^2}{\mathcal{N}(f_n)}\right] \tag{2.21}$$

其中，$\mathcal{M}(f_n)$ 是第 n 条子载波（频点 f_n）的星座顺序；ρ 可以由一个给定的星座方案来确定。例如，QAM 星座中 $\rho = -1.5/\ln(5Pr_b)$，$\mathcal{M} > \in$ 且 $0<SNR<30$ dB，Pr_b 是误码率[66]。

上述自适应技术被称为快速自适应调制。注意，在这种情况下，接收机必须可靠且快速地估计瞬时信噪比（SNR），并且必须向发射机传回适当的反馈。为了减少反馈次数，可以采用基于建模的信道预测方法[139]，但是这需要在动态变化的移动无线信道中频繁地重新计算模型参数。这在高速移动场景下几乎是不可能的，因此，我们通常发送导频符号以实现对信道状态信息（CSI）的估计。另外，导频数量及其能量需要加以限制，这对信道估计的准确性有影响（CSI 的质量与信号检测性能）。因此，在实际系统中，当基于导频信号估计信道增益时，链路自适应方案获取的 CSI 是不完备以及不完美的。在自适应传输中通常使用这种不完美的 CSI，这种不完美的特性是估计过程中不可消除的。

作为上述提及的快速自适应的替代方案，慢速自适应调制方案也已经得到论证[140]。

其中，调制参数是根据一段较长时间跨度内的平均BER性能来调整的，主要受传播阴影的影响，该技术会改变星座规模与信道特性。因此，它需要一种较低的反馈速率。文献[141]考虑了移动场景下的慢速QAM自适应、接收分集、模糊CSI和能量限制等因素。

传输参数的选择通常不限于符号星座阶数。在实际的系统中，AMC是最受欢迎的自适应方案。除了调制之外，AMC还能自适应地选择纠错编码方案和参数（速率）。相关参数通常是在线下通过给定的传输方案性能的理论分析中获得的，并将这些数据写入一张表格中，称之为码本（文献中有时考虑的较理想的解决方案是定义目标函数并对每个符号周期进行优化）。码本构建了有限的参数向量。在传统的AMC方案中，例如，码本由成对的参数构成，即满足目标BEP的码率和星座阶数，并最大化传输比特率。这些在传输功率约束下的最大化比特率的方案称为速率自适应。而其他实际考虑的AMC方案被称为边际自适应，在保障比特速率与BER的约束需求下实现总传输功率最小化的目标[66]。这种策略决策通常应用于能量受限的无线网络，其目的如下：延长电池使用寿命、降低人口稠密地区的电磁辐射、降低网络基础设施的部署成本以及降低干扰[142]。

合适的策略需要系统设计人员来选择。注意，在众多标准化的系统中，对于一组子载波而言，可选策略的弹性程度取决于功率与编码方案。为子载波选择编码方式的原因在于编码能够给予传输过程足够的顽健性支持，从而抵抗载波衰落。此外，为了使编码在信道相干时间内能够使用，码字的时间跨度需要足够长。

学术界已经针对各种类型的数字调制、编码、导频模式、反馈信道等研究了多载波系统的AMC方案。这些方案已被考虑用于多用户自适应正交频分多址（OFDMA）（如文献[143]），并扩展到多载波多输入多输出（MIMO）传输方案（如文献[144]）。有关多载波AMC的文献非常多，我们只给出一篇关于AMC趋势的热点论文（见文献[142]）与一本相关的图书（见文献[100]）。

2.5 接收机技术和CFO敏感性

OFDM系统的一大优势在于其频域中高效的信道均衡。但是，为了有效进行信号检测，我们仍须解决一些问题。例如，如何设计高效的接收机前端以获取足够好的SINR；如何设计同步算法以在时域和频域实现充分对准并做出精确的信道估计。另外，OFDM接收机设计应该妥善考虑定点计算的影响，该定点计算与信号失真密切相关[145]。

信号接收始于模拟前端，其中，有用信号所在的 RF 频段首先被观测到，继而有用信号被放大并解调至 BB。文献[119]提出了多种接收机前端架构。除了受到无线信道失真影响，OFDM 接收信号还会受到以下影响：（1）高峰均比与放大器的非线性特性引起的非线性失真（见前面章节介绍）；（2）由非零噪声系数引起的白噪声功率增加。用于频率转换的混频器可能会引入同相和正交（IQ）不平衡以及本地振荡器（LO）泄漏。由于在第 0 个子载波观察到 LO 泄漏，通常的解决方案是在发射机端不调制第 0 个子载波，并且在接收机端抑制来自这条子载波上的所有干扰。然而，在数字处理过程中会有一些消除失真的算法[146]，其重点在于选择适当的 A/D 与调整输入信号电平。我们需要高分辨率的 A/D 以可靠地表示高动态范围的有用信号：应该防止峰值样本的削波，并将量化噪声功率保持在低于预期热噪声的水平；还应在存在其他高功率信号的情况下支持有用信号的数字化（例如，NBI 或相邻信道信号在前面的接收阶段没有完全滤除）。另外，高分辨率的 A/D 会导致更高的功耗和更高的成本。因此，为了使用最佳的 A/D 工作点，必须控制模拟信号的功率水平。

2.5.1 同步

为了可靠地提取信号，同步算法必须捕捉到 OFDM 符号/帧的初始采样（时间同步）和 CFO（频率同步）。为了体现出时间/频率偏移对接收符号的影响，假设一个 OFDM 传输符号由采样点 s_m 组成，其中，$m \in \{-N_{\mathrm{CP}}, \cdots, N-1\}$ ［为了简化分析，我们省略了公式（2.5）中的 OFDM 符号索引 p］，s_m 可以采用 IDFT 计算得出。

$$s_m = \frac{1}{\sqrt{N}} \sum_{n=0}^{N-1} d_n \mathrm{e}^{\mathrm{j}2\pi \frac{nm}{N}} \tag{2.22}$$

其中，d_n 是经第 n 条子载波发送的 QAM/PSK 符号。这样一段时—频信号会经过冲激响应为 $h(l) l \in \{0, \cdots, L-1\}$ 的 L 路多径信道。假设载波频率偏移（CFO）等于 ν（归一化到子载波间隔），接收信号为

$$r_m = \sum_{l=0}^{L-1} h(l) s_{m-l} \mathrm{e}^{\mathrm{j}2\pi \frac{m\nu}{N}} \tag{2.23}$$

为了便于分析，在此暂时忽略白噪声带来的影响。我们将接收机 DFT 窗口的开始时刻表示为 $\hat{m}$。当一条 OFDM 符号的 CP 结束，主要部分的 N-采样与接收机的 DFT 窗口对齐时，即最优时刻点 $\hat{m} = 0$ ［如图 2.13（a）所示］。由于采用 N_{CP} 个采样点作为 CP，因

此，$\hat{m} \in \langle -N_{CP}+L-1,0 \rangle$ 中的 OFDM 接收符号不会受到 ISI 影响。否则，当 $\hat{m} \notin \langle -N_{CP}+L-1,0 \rangle$ 时，接收窗口部分跨越前面或后面的 OFDM 符号样本。在后面的例子中，我们可以在接收窗中观察到干扰信号的功率与相邻符号的采样功率呈现一定的比例关系，这个问题如图 2.13（b）所示。

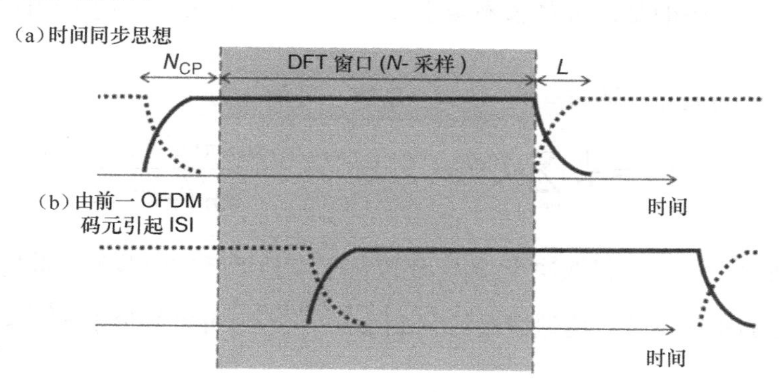

图 2.13　时间同步误差影响

第 n' 条子载波上的 DFT 结果可表示为

$$R_{n'} = \frac{1}{\sqrt{N}} \sum_{m=0}^{N-1} r_{m+\hat{m}} e^{-j2\pi \frac{mn'}{N}} \tag{2.24}$$

对于无 ISI 的部分，也即对于 $\hat{m} \in \langle -N_{CP}+L-1,0 \rangle$，公式（2.22）与公式（2.23）可以被代入公式（2.24）中，得到

$$\begin{aligned} R_{n'} &= \frac{1}{\sqrt{N}} \sum_{m=0}^{N-1} \sum_{l=0}^{L-1} h(l) \frac{1}{\sqrt{N}} \sum_{n=0}^{N-1} d_n e^{j2\pi \frac{(m-l+\hat{m})n}{N}} e^{j2\pi \frac{(m+\hat{m})\nu}{N}} e^{-j2\pi \frac{mn'}{N}} \\ &= \frac{1}{N} \sum_{n=0}^{N-1} d_n e^{j2\pi \frac{\hat{m}(n+\nu)}{N}} H_n e^{j\pi \left(1-\frac{1}{N}\right)(n+\nu-n')} \frac{\sin(\pi(n+\nu-n'))}{\sin\left(\pi \frac{n+\nu-n'}{N}\right)} \end{aligned} \tag{2.25}$$

其中，

$$H_n = \sum_{l=0}^{L-1} h(l) e^{-j2\pi \frac{ln}{N}} \tag{2.26}$$

是信道冲激响应的 DFT，即信道频率响应。假设没有 CFO，即对于 $\nu = 0$，前面所述的公式可以简化为

$$R_{n'} = d_{n'} \mathrm{e}^{\mathrm{j}2\pi \frac{\hat{m}n'}{N}} H_{n'} \tag{2.27}$$

显然，对于 $\hat{m} \in \langle -N_{\mathrm{CP}} + L - 1, 0 \rangle$，子载波的相位偏移是成比例的。从接收机的角度看，可以同时估计这个相位偏移和信道频率响应，即 $\hat{H}_n = \mathrm{e}^{\mathrm{j}2\pi \frac{\hat{m}n}{N}} H_n$。因此，接收机端的性能不会因此变差。有趣的是，$\hat{m}$ 的值不限于整数，即小部分采样周期出现时间偏差也是可以接受的。

如果忽略时间偏差，即 $\hat{m} = 0$，公式（2.25）可简化为

$$R_{n'} = \frac{1}{N} \sum_{n=0}^{N-1} d_n H_n \mathrm{e}^{\mathrm{j}\pi \left(1 - \frac{1}{N}\right)(n+\nu-n')} \frac{\sin(\pi(n+\nu-n'))}{\sin\left(\pi \frac{n+\nu-n'}{N}\right)} \tag{2.28}$$

在这种情况下，$R_{n'}$不仅取决于 $d_{n'}$，还取决于其他活跃的子载波，此时将产生 ICI。显然，对于足够小的参数（典型情况），$\sin\left(\pi \frac{n+\nu-n'}{N}\right)$可以等价于$\pi \frac{n+\nu-n'}{N}$。

$$R_{n'} \approx \sum_{n=0}^{N-1} d_n H_n \mathrm{e}^{\mathrm{j}\pi \left(1 - \frac{1}{N}\right)(n+\nu-n')} \mathrm{Sinc}[\pi(n+\nu-n')] \tag{2.29}$$

对于相对较小的 CFO 值 ν，比如$|\nu|<1$，有用符号 d_n 主要受到相邻符号的干扰：d_{n-1}、d_{n+1}。另外，考虑 $n=n'$时的情况，目标信号（所有子载波上的）将以相同的相位$\pi\left(1-\frac{1}{N}\right)\nu$旋转。

如前所述，OFDM 的接收性能取决于时间和频率的精确同步。文献[147]中提出了许多同步算法。两种最常用的方法是在每个 OFDM 符号中加入前导码（如文献[148]提出的 Schmidl&Cox 算法）或特殊 CP（参考文献[149]）。

基于前导码的同步可以通过成熟的 Schmidl&Cox（S&C）算法举例说明[148]。它使用由非零符号仅调制偶数索引的子载波而生成的前导码（其他子载波由零信号调制）。在时域中构成两个相同的待发送样本序列，也就是说，对于 $m = \left\{-N_{\mathrm{CP}}, \cdots, \frac{N}{2} - 1\right\}$，

$$s_m = s_{m+\frac{N}{2}} \tag{2.30}$$

注意，由于使用了 CP，有$\left(N_{\mathrm{CP}} + \frac{N}{2}\right)$对相同采样值的采样间距是$\frac{N}{2}$。重要的是，CP 的这一性质在通过多径信道后仍然存在。为了表明这一点，我们暂时假定没有 CFO（$\nu = 0$），在这种情况下，公式（2.23）可以简化为

$$r_m = \sum_{l=0}^{L-1} h(l) s_{m-l} \tag{2.31}$$

采用公式（2.30）中给出的假设观察采样点$r_{m+\frac{N}{2}}$，对于$m-l=\left\{-N_{\mathrm{CP}},\cdots,\frac{N}{2}-1\right\}$

$$r_{m+\frac{N}{2}} = \sum_{l=0}^{L-1} h(l) s_{m+\frac{N}{2}-l} = \sum_{l=0}^{L-1} h(l) s_{m-l} = r_m \tag{2.32}$$

显然，这个范围取决于 l 的值。对于所有的信道抽头，上述数值复现成立的范围是 $m=\left\{-N_{\mathrm{CP}}+L-1,\cdots,\frac{N}{2}-1\right\}$。如果存在 CFO，并且仍然考虑无噪声条件，对于 $m=\left\{-N_{\mathrm{CP}}+L-1,\cdots,\frac{N}{2}-1\right\}$，我们可以得出

$$r_{m+\frac{N}{2}} = r_m \mathrm{e}^{\mathrm{j}\pi\nu} \tag{2.33}$$

S&C 算法要求根据公式（2.34）计算自相关。

$$A_m = \sum_{m'=0}^{\frac{N}{2}-1} r_{m+m'}^{*} r_{m+\frac{N}{2}+m'} \tag{2.34}$$

对于 $m=\left\{-N_{\mathrm{CP}}+L-1,\cdots,\frac{N}{2}-1\right\}$，所有的量都会同相相加，即

$$A_m = \mathrm{e}^{\mathrm{j}\pi\nu} \sum_{m'=0}^{\frac{N}{2}-1} |r_{m+m'}|^2 \tag{2.35}$$

另外，相关窗口的接收能量为

$$\mathcal{E}_m = \sum_{m'=0}^{\frac{N}{2}-1} |r_{m+m'}|^2 \tag{2.36}$$

最后，时间同步度量为

$$\hat{m} = \arg\max_{m} \left|\frac{A_m}{\mathcal{E}_m}\right|^2 \tag{2.37}$$

如公式（2.35），对于 $m=\left\{-N_{\mathrm{CP}}+L-1,\cdots,\frac{N}{2}-1\right\}$，当所有同相成分相加时，公式（2.37）中的目标值被最大化。在自相关窗口内没有前导码的情况下，所有分量应加上随机相位。图 2.14 显示了随机 CFO 值和随机符号调制前导码的定时同步度量示例。

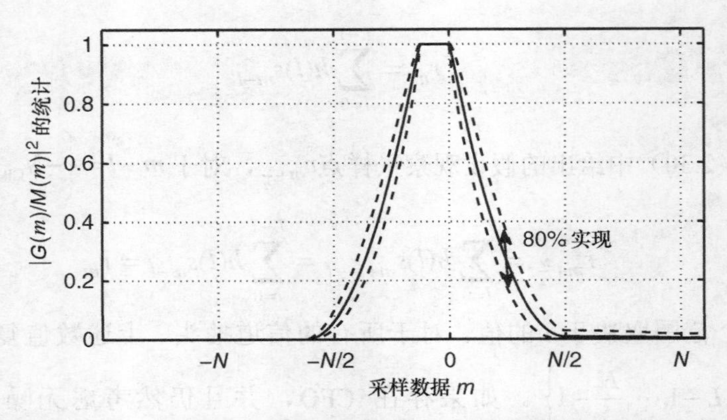

图 2.14 S&C 算法的时间同步度量［图中展示了中位（实线）和第十百分位、第九十百分位（虚线）的统计情况］

频率同步是通过估计 $A_{\hat{m}}$ 的相位来实现的。

$$\hat{\nu} = \frac{1}{\pi} \arg\{A_{\hat{m}}\} \tag{2.38}$$

S&C 同步的一个重要优势是计算复杂度较低。同步度量的分子和分母中的两个函数都可以迭代获得。

$$A_m = A_{m-1} - r_{m-1}^* r_{m+\frac{N}{2}-1} + r_{m+\frac{N}{2}-1}^* r_{m+N-1} \tag{2.39}$$

$$\mathcal{E}_m = \mathcal{E}_{m-1} - |r_{m-1}|^2 + |r_{m+\frac{N}{2}-1}|^2 \tag{2.40}$$

基于 CP 的同步算法[149]不需要在 OFDM 发送帧中加入前导码。它利用了 CP 传送 OFDM 符号结尾的重复样本的事实。计算定时和频率偏移估计的方式如下[147]。

$$\hat{m} = \arg\max_{m} |A_{\mathrm{CP}m}| \tag{2.41}$$

$$\hat{\nu} = \frac{1}{2\pi} \arg\{A_{\mathrm{CP}\hat{m}}\} \tag{2.42}$$

其中，

$$A_{\mathrm{CP}m} = \sum_{m'=0}^{N_{\mathrm{CP}}-1} r_{m+m'-N_{\mathrm{CP}}}^* r_{m+m'-N_{\mathrm{CP}}+N} \tag{2.43}$$

与样本中的多径信道延迟扩展相比，CP（较高的 NCP）越长，度量性能越好。另外，其可以通过在多个连续的 OFDM 符号上对 $A_{\mathrm{CP}m}$ 取期望以提升性能，同时也延迟了 $N+N_{\mathrm{CP}}$ 个采样。

2.5.2 信道估计与均衡

在设计妥当的情况下，OFDM 采用 N 个单抽头均衡器（每条子载波一个）进行信道检测，这使整个过程相对简单，也是 OFDM 的优势之一。其中，在发射端添加 CP 并在接收端将其去除以克服 ISI。在正确设计的 OFDM 系统中，OFDM 的符号持续时间应该小于信道相干时间，因此，单子载波带宽应当比信道相干带宽小很多，并且 CP 持续时间应该至少与信道延迟扩展传播减去一个采样周期一样长。这些条件简化了信道估计和符号检测。类似的要求在设计参考符号时也有所表述（如导频与前导码）。

根据公式（2.22），假设发送方差为 σ^2 的数据符号 d_n，信道频率响应为 H_n，每条子载波 n 周围的子信道设为平坦衰落，且存在 AWGN。在时间和频率同步完美的情况下，公式（2.25）可以改写为

$$R_n = d_n H_n + W_n \tag{2.44}$$

其中，W_n 是第 n 条子载波上的 AWGN 的频域值（在接收机采用 DFT），且方差为 σ_{W}^2。上述方程可以写成矢量形式

$$\boldsymbol{R} = \mathrm{diag}(\boldsymbol{d})\boldsymbol{H} + \boldsymbol{W} \tag{2.45}$$

其中，$\boldsymbol{R} = [R_0, \cdots, R_{N-1}]^{\mathrm{T}}, \boldsymbol{H} = [H_0, \cdots, H_{N-1}]^{\mathrm{T}}, \boldsymbol{W} = [W_0, \cdots, W_{N-1}]^{\mathrm{T}}$, $\mathrm{diag}(\boldsymbol{d})$ 是由向量 $\boldsymbol{d} = [d_0, \cdots, d_{N-1}]^{\mathrm{T}}$ 中的元素作为主对角线构成的对角矩阵。

信道估计最简单的方法是在接收机端传输已知的符号 d_n，即导频符号。通常，子载波的子集致力于发射导频，并且它们的位置子载波在每个 OFDM 符号中重复地改变。这样便实现在接收到多个符号之后对该信道的估计。信道的动态特性，使这一过程呈连续的。现在，假设在某个时间点，接收机已知所有的导频符号。最小二乘法[150]可用于估计信道频率响应 $\hat{\boldsymbol{H}}$，如下，

$$\hat{\boldsymbol{H}} = \arg\min_{\overline{\boldsymbol{H}}} \|\boldsymbol{R} - \mathrm{diag}(\boldsymbol{d})\overline{\boldsymbol{H}}\|^2 \tag{2.46}$$

其中，$\overline{\boldsymbol{H}}$ 是信道频率响应估计矢量。上述优化的结果如下，

$$\hat{\boldsymbol{H}} = \mathrm{diag}(\boldsymbol{d})^{-1}\boldsymbol{R} \tag{2.47}$$

其标量形式为

$$\hat{H}_n = \frac{R_n}{d_n} \tag{2.48}$$

通过利用关于信道脉冲响应的最大长度（$L \leqslant N_{\text{CP}}$）的信息，可以进一步改善估计[150]。定义一个截断 DFT $N \times L$ 维矩阵 $\boldsymbol{F}_{\text{L}}$，$F_{\text{L}n,l} = \text{e}^{-\text{j}2\pi\frac{nl}{N}}$（$l$=0, …, L–1；n=0, …, N–1）。信道脉冲响应 $\boldsymbol{h} = [h_0, \cdots, h_{L-1}]^{\text{T}}$ 可以被映射到频率响应

$$\boldsymbol{H} = \boldsymbol{F}_L \boldsymbol{h} \tag{2.49}$$

$\boldsymbol{h}$ 的最小二乘估计为

$$\hat{\boldsymbol{h}} = (\operatorname{diag}(\boldsymbol{d})\boldsymbol{F}_L)^{\dagger}\boldsymbol{R} = (\boldsymbol{F}_L^{\text{H}} \operatorname{diag}(\boldsymbol{d})^{\text{H}} \operatorname{diag}(\boldsymbol{d})\boldsymbol{F}_L)^{-1}\ \boldsymbol{F}_L^{\text{H}} \operatorname{diag}(\boldsymbol{d})^{\text{H}}\boldsymbol{R} \tag{2.50}$$

其中，$\boldsymbol{X}^{\dagger}$代表矩阵$\boldsymbol{X}$的伪逆，$\boldsymbol{X}^{\text{H}}$是$\boldsymbol{X}$的埃尔米特共轭转置阵。它可以被映射到频域

$$\hat{\boldsymbol{H}} = \boldsymbol{F}_L \hat{\boldsymbol{h}} = \boldsymbol{F}_L(\boldsymbol{F}_L^{\text{H}} \operatorname{diag}(\boldsymbol{d})^{\text{H}} \operatorname{diag}(\boldsymbol{d})\boldsymbol{F}_L)^{-1}\ \boldsymbol{F}_L^{\text{H}} \operatorname{diag}(\boldsymbol{d})^{\text{H}}\boldsymbol{R} \tag{2.51}$$

对于 L=N，公式（2.51）将简化为公式（2.49）。此时最小二乘估计不再利用长时信道统计信息。为了优化这一性能，我们将采用 MMSE 信道估计。

通常，对于由系数 G_n 定义的每条子载波，接收信号在频域利用单抽头均衡器完成均衡操作，接收符号的估计值为

$$\hat{d}_n = G_n R_n \tag{2.52}$$

最简单的实现方式就是迫零（ZF）均衡，其定义为

$$G_n = \frac{1}{\hat{H}_n} \tag{2.53}$$

通过结合上述两个方程并依照公式（2.44），我们可以得到

$$\hat{d}_n = \frac{H_n}{\hat{H}_n} d_n + \frac{W_n}{\hat{H}_n} \tag{2.54}$$

即便是完美的信道估计，即 $H_n = \hat{H}_n$，对于一个经过严重衰落信道的子载波来说，其噪声功率将显著增大，即$|\hat{H}_n| \approx 0$。一种适合于低 SNR 情况下的最优解决方式是采用最小均方误差（MMSE）来实现。

$$G_n = \arg\min_{\overline{G}_n} \mathbb{E}[|\overline{G}_n R_n - d_n|^2] = \arg\min_{\overline{G}_n} \mathbb{E}[|\overline{G}_n H_n - 1|^2 |d_n|^2 + \tag{2.55}$$

$$2\Re\{(\overline{G}_n H_n - 1) d_n \overline{G}_n^* W_n^*\} + |\overline{G}_n|^2 |W_n|^2] \tag{2.56}$$

其中，$\hat{G}_n$ 是优化过程中第 n 条子载波对应的均衡系数，$(\cdot)^*$表示复共轭。假设$\mathbb{E}[|W_n|^2] = \sigma_{\text{W}}^2$，$\mathbb{E}[|d_n|^2] = \sigma^2$，且$\mathbb{E}[d_n W_n^*] = 0$，优化问题可以简化为

$$G_n = \min_{\overline{G}_n}[|\overline{G}_n R_n - 1|^2 \sigma^2 + |\overline{G}_n|^2 \sigma_W^2] \tag{2.57}$$

这个问题的解可以通过计算被最小化的函数的导数并找到它的根来获得（为简单起

见，可以分别计算 G_n 的实部和虚部的导数），结果是

$$G_n = \frac{H_n^*}{|H_n|^2 + \frac{\sigma_W^2}{\sigma^2}} \tag{2.58}$$

高信噪比（$SNR = \frac{\sigma^2}{\sigma_W^2}$）MMSE 均衡器系数接近 ZF 均衡器的系数。

除了最受欢迎的 ZF 和 MMSE 均衡器之外，在多载波系统中还有其他一些关于信道均衡的思路，诸如控制均衡[151]、部分均衡[152]或者对于多载波码分多址（CDMA）的最大比合并[153]等。有关多载波系统的信道估计和均衡的文献非常多。在致力于讲述多载波系统的文献中[98~102]，感兴趣的读者可以找到专门讨论信道估计器和均衡器的章节，包括其实际实施、复杂度以及多载波技术中一些特有的问题等。

第3章

面向未来无线通信的非连续 OFDM

具有频谱认知能力的非连续正交频分复用（NC-OFDM）技术被认为是未来通信系统空中接口的重要候选技术之一。它具有足够的频谱灵活性，即使在许可系统用户［主用户（PU）］信号存在的情况下，也能通过多个扩展频段同步传输来自未许可系统用户［次级用户（SU）］的数据，因此，提高了频谱利用率[3, 4, 36~38]。特别地，位于未占用无线频谱频率附近的子载波可以用于发送数据，而那些附近可能存在干扰的主用户信号的子载波可以被停用或置零。然而，为了减轻带外干扰（OOB）而简单地释放子载波可能难以满足附近主用户的干扰容忍度。除了在给定频谱模板下达到要求的带外（OOB）发射功率外，为了避免与处于动态变化的主用户的传输产生干扰，一个次级用户发射机必须能够动态地调整它的频谱特性[4]。

为了评估 NC-OFDM 波形的频谱特性，我们考虑图 3.1 所示的基本 NC- OFDM 调制器。对于每一个 NC-OFDM 符号（用向量 $\boldsymbol{d}_{\mathrm{DC}}$ 表示），输入的数据比特被映射成复正交幅度调制（QAM）符号 α。这些符号经过串/并（S/P）转换，输入到大小为 N 的快速傅里叶逆变换（IFFT）块［在 NC-OFDM 子载波（SC）选择块］中。虽然所有可能的 SC 指数的集合是 $\left\{-\frac{N}{2},\cdots,\frac{N}{2}-1\right\}$，但仅仅在 $\boldsymbol{I}_{\mathrm{DC}}=\{I_{\mathrm{DC}j}\}$（$j=1,\cdots,\alpha$）中的指数的 SC 被非零符号调制。在 IFFT 之后，插入了循环前缀（CP）的 N_{CP} 个样本，并且符号样本 $s_m(m=-N_{\mathrm{CP}},\cdots,N-1)$ 可以被描述为

$$s_m=\sum_{n=-\frac{N}{2}}^{\frac{N}{2}-1}\tilde{d}_n\mathrm{e}^{\mathrm{j}2\pi\frac{nm}{N}} \tag{3.1}$$

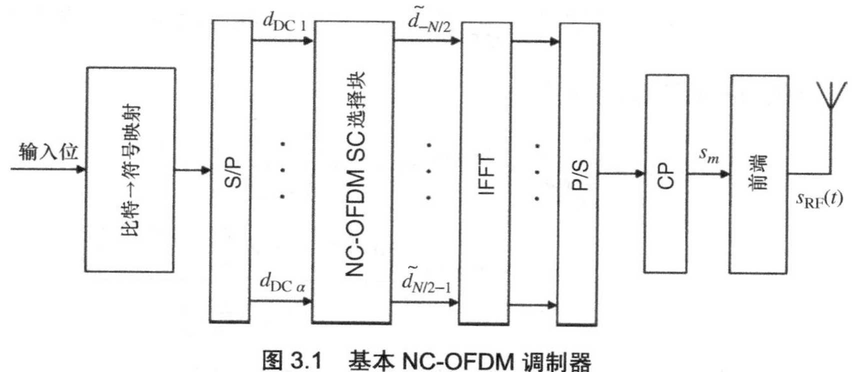

图 3.1　基本 NC-OFDM 调制器

$\tilde{d}_n(n\in \boldsymbol{I}_{\mathrm{DC}})$ 是一个数据符号的值，其他的 $\tilde{d}_n$ 值为 0。这些样本进行数模（D/A）转换［使用 D/A 转换器作为脉冲响应为 $h_{\mathrm{DAC}}(t)$ 的低通滤波器］。假如连续时间表示为

$$s(t)=\sum_{m=-N_{\mathrm{CP}}}^{N-1} s_m h_{\mathrm{DAC}}(t-mT_{\mathrm{s}}) \tag{3.2}$$

其中，T_{s} 是采样周期。这个信号上变频到载波频率 f_{c}，并且只有它的实数部分可以经过天线端口传输，表达如下。

$$s_{\mathrm{RF}}(t)=\Re\{s(t)\mathrm{e}^{\mathrm{j}2\pi f_{\mathrm{c}}t}\} \tag{3.3}$$

其中，$\Re$ 表示一个复数的实部。连续时间域信号 $x(t)$的频谱可以通过傅里叶变换得到，即

$$\begin{aligned}S(f)=\mathcal{F}\{s(t)\}&=\mathcal{F}\left\{\left[\sum_{m=-N_{\mathrm{CP}}}^{N-1} s_m\delta(t-mT_{\mathrm{s}})\right]*h_{\mathrm{DAC}}(t)\right\}\\&=\mathcal{F}\left\{\sum_{m=-N_{\mathrm{CP}}}^{N-1} s_m\delta(t-mT_{\mathrm{s}})\right\}H_{\mathrm{DAC}}(f)\\&=H_{\mathrm{DAC}}(f)\int_{-\infty}^{\infty}\sum_{m=-N_{\mathrm{CP}}}^{N-1}\sum_{n=-\frac{N}{2}}^{\frac{N}{2}-1}\tilde{d}_n\mathrm{e}^{\mathrm{j}2\pi\frac{nm}{N}}\delta(t-mT_{\mathrm{s}})\mathrm{e}^{-\mathrm{j}2\pi ft}\,\mathrm{d}t\\&=H_{\mathrm{DAC}}(f)\sum_{n=-\frac{N}{2}}^{\frac{N}{2}-1}\tilde{d}_n\sum_{m=-N_{\mathrm{CP}}}^{N-1}\mathrm{e}^{\mathrm{j}2\pi\left(\frac{nm}{N}-fmT_{\mathrm{s}}\right)}\end{aligned} \tag{3.4}$$

其中，$\mathcal{F}$ 表示傅里叶变换，$*$表示卷积，$H_{\mathrm{DAC}}(f)$ 是 DAC 模型的低通滤波器的频率响应，并且 $\delta(t)$ 表示狄拉克函数。实际上，第二个因子是数字域的 NC-OFDM 符号频谱，在频

率上是不定的，周期为$\frac{1}{T_s}$。通过$f=\frac{v}{NT_s}$的替换，一个单独的第 n 个子载波$S(n,v)$的频谱可以用归一化频率 v 计算，如下。[43]

$$\begin{aligned}S(n,\nu)&=\sum_{m=-N_{\mathrm{CP}}}^{N-1}\mathrm{e}^{\mathrm{j}2\pi\frac{n-\nu}{N}m}=\frac{\mathrm{e}^{\mathrm{j}2\pi\frac{n-\nu}{N}(-N_{\mathrm{CP}})}-\mathrm{e}^{\mathrm{j}2\pi(n-\nu)}}{1-\mathrm{e}^{\mathrm{j}2\pi\frac{n-\nu}{N}}}\\&=\mathrm{e}^{\mathrm{j}\pi(n-\nu)\left(1-\frac{1+N_{\mathrm{CP}}}{N}\right)}\cdot\frac{\sin\left(\pi(n-\nu)\left(1+\frac{N_{\mathrm{CP}}}{N}\right)\right)}{\sin\left(\pi\frac{n-\nu}{N}\right)}\end{aligned}\tag{3.5}$$

通过等比数列求和并利用三角恒等式简化公式（3.5），那么公式（3.4）可以重写为

$$S(f)=H_{\mathrm{DAC}}(f)S(\nu)=H_{\mathrm{DAC}}(f)\sum_{n=-\frac{N}{2}}^{\frac{N}{2}-1}\tilde{d}_nS(n,\nu)\tag{3.6}$$

在数字域，在频率为 v 的一个单独的 NC-OFDM 符号中，$S(v)=S(fNT_s)$是所有已调子载波的频谱。虽然函数$S(n,v)$在频率上是不定的，但 D/A 应该减弱频率范围在$-\frac{1}{2T_s}\sim-\frac{1}{2T_s}$外的成分，这样对带内部分造成的干扰可以忽略。从这个角度看，进一步的研究可限制在带内频率，并且 H_{DAC} 可以被省略。

本质上，公式（3.5）给出的单载波频谱模型假设 OFDM 调制通过 IFFT 实现，因此，与一般的类 Sinc 频谱不同，如在文献[154～157]中。类 Sinc 频谱是公式（3.5）中 N 很大且$|n-v|\approx 0$时的一个近似结果。在文献[158]中，为了简化优化流程，使用了该近似。正如文献[159]所介绍的，一个信号的功率谱密度（PSD）可以通过它的周期图估计。假设 d_n 的均值为 0 并且功率归一化，一个单子载波的功率谱密度可以估计为

$$\begin{aligned}|S(n,\nu)|^2&=\left|\frac{\sin\left(\pi(n-\nu)\left(1+\frac{N_{\mathrm{CP}}}{N}\right)\right)}{\sin\left(\pi\frac{n-\nu}{N}\right)}\right|^2\\&\approx\left|\frac{\sin\left(\pi(n-\nu)\left(1+\frac{N_{\mathrm{CP}}}{N}\right)\right)}{\pi\frac{n-\nu}{N}}\right|^2\end{aligned}\tag{3.7}$$

当$\left|\pi\frac{n-v}{N}\right|\approx 0$，这个近似是有效的。当$v=n$时可得到最大值，并且$(n-v)\in(-0.5;0.5)$

的区域称为主瓣，其他频率成分称为旁瓣。很明显，功率谱密度的包络近似等于 $\frac{1}{(\pi(n-\nu)/N)^2}$，因此，$n-\nu$ 每增加 10 倍，旁瓣减少 20 dB。

OOB 干扰可能对相邻无线信号有不利影响，为了抵消由 NC-OFDM 传输引起的显著的 OOB 干扰，一些文献中提出了可以显著抑制这些旁瓣的技术以使 PU 和 SU 共存成为可能。另外，降低 OOB 功率可能会使计算复杂度和能量（功率）利用率升高。考虑到一个用户设备可利用的计算和能量资源是有限的，所以需要实用的方法去平衡 OOB 干扰抑制效率和相关成本。接下来，将简要概述这种实用的方法（文献[4]中已提出这个概述）。

1. 数字滤波器（DF）

最直接的方法是过滤掉 OOB 分量。然而，这个方法没有利用 NC-OFDM 调制器的性质，并且会引起严重的实际应用问题。因为分配频谱资源发生了变化，滤波器必须被调节为占用带宽，并且必须重新进行设计。另外，在没有假设足够的 OOB 辐射衰减的情况下，低阶滤波器会使有用信号失真，然而高阶滤波器的计算复杂度很高，且可能导致时域信号色散，从而使联合信道滤波器脉冲超过 CP[160]。正如文献[39]所述，为了获得 24 dB 的频谱缺口，一个有限脉冲响应（FIR）滤波器的功耗是 300 mW；而通过消除载波（CC）方法（描述如下）实现的抑制仅仅需要 2 mW 的功率。

2. 保护子载波（GS）

一个简单的减少 OOB 干扰的方法是预留几个 SU 子载波，这些子载波与 PU 频率接近，从而充当频谱缓冲区[161]，也就是说，这些子载波的停用降低了 OOB 功率，正如公式（3.5）所描述的，因为假设 n 表示被利用的 SU NC-OFDM 子载波，并且 ν 在 PU 带内，$|n-\nu|$ 增加，这称为 GS 方法。虽然易于实现，但是这个方法明显降低了频谱效率，并且在大多数场景下不足以降低 OOB 功率[4]。

3. 加窗（WIN）

WIN 是一种常用于包含 CP 的正交频分复用（OFDM）符号时域样本的方法[161, 162]。加窗的概念如图 3.2 所示[4]，这里，我们可以看到持续时间为 $N+N_{\mathrm{CP}}$ 的样本的时域 OFDM 符号的每一端被循环拓展了 N_{W} 个采样点。

我们将一个单独的 OFDM 符号的时域信号表示为向量 $\boldsymbol{s}=\{s_{-N_{\mathrm{W}}-N_{\mathrm{CP}}},\cdots,s_{N-1+N_{\mathrm{W}}}\}$。在这种情况下，加窗后的 OFDM 符号时域样本被定义为向量 $\boldsymbol{y}_{\mathrm{WIN}}=\{y_{\mathrm{WIN}m}\}$，它源于向量 $\boldsymbol{s}=\{s_m\}$ 和窗形状 $\boldsymbol{w}=\{w_m\}$ 的乘积[4]，即

$$y_m = w_m s_m \tag{3.8}$$

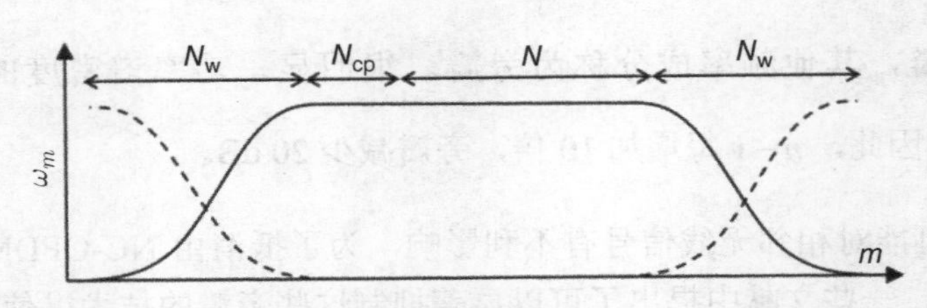

图3.2 加窗OFDM符号（虚线表示前、后OFDM符号）

其中，$m \in \{-N_W - N_{CP}, \cdots, N-1+N_W\}$。文献[162]介绍了应用汉宁窗可以实现最大的旁瓣抑制。在这种情况下，$\boldsymbol{w} = \{w_n\}$有下面的形式[4]。

$$w_m = \begin{cases} 0.5 + 0.5\cos\left(\pi \frac{m+N_{CP}}{N_W}\right), & m \in \{-N_W - N_{CP}, \cdots, -1 - N_{CP}\} \\ 1, & m \in \{-N_{CP}, \cdots, N-1\} \\ 0.5 + 0.5\cos\left(\pi \frac{m-N}{N_W}\right), & m \in \{N, \cdots, N-1+N_W\} \end{cases} \tag{3.9}$$

正如图3.2所示，连续的符号互相重叠了N_W个抽样点，这使一个有效的OFDM符号持续时间为$N + N_{CP} + N_W$个样本。虽然在文献[163]中介绍了可以在不延长OFDM符号的条件下加窗，但这种方法增加了载波间干扰（ICI）和误比特率（BER）。

加窗作为减少OOB干扰的方法的优点如下：计算复杂度相对较低、所调制的数据具有独立性和对非连续多载波传输的适应性，如NC-OFDM。在文献[164]中，WIN在降低OOB功率方面的性能已经在实现软件定义无线电（SDR）中得到验证。在一个动态变化的无线电环境中，当尝试用感知无线电通信系统接入可用频谱时，所使用的窗的长度和形状能够动态改变也是很重要的。在PU传输频带与SU传输频带距离相对较远时，这种方法可以最小化PU传输干扰[4, 161, 162]。这种方法的主要缺点是单个OFDM符号持续时间的增加引起吞吐量变小。

4. 自适应符号过渡（AST）

AST方法[4,165]与WIN相同，选择连续时间符号间的过渡区域的时域采样，以便通过平滑连续符号间的过渡来最小化OOB功率。对于AST算法，为了估计在相邻频带间OOB干扰的总量，需要映射到每一个子载波的符号的信息。均方误差（MSE）最小化方法用于动态确定，即它对于每一OFDM符号和在过渡区域的时域采样值是独立的。这种方法主要的缺点是增加了计算复杂度高降低了吞吐量（通过延长NC-OFDM符号）[4]。

5. 星座拓展（CE）

CE[4,166]方法，调整每一个子载波传输的已调数据符号，从而降低OOB功率，但不会损失任何数据信息或造成失真。这可以通过扩大调制星座并通过两个星座点的任何一个表示数据符号而实现。因此，减小了星座点间的最小距离，并且降低了 BER[4]。另外，优化在计算上是复杂的，最终的 OOB 功率降低量是有限的。

6. 子载波加权（SW）

SW[4, 167, 168]方法通过将数据子载波与最佳的正实数加权系数相乘来最小化信号 OOB 功率[4]。在接收端，使用加权子载波传输的数据符号可以被视为是失真的，尤其是对于加权系数的高值或低值。因此，文献[167, 168]提出增加对加权系数值的约束。仿真结果表明有适度的 OOB 功率抑制和 BER 增加，然而优化在计算上是很复杂的。

7. 多项选择序列（MCS）

在 MCS 中[4, 169]，对要在 OFDM 符号中传输的数据符号的每一个序列均计算了相应的序列表示集合。然后从该集合中选择对相邻频带干扰最小的序列并传输。在接收端，为了恢复原始的数据序列，必须提供所选择序列的标识号，这需要为这个边缘信息提供一个额外的控制信道。作者介绍了 MCS 产生的 3 种变体：改变星座符号、符号交叉以及符号相位旋转。降低计算复杂度的 MCS 方法的变体是星座调节方法[170]和相移方法[156]。因为 OFDM 边缘子载波对 OOB 辐射的影响最强，仅仅是星座点或这些子载波的符号相位被更改。这限制了序列集合的数量，检查这些序列是为了选择最佳的序列[4]。MCS 方法的另一个变体涉及与其他频谱算法的合并，即文献[171]所介绍的 SW 或抵消载波（CC）。

8. 多项式相消编码（PCC）

PCC 在文献[4，172]中被提出，并在文献[173，174]中重新提及。这个方法不仅降低了 OOB 功率，还降低了 OFDM 信号对相位和频率错误的敏感性[4]。因为相邻子载波的频谱已经完全对齐，因此，相邻的子载波被相同的、尺度数据合适的符号调制以减小其旁瓣功率。这通常用于包含 2 个或 3 个子载波的组。虽然这种方法降低了系统吞吐量，但编码冗余可以用于增加信噪比（SNR）。虽然 PCC 计算复杂度要求很低，但是当不使用 CP 时，OOB 功率会大大降低。

9. 作用集（AS）

文献[175]提出了 AS 方法。它允许每一个数据符号被一个额外的复杂符号修正以降低 OOB 辐射功率。因为从接收机的角度看，这种修正导致了类似于噪声的失真，所以必须限制它的功率。在频谱成形后，所有的 QAM 符号都属于相同的决策区域。优化过程在计算上很复杂，并且很高的 OOB 功率衰减需要大幅降低接收机的 BER。

10. 频谱预编码（SP）

使用不同种类的 SP 的方法。这些方法都使 OOB 有较高的功率衰减，但它们都存在较高的计算复杂度[176]。在这种方法中，子载波上传输的数据符号间的相关性是由复数域分组编码引入的。文献[177]中的方法不仅降低了OOB功率，还降低了BER。然而，它需要使用一些额外的子载波，因此，比特速率会更低。另外，还需要考虑接收的计算复杂度。文献[157，158，178～181]中导出的所有预编码矩阵都基于正交投影操作。在文献[158]中可以具有非常低的计算复杂度，它在零填充OFDM中效果最好。虽然在文献[178]中的接收性能与典型的OFDM系统中的接收性能相同，但是OOB功率降低性能由额外的子载波的数量控制（对于码率等于1，没有观察到OOB辐射降低）。在文献[157]中，码率等于1，并且OOB功率降得越多，定义OOB区域中的频谱采样点越多。文献[179]中提出的改进的正交投影操作被用于多用户系统。此外，作者提出了预编码矩阵的迭代方法，以使所得到的谱服从给定的SEM，文献[179]中的方法在接收时要做复杂的运算。文献[181]中的预编码器适用于标准的NC-OFDM接收机，它通过限制预编码引入的EVM（Error Vector Magnitude）来完成，在这种方法中，OOB功率在大部分远离占用频带（频率）的频率处被降低得最多。因此，它可能不适合创建深度和窄带频谱陷波。

11. NC–OFDM

NC-OFDM方法与SP类似，但非常有特色并且通常被引用得最多[182]。人们已经发现，OOB功率分量是后续OFDM符号之间的时域不连续性造成的结果。NC-OFDM方法旨在强制连续符号在时间上连续。通过在IFFT块的输入端向每个有效数据子载波添加低功率复值量来实现OFDM符号末端的$0 \sim N_{\text{NC-OFDM}}$阶导数的连续性。OOB辐射衰减越强，导数连续的阶数越高。这里主要的问题是基于存储器的预编码器使预编码计算很复杂，并且可靠的信号接收也比较困难。此外，在距占用频带更远的频率处能观察到最强的OOB功率衰减。这使该方法不能满足狭窄和深的PSD缺口要求。在文献[183]中，已经提出了改进版本的NC-OFDM预编码器和适当的接收方法，其将改善BER以达到典型的OFDM信号接收水平，但是其代价是比特率降低，即编码率低于1。NC-OFDM技术还有可能通过在时域中进行预编码来降低计算复杂度[184]。虽然标准NC-OFDM信号产生的复杂度是$\mathcal{O}(\alpha^2)$，但时域信号的复杂度通常为$\mathcal{O}(N \cdot N_{\text{NC-OFDM}})$。由于典型的$N_{\text{NC-OFDM}}$很小，因此，所提出的方法使其在实时发射机中实现。信号接收的计算复杂度与标准方法相同。而且，基于连续时间OFDM表示的连续性设计了NC-OFDM。文献[185]中提出的现场可编程门阵列（FPGA）的实现表明NC-OFDM发射机需要很高的信号过采样系数才能获得低OOB功率。

12. 取消载波（CC）

CC方法[4, 41]利用每个子载波的频谱形状，并应用一些额外的、专门调制的子载波以降低产生的 OOB 功率电平[4]。这种方法在降低 OOB 功耗方面有广泛的应用前景。

13. *扩展的主动干扰消除*（EAIC）

EAIC [186, 187]与主动干扰消除（AIC）类似，它基于插入专门的载波，使这些载波与由数据子载波引起的高功率旁瓣负相关。AIC 方法仅利用与 DC 正交的子载波，而 EAIC 使用非正交频率。这种方法的主要缺点是缺乏正交性，即会发生数据符号失真。EAIC 方法的一个变体已在文献[188]中提出，其中，旁瓣功率抑制方法通过使用跨越多个连续 OFDM 符号的长时域消除信号来改进[4]。indexOFDM 方法相对于文献[186]中介绍的方法，由于干扰增加了，因此，这种方法会导致 BER 增加。在文献[187]中提出了改进 EAIC 方法，该方法基于确定允许的自干扰功率时的约束优化。尽管所获得的 OOB 功率衰减很大，但它需要大量的 EAIC 子载波，这是计算复杂度增加的原因。

14. *滤波器组多载波*（FBMC）

与前面提到的算法相比，滤波器组多载波（FBMC）技术是一种多载波调制方案，它是 NC-OFDM 的竞争者。它通常被认为是未来无线通信系统中 OFDM 的后继者[3, 37, 42]。其发射器可以通过附加滤波的 IFFT 块高效实现。由于滤波器设计精确，每个子载波在其 OOB 区域引入了非常低的干扰水平。另外，与 NC-OFDM 相比，这种方案不需要 CP，可以快速增加吞吐量。该方案的缺点是由于滤波以及每个子载波所需的多抽头均衡器，导致信号生成和接收的计算复杂度升高。此外，根据应用的滤波器，FBMC 系统中的峰均比可能高于 OFDM 系统。

3.1 基于载波消除的增强型 NC-OFDM

OFDM 符号的时间长度有限，因此，这可以理解为对一个无穷长的 OFDM 符号加矩形窗而得到[4]。因此，每个子载波谱要与 Sinc 函数进行卷积，这导致加宽与其他子载波谱频谱重叠区域，如公式（3.5）。虽然这通常是导致高 OOB 功率的主要原因，但这种现象可以通过使用 CC 方法有效避免，其中一个激活载波的子集被选择的唯一目的是抵消相邻的 OOB 干扰载波[4]。通常认为，最接近频谱边缘的载波对 OOB 功率的影响最大，因此，它们通常由被消除的信号值进行调制，它们不是要传输的独立数据符号。这些子载波的旁瓣旨在与来自有效数据承载的子载波产生的旁瓣的总和负相关，从而降低总体 OOB 功率水平，如图 3.3 所示[4]。

消除载波的值必须分别计算每个 OFDM 符号，因为独立调制的数据符号导致不同的 OOB 功率水平。因此，定义了几个频率采样点，以确定 OOB 信号频谱在相应频率下的值。这些γ频率采样点描述的优化区域，必须计算其中数据载波（DC）和 CC 频谱叠加产生的频谱值。为解决每个 OFDM 符号的优化问题，可以定义如下[4]。

$$\boldsymbol{d}_{\mathrm{CC}}^{\star}=\arg\min_{\boldsymbol{d}_{\mathrm{CC}}}\|\boldsymbol{P}_{\mathrm{CC}}\boldsymbol{d}_{\mathrm{CC}}+\boldsymbol{P}_{\mathrm{DC}}\boldsymbol{d}_{\mathrm{DC}}\|_2^2 \tag{3.10}$$

其中，$\boldsymbol{P}_{\mathrm{CC}}$是（$\gamma\times\beta$）维矩阵，将长度$\beta$的 CC 值向量$\boldsymbol{d}_{\mathrm{cc}}$转换为频谱估计。对于 DC，（$\gamma\times\alpha$）矩阵$\boldsymbol{P}_{\mathrm{DC}}$和长度$\alpha$的向量$\boldsymbol{d}_{\mathrm{DC}}$具有相同的作用。然而，正如这种方法的发明者所发现的那样，这种优化方法可能会使 CC 相对于平均直流功率的功率水平更高。因此，引入了附加约束来限制这种情况[4]。

$$\|\boldsymbol{d}_{\mathrm{CC}}\|_2^2\leqslant\Pi_{\mathrm{CC}} \tag{3.11}$$

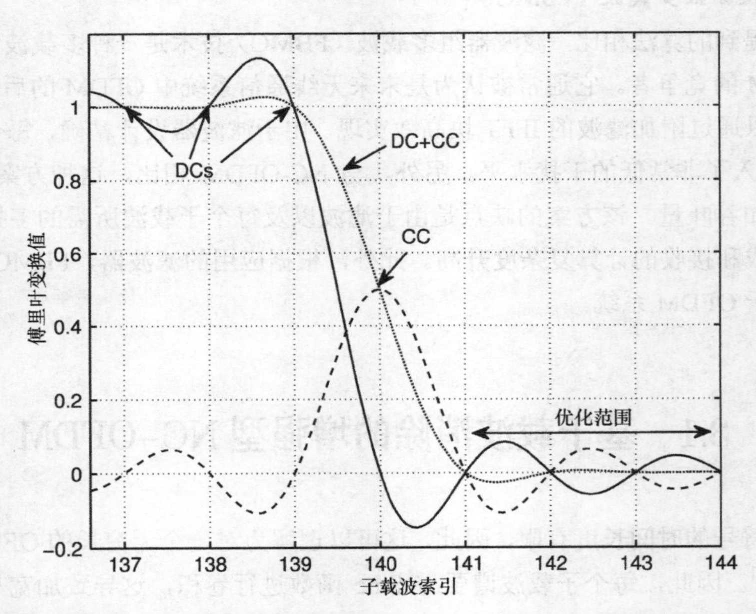

图 3.3　数据子载波频谱叠加产生的频谱简化图和单个 OFDM 符号的抵消子载波谱（未使用 CP）

其中，Π_{CC}是 CC 的最大允许功率。公式（3.10）的解是众所周知的，并已在文献 [4，39，40] 中提出，即

$$\boldsymbol{d}_{\mathrm{CC}}^{\star}=-\boldsymbol{P}_{\mathrm{CC}}^{\dagger}\boldsymbol{P}_{\mathrm{DC}}\boldsymbol{d}_{\mathrm{DC}} \tag{3.12}$$

当$\boldsymbol{A}^{\dagger}$表示矩阵$\boldsymbol{A}$的伪逆时，约束公式（3.11）极大地增加了优化问题的计算复杂度，

需要求解每个 OFDM 符号的拉格朗日不等式，拥有大量子载波的宽带传输可能变得不可行[4]。在文献[189]中，给出了一个求解该问题的算法，即在球面上最小化。

除了增加计算复杂度之外，CC 方法的另一个缺点是链路性能恶化，即误比特率的增加。这是因为 OFDM 系统通常在总功率约束下运行。如果牺牲 OFDM 符号能量的一部分用于消除载波，则可用于传输数据的剩余能量减少，这自然会导致信噪比下降和相应的误比特率变差[4]。值得一提的是，OFDM 系统使用的载波数量的增加会导致峰均比的增加。然而，在实践中，这是可以接受的，例如，约 0.2 dB 的 10^{-2} 的峰均比互补累积分布函数 （CCDF）[154]。

CC 算法的研究已经很广泛，文献[4]中给出了一些与其他方法相结合的 CC 算法的变体。例如，AIC [39]是一种类似于 CC 的方法，其中除了 OFDM 边缘载波外，PU 传输带内的其他几个载波也用于最小化 OOB 辐射。但是，如前面所述，PU 传输带内部的 AIC 载波对 OOB 干扰的影响微乎其微。此外，它们显著增加了结果实现的计算复杂度[4]。

文献[190]提出了另一种基于遗传算法的优化方法。此方法的计算复杂度很高，即在模拟过程中测量的执行时间比标准解决方案长 100 倍以上，并且在 OOB 功率水平上实现了少于 1 dB 的改进。

文献[191]提出的方法的计算复杂度小很多。通过简化 CC 方法的最复杂的步骤，复杂度降低到标准方法[154]水平。首先，考虑到最具贡献的载波，确定在一个给定频率采样点 v 处由 DC 所引起的频谱值。为了进一步降低系统的复杂度，每个 CC 应该只在一个频率采样点上抵消干扰。因此，优化就简化为寻求一个 CC 系数，以保证其旁瓣具有与 DC 基带频谱相同的值，但对于给定的频率采样点有相反的符号。预计 OOB 功率比标准优化方法要降得更少。文献[192]提出了许多不同的 AIC 计算方法，作者利用 OOB 区域子载波之间的统计依赖性来降低复杂度。此外，文献中还解决了 min–max 优化问题，旨在降低优化范围内所有限定频率处的最大 OOB 功率，而不是总计 OOB 功率值。此外，在公式（3.11）中，在 CC 功率的限制下，AIC 算法也已经被扩展。尽管使用了先进的数学工具，但与文献[39，154]相比，系统性能的改善是相当有限的。

如果需要很深的频谱陷波，可以将 CC 方法与 WIN 结合，正如文献[40，154]中提出的。基本 OFDM 系统还额外添加一个 CC 插入单元，并且在时域中将该窗口应用于扩展的 OFDM 符号。虽然在 WIN 方法中不需要进行任何更改，但 CC 插入块必须考虑到由窗引起的单个子载波频谱的形状的改变。根据使用的窗口类型及其长度，公式（3.5）必须进行适当的更改。仿真结果表明，相对于单独使用窗口或 CC 方法，采用 CC 和 WIN 相结合的方法可以显著降低 OOB 的辐射功率。

在文献[193]中提出的另一种方法是 CC 和 CE 方法的结合。所得到的 OOB 功率衰减是相当微弱的，即在模拟的情况下，约为 5 dB。OOB 功率衰减较大，特别是在狭窄的频谱缺口处，可以通过 CC 和 AST 结合的方法[194]。在文献[155]中考虑了 CC 与数字滤波相结合的方法。它基于 CC 可以非常有效地减少频率在占用子载波频带附近处的 OOB 功率分量的事实。通过相对低阶的升余弦滤波，可以有效地降低远处频率上 OOB 功率分量。虽然实现了较高的 OOB 功率衰减，但该方法计算复杂度仍然很大，滤波引起的误比特率降低。

3.1.1 消除载波法改善接收质量

如前面所述，CC 方法的缺点之一是 NC-OFDM 接收机的误比特率增加。如果考虑给定的传输功率，CC 的引入需要更低的功率用于 DC。然而，可以看出，在 CC 上传输的复杂符号是基于给定的 NC-OFDM 符号中的 DC 值计算的。从这个角度来看，CC 上的复杂值可以被视为由复数块编码[195]引入的冗余。为了利用这一事实，我们首先推导了发射机中使用的编码矩阵，并在接收机[196]中计算解码矩阵。

这里考虑的发射机包括一个改进的 NC-OFDM 调制器，如图 3.4 所示。“CC 计算”单元在 IFFT 块之前分别计算每个 NC-OFDM 符号的 CC 值（对于每个数据符号矢量 $\boldsymbol{d}_{\mathrm{DC}}$）。

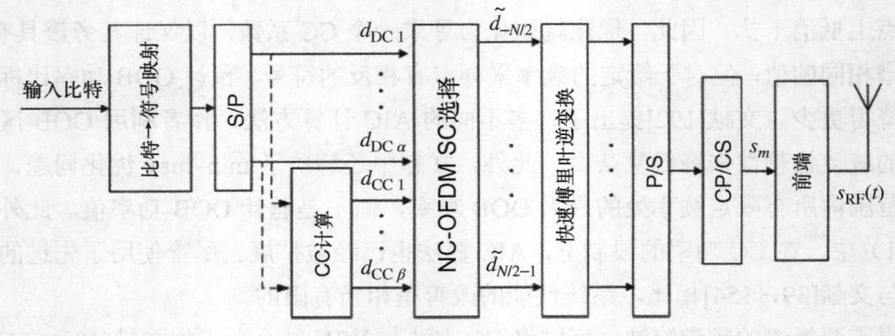

图 3.4 采用 CC 方法的 NC-OFDM 发射机

时域上，IFFT 块的输出随着 CP 的 N_{cp} 个样本扩展。实际上，现在被占据的子载波总数为 $\alpha+\beta$。如前定义，DC 占用由向量 $\boldsymbol{I}_{\mathrm{DC}}=\{I_{\mathrm{DC}j}\}(j\in\{1,\cdots,\alpha\})$ 的元素索引的子载波和 CC 占用由向量 $\boldsymbol{I}_{\mathrm{DC}}=\{I_{\mathrm{DC}j}\}(j\in\{1,\cdots,\beta\})$ 的元素索引的子载波。$I_{\mathrm{DC}j}$ 和 $I_{\mathrm{CC}j}$ 属于集合

$\left\{-\frac{N}{2},\cdots,\frac{N}{2}-1\right\}$。

需要估计每个 DC 和 CC 对频谱采样点的结果谱的影响。为了在这些频率下使它们的旁瓣与由 DC 引起的旁瓣呈负相关，将选择 CC 复数符号。对于 $l\in\{1,\cdots,\gamma\}$ 的一组频率采样点 $V=\{V_l\}$ 在优化区域中定义，对于 $j\in\{1,\cdots,\alpha\}$，$\gamma\times\alpha$ 矩阵 $\boldsymbol{P}_{\text{DC}}$ 的元素可以定义为 $P_{\text{DC}l,j}=S(I_{\text{DC}j}, V_l)$，其中，$S(n,\nu)$ 在公式（3.5）中定义。同样,为了消除载波，$j\in\{1,\cdots,\beta\}$，$\gamma\times\beta$ 矩阵 $\boldsymbol{P}_{\text{CC}}$ 的元素可以定义为 $P_{\text{CC}l,j}=S(I_{\text{CC}j},V_l)$ 并且可以被离线计算。

回想一下，CC 的目的是尽量减少 OOB 功率电平，这意味着解决以下优化问题[4]:

$$\boldsymbol{d}_{\text{CC}}^{\star}=\arg\min_{\boldsymbol{d}_{\text{CC}}}\|\boldsymbol{P}_{\text{CC}}\boldsymbol{d}_{\text{CC}}+\boldsymbol{P}_{\text{DC}}\boldsymbol{d}_{\text{DC}}\|_2^2 \tag{3.13}$$

从这个问题的解中得出了消除载波的 $\boldsymbol{d}_{\text{CC}}$ 的值，即

$$\boldsymbol{d}_{\text{CC}}^{\star}=-\boldsymbol{P}_{\text{CC}}^{\dagger}\boldsymbol{P}_{\text{DC}}\boldsymbol{d}_{\text{DC}} \tag{3.14}$$

与公式（3.12）相同，虽然这样的解决方案在计算复杂度方面相对较快，但是因为对每个 NC-OFDM 符号执行预先计算好矩阵与向量 $\boldsymbol{d}_{\text{DC}}$ 相乘，CC 的功率不受限制，这可能导致在 NC-OFDM 接收机中，误比特率严重恶化。如文献[41]所述，信噪比值的减小可以定义为

$$SNR_{\text{loss}}=10\log_{10}\left(\frac{\|\boldsymbol{d}_{\text{CC}}\|_2^2+\|\boldsymbol{d}_{\text{DC}}\|_2^2}{\|\boldsymbol{d}_{\text{DC}}\|_2^2}\right) \tag{3.15}$$

在这种情况下，参考系统是在所建议的、CC 方法中所使用的子载波上采用保护子载波的系统。

由于 CC 与数据符号相关联，这些额外的子载波可以用于信号接收，这可能不仅恢复了专门用于这些载波的功率，还利用频率的多样性来达到更高的在频率选择性衰落方面的稳健度。这是可能的，由于维护矩阵 $\boldsymbol{W}$ 为一组给定的系统参数[4]。让我们考虑公式（3.14）中生成冗余传输符号 $\boldsymbol{d}_{\text{CC}}$ 并行传输的数据符号 $\boldsymbol{d}_{\text{DC}}$ 这一过程。这一操作针对的是复值符号，从而允许我们使用复值场块编码的理论[195]来阐述这一问题。因此，重写公式（3.14）以确定系统编码生成矩阵 $\boldsymbol{G}$ 的大小$(\beta+\alpha)\times\alpha$。

$$\begin{pmatrix}\boldsymbol{d}_{\text{DC}}\\ \boldsymbol{d}_{\text{CC}}\end{pmatrix}=\begin{pmatrix}\boldsymbol{I}\\ \boldsymbol{W}\end{pmatrix}\boldsymbol{d}_{\text{DC}}=\boldsymbol{G}\boldsymbol{d}_{\text{DC}} \tag{3.16}$$

通过更改所展示矩阵的行顺序，数据和消除符号的顺序就可以保持不变，但为了简单起见，省略此操作。基于 ZF 标准[195]为这些编码设计简单的接收机制，接收矩阵定义[4]为

$$\boldsymbol{R}_{\mathrm{ZF}} = (\boldsymbol{HG})^{\dagger} \tag{3.17}$$

其中，$\boldsymbol{H}$ 为$(\beta+\alpha)\times(\beta+\alpha)$的对角矩阵，其对角线上是每个使用的子载波的信道系数。虽然在文献[195]中提出了更高级的接收方案，但它们引入了额外的计算复杂度，与采用 $\boldsymbol{R}_{\mathrm{ZF}}$ 矩阵的接收相比，误比特率没有显著改善。在快速傅里叶变换（FFT）处理后，将该矩阵应用于接收机，而不是在标准接收链中使用均衡器[4]。数据符号 $\hat{\boldsymbol{d}}_{\mathrm{DC}}$ 的估计是通过以下操作实现的。

$$\hat{\boldsymbol{d}}_{\mathrm{DC}} = \boldsymbol{R}_{\mathrm{ZF}} \begin{pmatrix} \boldsymbol{r}_{\mathrm{DC}} \\ \boldsymbol{r}_{\mathrm{CC}} \end{pmatrix} \tag{3.18}$$

其中，$\boldsymbol{r}_{\mathrm{DC}}$ 和 $\boldsymbol{r}_{\mathrm{CC}}$ 是 FFT 块的输出端接收到的垂直向量，分别包含已失真且含有噪声的数据，以及消除子载波。虽然矩阵 $\boldsymbol{R}_{\mathrm{ZF}}$ 的计算可能非常复杂，但对于每个信道实例和子载波模式，只需要执行一次。此外，在系统编码实现的情况下，此方法可以被视为可选的，只保留在高性能、高质量的接收[4]中。

仿真结果

通过计算机仿真，采用之前讨论的 CC 接收技术对系统性能的改善进行了评价。所考虑的系统是基于 $N=256$ 的 FFT/IFFT。它在多径瑞利衰落信道中运行，最大路径延迟等于 62 个采样，因此，使用长为$\dfrac{N}{4}$的 CP。该通道由 4 条路径组成，其相对增益如下：0 dB、–3 dB、–6 dB 和–9 dB。如果没有说明，系统包括由正交相移键控（QPSK）符号调制的 $\alpha=11$ 的 DC 和在使用频带的每一侧的 $\beta=4$ 的 CC。CC 优化基于 $\gamma=76$ 的采样点（被占用的频带每边 38 个）均匀地跨越位于所使用频谱旁边 20 个子载波的频带（频带每边 10 个）。

误比特率曲线如图 3.5 所示，针对 3 个不同的系统，这是基于前面描述的。在 2000 个随机生成的通道实例中，对 1100000 个随机输入比特进行了模拟。参考曲线与使用所有 11 个 DC 的系统性能有关，但 CC 始终等于零，因此，得到了具有保护子载波的系统。虽然这样的系统没有提供足够的 OOB 功耗衰减，但它具有全部专用于 DC 的 OFDM 符号能量，因此，它比 CC 系统有更低的误比特率性能的限制。图 3.5 显示了标准的 ZF 均衡技术的结果，即当接收机中省略了 CC 上接收到的复数符号时，系统将根据公式（3.18）应用复数域编码解码。

结果表明，在 $BER=10^{-3}$ 情况下，CC 标准解码的 SNR 值相对于参考系统大约减小 1.8 dB，新的解码能够提升 7.2 dB 的信噪比，相比于标准 CC 解码对具有保护载波的系统要提高 5.4 dB 信噪比。作为复数域编码的 CC 提供的频率多样性提高了与文献[195]中显示的结果相似的高信噪比值的性能。在低信噪比区域（信噪比 < 7 dB），建议解码的系统性能，如预期一样，比参考范例差一点。

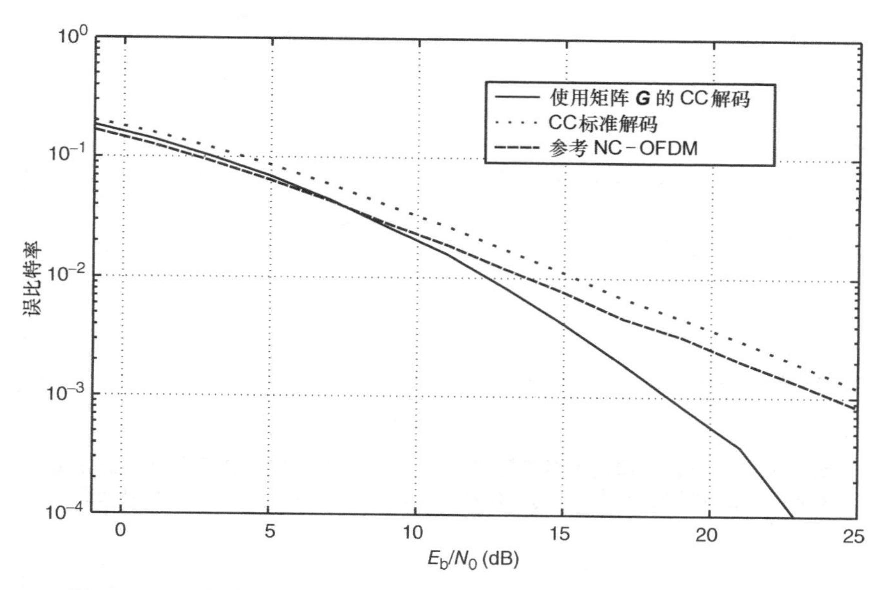

图 3.5 误比特率曲线［在无 CC（参考）的多径瑞利衰落信道中获得，采用 CC 和标准检测，CC 利用编码矩阵进行符号检测］

图 3.6 给出了观察到的质量改进机制的一些信息，并绘制了每个 DC 单独的 BER。仿真参数如下：每 6000 个随机生成的信道有 550000 个输入比特。为此图选择的 $\frac{E_b}{N_0}$ 值为 15 dB，还有两个用于比较 CC 的标准解码和参考系统的图。虽然标准 CC 解码和参考系统都有稳定的误比特率特性，但相较于中间部分，新的 CC 接收技术提高了在被占频谱边缘附近，即最接近 CC 位置放置的数据通道的质量。这是由于这些通道对 OOB 功率的影响最大，所以 CC 的大部分功率与它们相关，然后在接收机中恢复。

接下来，对系统进行了不同数量的 DC 评估。对类似以前使用过的系统进行了计算机模拟。唯一的区别是改变了 DC 的数量：从 1 到 30，$\frac{E_b}{N_0} = 15$ dB。结果表明，在 1000 个瑞利衰落信道的随机实例中，可以传输 5000 个 OFDM 符号，得到的误比特率的结果如图 3.7（a）所示。尽管参考系统的曲线在整个观察范围内是平坦的（如预期的那样），但是当存在少量 DC 时，携带 CC 的 OFDM 符号的标准解码的值较高。

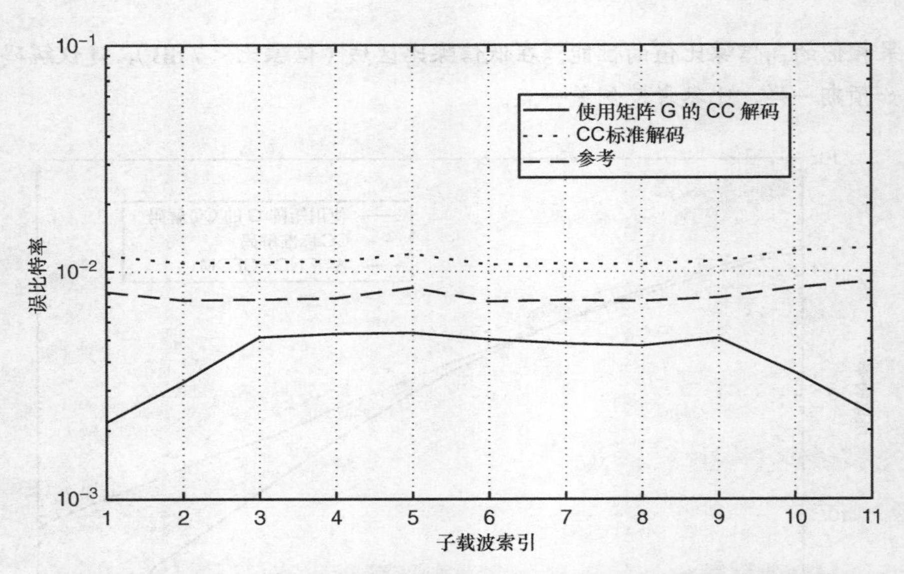

图 3.6　在无 CC（参考）的多径瑞利衰落信道中获得的 BER 与子载波指数（采用 CC 和标准检测，并与 CC 和建议的检测相结合，E_b/N_0 = 15 dB）

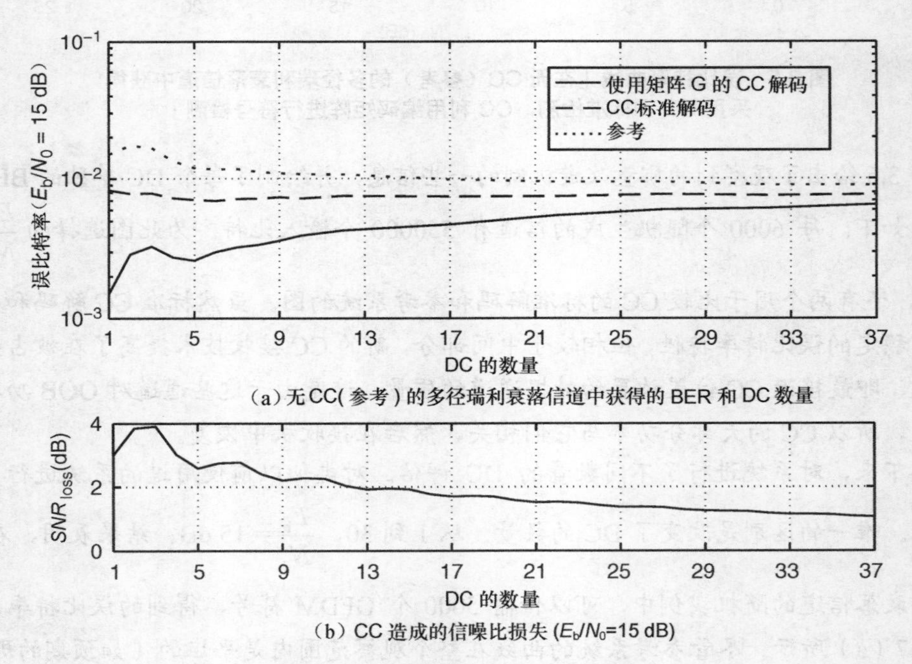

（a）无 CC（参考）的多径瑞利衰落信道中获得的 BER 和 DC 数量

（b）CC 造成的信噪比损失 (E_b/N_0=15 dB)

图 3.7　DC 的数量与信噪比的关系

在仅有的几个 DC 情况下，携带 CC 的 OFDM 符号的标准解码具有较高的值。正是在这种情况下，大部分符号的能量用于 CC，而没有用于接收的。图 3.7（b）证实了 CC 的引入导致信噪比下降。由于同样的原因，CC 方法中用于数据检测的解码在使用 CC 信息的同时，为少量的二手数据载体实现了最高的误比特率改善。对于越来越多的 DC，在采用 CC 的系统中，两种接收方法的曲线都接近参考系统的曲线。当有许多 DC 被使用时，与 DC 的功率相比，这一效应是由用于 CC 相对较少的功率引起的，观察图 3.7（b）也可以解释。当 DC 数量增加时，信噪比损失减小。

结果表明，在采用 CC 技术获得频谱整形的 NC-OFDM 系统中，所提出的接收质量改进方法可以提高接收性能。与使用标准解码的系统相比，当 $BER=10^{-3}$ 时，$\frac{E_b}{N_0}$ 可以减少 7.2 dB 。该方法的可行性要求接收机中已知的编码矩阵是恒定的。这种方法的成本是接收机的一些额外处理功率。

3.1.2　子载波抵消结合加窗技术在降低复杂度和功率控制上的应用

结合了加窗手段的载波消除技术（CC&WIN）是一项具有前景的频谱整形技术。对频率轴上远离被占用的 NC-OFDM 频带而言，加窗技术能够有效降低这些频率处的 OOB 功率，正如文献[40]指出的那样，载波消除技术能够减少大部分接近 NC-OFDM 标称频带的功率谱密度成分。由于载波消除数量和窗型完全可以根据具体的传输要求做出改变，载波消除和加窗技术相结合提供了额外的自由度，在文献[40]和文献[154]中有所介绍。在文献[40]中，载波消除所付出的功率代价是没有上限的，但在文献[154]中，载波消除功率有一定的限制，优化过程的计算很复杂。在此，我们探讨一些改进措施，降低这种组合技术的计算复杂度、功耗和误比特率。

发送端包含一个修改过的 NC-OFDM 调制器，相较于图 3.4 给出的结构，其主要区别在于引入了加窗技术。我们扩展了窗，加入了循环前缀和后缀，然后将其运用到时域信号的处理上（N_W 个采样，附加到 CP 的 N_{CP} 个采样上）。IFFT 的数据点个数、数据载波、载波消除和 3.1.1 节一致。但是，加窗之后，单个子载波的谱形发生了变化，因此，载波抵消模块需要重新设计。针对加窗后的时域信号 $w_m s_m$，其中，w_m 为窗型，$m \in \{-N_{CP} - N_W, \cdots, N-1+N_W\}$，载波抵消的优化公式必须重新设计。在这种情况下，单子载波的频谱和公式（3.5）定义的不同。子载波在标准化频率 v 处的频率响应为

$$S(n,\nu)=\sum_{m=-N_{\mathrm{CP}}-N_{\mathrm{W}}}^{N-1+N_{\mathrm{W}}} w_m \mathrm{e}^{\mathrm{j}2\pi\frac{n-\nu}{N}m} \tag{3.19}$$

如此，3.1.1 节中定义的矩阵 $\boldsymbol{P}_{\mathrm{DC}}$ 和 $\boldsymbol{P}_{\mathrm{CC}}$ 可以通过前述等式获得。最简单的获得载波抵消值的方法就是计算如下优化问题。

$$\boldsymbol{d}_{\mathrm{CC}}^{\star}=\arg\min_{\boldsymbol{d}_{\mathrm{CC}}}\|\boldsymbol{P}_{\mathrm{CC}}\boldsymbol{d}_{\mathrm{CC}}+\boldsymbol{P}_{\mathrm{DC}}\boldsymbol{d}_{\mathrm{DC}}\|_2^2 \tag{3.20}$$

尽管 $\boldsymbol{P}_{\mathrm{DC}}$ 和 $\boldsymbol{P}_{\mathrm{CC}}$ 不同，公式（3.20）和公式（3.13）还是比较相似的。一个简单的计算结果就是

$$\boldsymbol{d}_{\mathrm{CC}}^{\star}=-\boldsymbol{P}_{\mathrm{CC}}^{\dagger}\boldsymbol{P}_{\mathrm{DC}}\boldsymbol{d}_{\mathrm{DC}} \tag{3.21}$$

3.1.3 关于子载波抵消技术中的速率分配和功率控制问题

如前所述，被消除的载波可以使用 NC-OFDM 码元功率的主要部分，这些功率产生了由公式（3.15）所定义的 SNR 损失。尽管前面提出的接收方法能够减少这种影响，但这些方法实际上对 NC-OFDM 接收机提出了额外的要求。因此，在带外功率抑制问题中使用子载波消除技术时，一个重要的现象就是，子载波消除所分配的频率出现功率峰值。这是由于子载波消除需要补偿数据载波的旁瓣。根据已有的频谱发射模板（SEM）规定，在 NC-OFDM 频谱边缘，即子载波消除所在的区域内，功率提升是无法接受的。为了量化这种问题，对于给定的子载波消除功率超过ϱ的概率p_ϱ，我们给出频谱重叠率（SOR）的计算方法，即

$$SOR=10\log_{10}\left(\frac{\arg_{\varrho}[\Pr(S(f_{\mathrm{CC}})>\varrho)=p_{\varrho}]}{\frac{1}{B_{-\mathrm{CC}}}\int_{B_{-\mathrm{CC}}}S(f)\,df}\right) \tag{3.22}$$

其中，$S(f)$是 NC-OFDM 信号的连续功率谱密度函数，$B_{-\mathrm{CC}}$是有用的传输带宽（数据载波减去子载波消除的带宽），f_{CC}是子载波抵消频段中任意一频率。SOR 可以看作是子载波抵消的功率谱密度峰值数据载波频带的平均功率的比，然后取对数。这些峰值出现的概率用p_ϱ表示[4]。

为了解决前述功率上升问题，文献[4]提出了一种措施，即在公式（3.20）的优化方程中额外加入一项，用于限制子载波抵消功率。现在，该优化问题被定义为获取优化向量 $\boldsymbol{d}_{\mathrm{CC}}^{\star}$

$$d_{\mathrm{CC}}^{\star}=\arg\min_{d_{\mathrm{CC}}}\{\|P_{\mathrm{CC}}d_{\mathrm{CC}}+P_{\mathrm{DC}}d_{\mathrm{DC}}\|_2^2+\mu\|d_{\mathrm{CC}}\|_2^2\}\tag{3.23}$$

其中，μ因子用来进行平衡子载波消除的功率以及降低带来的带外功率。实际上，对于给定的系统配置来说，μ应该是一个常数，也就是说，系统参数不变时，对于连续的 NC-OFDM 码元来说，μ是一个常数。对于公式（3.23）的解，我们可以把两种情况合并到矩阵优化问题，即

$$d_{\mathrm{CC}}^{\star}=\arg\min_{d_{\mathrm{CC}}}\left\|\begin{pmatrix}P_{\mathrm{CC}}\\ \sqrt{\mu}I\end{pmatrix}d_{\mathrm{CC}}+\begin{pmatrix}P_{\mathrm{DC}}\\ 0\end{pmatrix}d_{\mathrm{DC}}\right\|_2^2\tag{3.24}$$

其中，I 为$\beta\times\beta$的单位阵，优化向量为

$$d_{\mathrm{CC}}^{\star}=-\begin{pmatrix}P_{\mathrm{CC}}\\ \sqrt{\mu}I\end{pmatrix}^{\dagger}\begin{pmatrix}P_{\mathrm{DC}}\\ 0\end{pmatrix}d_{\mathrm{DC}}=Wd_{\mathrm{DC}}\tag{3.25}$$

其中，W 是前两个矩阵的乘积。由于对于某个给定的频谱掩码来说，优化问题（W 的计算）只进行一次，并且在数据载波和子载波抵消的指标确定之后，该优化问题和公式（3.20）的优化问题具有相近的计算复杂度。因此，对于每个 NC-OFDM 码元而言，根据事先计算好的矩阵 W，我们计算矩阵和向量的乘积。

前述优化过程显著降低了载波消除技术中典型的信噪比损失程度。我们通过对载波消除的功率设定限制，从而降低 *SOR*，把更多的功率分配给数据载波，降低了信噪比损失程度。然而，数据子载波减少的功率仍然会导致接收质量变差。因此，公式（3.18）提出的接收技术也可以运用到这个系统中。

最后考虑文献[4]提出的思想，我们来推导一个矩阵，该矩阵表示在引入载波消除和加窗后系统潜在的吞吐量损失，或者两者结合起来的吞吐量损失。吞吐量损失可以通过比较上述系统和未实施任何带外功率降低技术的原始系统来获得，在这个原始的系统中，所有的子载波，即$\alpha+\beta$全部分配数据载波。注意到一点，实际系统的吞吐量不仅仅取决于数据载波的数量，还取决于分配给子载波的功率以及信道特性。因此，在此提出的矩阵仅仅表示由于载波消除和加窗导致的数据带宽的减小而引起的吞吐量减小，所以，不妨认为每个子载波有相同的传输功率和信道质量。吞吐量的损失由公式（3.26）定义。

$$R_{\mathrm{loss}}=\left(1-\frac{1-\frac{\beta}{\beta+\alpha}}{1+\frac{N_{\mathrm{W}}}{N+N_{\mathrm{CP}}}}\right)\cdot 100\%\tag{3.26}$$

需要注意的是，该定义下的参考系统使用了所有的子载波来进行数据传输，这种情

况在我们考虑的场景内是被禁止的。在该场景下，PU传输可能会在相邻频率处进行，而且SU信号OOB功率降低也需要对其进行保护。

最后，标准的载波消除技术显著提高了峰均比，这是它的一个缺陷。峰均比的提高是由于高功率值调制载波消除，以及与数据载波的相关性引起的。除了峰均比，我们通常考虑产生峰值的频次，因为瞬时功率不高的时域峰值会导致非线性失真和性能变差，这种失真要比高功率情况更严重，出现的频率相比较低。

仿真结果[4]

下面展示了复杂度和功率降低的载波抵消和加窗技术的一些结果示例。（关于结果的探讨在文献[4]中有所展示）结果显示，载波消除和加窗的结合在若干方面提升了NC-OFDM的整体性能。在实验中有N=256个子载波，其中，QPSK的数据码元占据了索引为$\boldsymbol{I}_{\mathrm{DC}}=\{-100,\cdots,-62\}\cup\{-41,\cdots,-11\}\cup\{10,\cdots,40\}\cup\{61,\cdots,101\}$的载波，在每个数据载波块的两侧有3个消除载波，即$\boldsymbol{I}_{\mathrm{CC}}=\{-103,-102,-101\}\cup\{-61,-60,-59\}\cup\{-44,-43,-42\}\cup\{-10,-9,-8\}\cup\{7,8,9\}\cup\{41,42,43\}\cup\{58,59,60\}\cup\{102,103,104\}$，4个载波群的子载波模式被窄带PU谱隔离开来。CP的长度为N_{CP}=16个样本，但每个OFDM码元两侧使用了β=16个样本的汉宁窗。载波消除的数量和窗的长度的设置能够使平均带外频段功率干扰至少比平均带内功率小40 dB（对于合理的μ而言，即μ=0.01）。带外功率衰减符合关于SEM的规定，比如IEEE 802.11g[197]或者LTE用户设备[198]。

首先，图3.8展示了使用下面4种方法获得的带外功率衰减：保护子载波、载波消除、加窗、载波消除结合加窗。系统间的对比在有相同潜在吞吐量损失（R_{loss}=19.2%）的系统中进行。这样的吞吐量损失可以从在子载波保护和载波消除两种系统中得到，每个数据载波的边缘都有4个保护载波或载波消除，还可以从汉宁窗扩展β=65个样本的加窗系统或结合了载波消除和加窗的系统中获得（在每个数据载波两侧各有3个载波消除，N_{W}=16），也就是我们之前提到的场景。对于在高功率放大器之前的信号，我们利用Welch方法生成了10000个随机NC-OFDM码元，做出功率谱。频谱图使用了由3N的汉宁窗生成的4N频率采样点。

在4个方案中，GS方法带外功率最高，加窗的方法获得了高的带外功率衰减，但是对于衰减带来说，需要若干频率保护带。因此，为了避免窄带主用户信号受到第二带外频段的干扰，加窗是不适合的。相反，如果仅仅实施载波消除技术，能得到很陡峭的功率带外衰减，但是考虑到采用的载波消除技术，带外衰减不是特别高。载波消除和加窗结合起来能够获得高且陡的带外衰减，因此，我们确信这两种方法的结合在保护宽带和窄带主用户信号方面大有潜力。根据其他 QAM 方案的实验和结果（尽管没有在此展示出来），标准化的功率谱图非常相似。

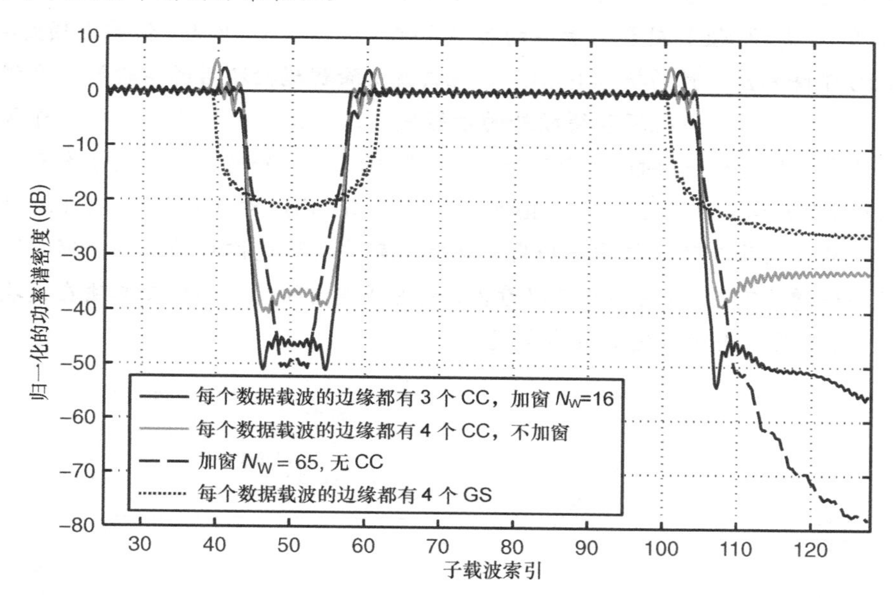

图 3.8　4 个实验场景下（GS、CC、WIN、CC 和 WIN 结合），NC-OFDM 传输信号功率谱密度的归一化表示

图 3.9 展示了一些与优化限制因子 $\mu \in \left\langle 10^{-6}, 10^{0} \right\rangle$ 相关的系统性能矩阵，例如，p_{ϱ}=10^{-1} 时的 SOR，$\Pr(PAPR > PAPR_0) = 10^{-3}$ 时的峰均比增加，$BER = 10^{-4}$ 时的 SNR 损失以及平均 OOB 功率水平。因此，优化的过程是在μ的取值范围内进行的，μ的取值范围实际上定义了对载波消除功率限制从弱（几乎没有功率限制）到强（几乎和 GS 方法结果一致）的一系列实验场景设置。对于我们考虑的各项性能参数的测量是在传输了 $2 \cdot 10^5$ 的 NC-OFDM 码元之后进行的。信噪比损失在接收端测量，比如针对 UMTS 用户设备的 4 路瑞利衰落信道测试场景[199]。对 10000 个信道测试结果取平均值。

从图 3.9 可以看出，对于较小的μ，带外功率衰减随着μ的增大缓慢减小。因此，μ较小时，在载波消除上花费额外的功率是没有用的，因为带外衰减还是一样。另外，相较于不进行载波消除的加窗，低功率的载波消除（高的μ值）的带外功率未得到提高。但是，随着μ的增大，其他参数有所改善。例如，SOR 的波动从 13.7 dB 下降到−3.9 dB。值得一提的是，这些参数是根据参考系统计算出来的，该系统没有采用加窗和载波消除技术来抑制带外功率，载波消除用 0 代替。一个重要的性能提升是，当μ值增大时，*PARP-increase* 值接近 0。公式（3.23）定义的新的优化目标函数和提出的接收方法对于标准检测和利用载波消除冗余检测这两种方法检测出的信噪比损失有影响。对于载波消除功率的限制越强（更高的μ值），越会有更多的功率分配给数据载波。因此，信噪比损失从μ=10^{-6}时的 4.8 dB 下降到μ=1 时的接近 0 dB。实施载波消除解码检测后的实验结果表明，数据载波功率不仅恢复了，系统还获得额外的性能提升。这得益于载波消除被当作区块码的奇偶符号所带来的频率多样性。可以看到，BER=10^{-4} 的编码增益（相较于没有进行载波消除的系统）从μ=4 × 10^{-6}时的 6.42 dB 到μ=1 时的 0.7 dB。对于极低的μ值（μ<4 × 10^{-6}）而言，引入载波消除导致的信噪比损失比高功率载波消除能弥补的信噪比损失还要高，这导致了编码增益下降。从图 3.9 可以看出，利用载波消除冗余的检测算法在大块可用频带（未被 PU 占用）内有不错的性能表现。

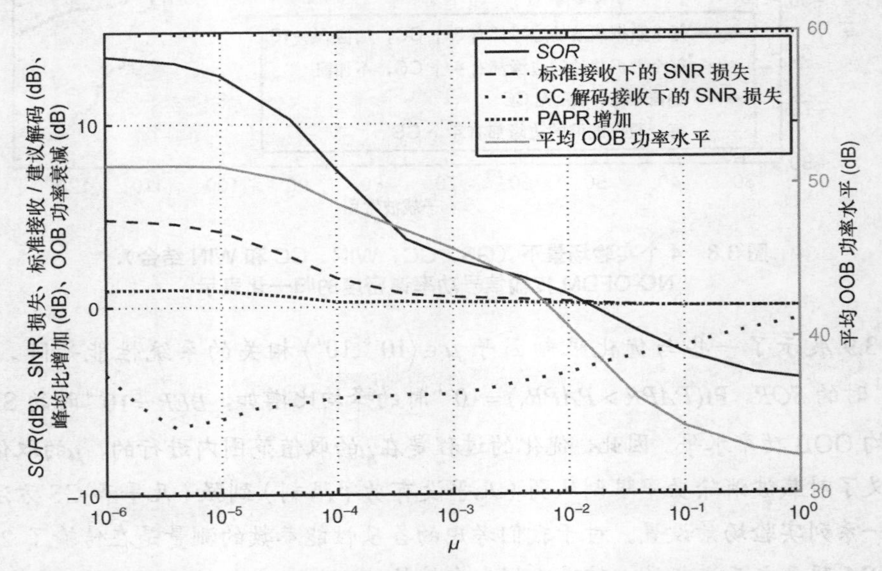

图 3.9　优化参数为 μ 时的 NC-OFDM 系统仿真结果及在 BER=10^{-4} 时的 SNR_{loss}

本书提出的载波消除和加窗技术结合的方法，能够大幅度减小带外功率，同时维持高的 NC-OFDM 吞吐量。这种方法比单独运用载波消除和加窗技术性能表现更好。相较于标准的载波消除，本书使用的优化方法在发送端降低了计算复杂度，同时使控制带外功率衰减、载波消除分配的功率以及峰均比增加。另外，载波消除方法能够在接收端提高接收质量。

3.2 基于灵活准系统化预编码设计的子载波旁瓣抑制

载波消除和加窗结合的方法能够较为显著地降低带外功率，同时使发射端和接收端的 NC-OFDM 发射机和接收机的计算复杂度维持在可接受的水平。但是，如果接收机和发射机还有盈余的处理能力，那么系统可以采用更先进的方法。一些频谱预编码技术相较于其他技术能够更好地降低带外功率。但是，这些技术有很多缺陷，比如误比特率性能恶化、吞吐量下降、接收机检测时的计算复杂度较高等。

文献[200]针对降低 NC-OFDM 传输系统中的带外功率提出了一种灵活准系统化预编码设计。准系统的命名来源于每个数据码元几乎同时出现在编码器的输出和输入序列中，只不过稍微做了噪声处理。与文献[157]和文献[181]中的方法不同，该方法允许编码速率小于 1，也就是说，它可以进行专门用于 OOB 功率抑制的冗余值调制边缘 SC（与 CC 方法相似），减少了数据和导频子载波的干扰，降低误比特率。此外，接收机能够进行数据码元的无缝检测（不经过解码），这极大地降低了计算复杂度。这种机制的灵活性体现在它能将带外优化区域采样点的数量、位置、权重以及对导频子载波的保护程度参数化。该方法支持灵活的 SU 传输的 NC-OFDM 频谱整形，以满足认知无线电中灵活多变的频谱掩码要求。

图 3.10 所示为采用 QSP 技术的 NC-OFDM 发射机。经过频谱预编码的转换，数据比特被映射成码元，送入 QSP 模块，该模块处理垂直向量 $\boldsymbol{d}_{\mathrm{DC}}$（如前所述）中的$\alpha$复数据符号。QSP 编码矩阵 $\boldsymbol{W}_{\mathrm{QSP}}$（（$\alpha+\beta$）$\times\alpha$）用来获得长度为（$\alpha+\beta$）的编码符号垂直向量 $\boldsymbol{d}_{\mathrm{QSP}}=[d_{\mathrm{QSP}_1},d_{\mathrm{QSP}_2},\cdots,d_{\mathrm{QSP}_{\alpha+\beta}}]$：

$$\boldsymbol{d}_{\mathrm{QSP}}=\boldsymbol{W}_{\mathrm{QSP}}\boldsymbol{d}_{\mathrm{DC}} \tag{3.27}$$

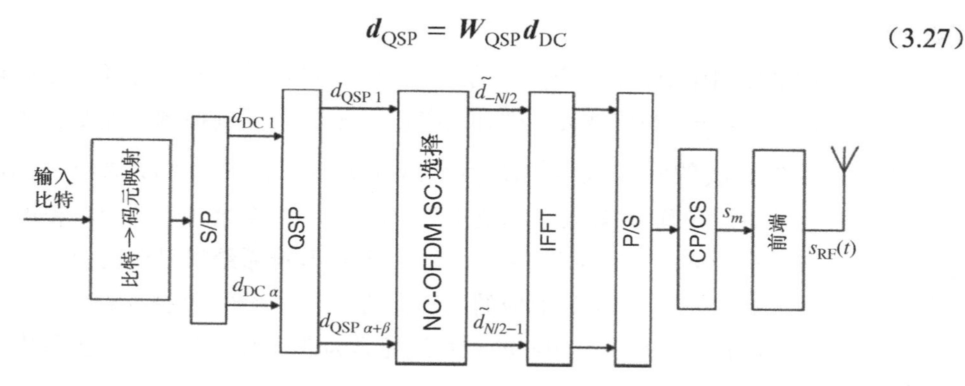

图 3.10 采用 QSP 技术的 NC-OFDM 发射机

如 3.1 节所述，已调子载波的数量等于$\alpha+\beta$。注意一点，$\boldsymbol{d}_{\text{QSP}}$向量的元素来自于有限的复数集合，这就是它们被称为符号而不是复整数并且不是来自于$\boldsymbol{d}_{\text{DC}}$的数字符号集的原因。向量 $\boldsymbol{d}_{\text{QSP}}$ 用来调制以$\boldsymbol{I}_{\text{QSP}}=\{I_{\text{QSP}_j}\}$为索引的子载波，其中$j\in\{1,\cdots,\alpha+\beta\}$且$I_{\text{QSP}_j}\in\left\{-\dfrac{N}{2},\cdots,\dfrac{N}{2}-1\right\}$。

3.2.1 预编码设计

NC-OFDM 码元的频谱应具有恰当的形状，从而使带外功率符合相应的要求，保证足够的数据和导频子载波的质量，这是矩阵$\boldsymbol{W}_{\text{QSP}}$设计的出发点。为了达到这一目标，我们不妨考虑一下对带外频谱范围中每个子载波进行采样。对于频谱采样点$\boldsymbol{V}=\{V_l\}$ $(l\in\{1,\cdots,r\})$，子载波的索引为$\boldsymbol{I}_{\text{QSP}}=\{I_{\text{QSP}_j}\}$，我们可以定义一个$\gamma\times(\alpha+\beta)$的矩阵$\boldsymbol{P}_{\text{QSP}}=\{P_{\text{QSP}_{l,j}}\}$。我们可以使用公式（3.5）来计算$P_{\text{QSP}_{l,j}}=S\{I_{\text{QSP}_j},V_l\}$。因此，矩阵$\boldsymbol{P}_{\text{QSP}}$和向量$\boldsymbol{d}_{\text{QSP}}$的乘积为传输信号频谱采样点的集合$V$，这样做的目的是在该范围内将信号能量最小化。

我们考虑定义的向量$\boldsymbol{s}_{\text{res}}$

$$\boldsymbol{s}_{\text{res}}(\boldsymbol{d}_{\text{QSP}})=\begin{pmatrix}\boldsymbol{A}_1\boldsymbol{P}_{\text{QSP}}\\ \boldsymbol{A}_2\end{pmatrix}\boldsymbol{d}_{\text{QSP}}-\begin{pmatrix}\boldsymbol{0}\\ \boldsymbol{A}_3\end{pmatrix}\boldsymbol{d}_{\text{DC}} \tag{3.28}$$

也就是优化问题的残差，该向量的γ个元素为带外频谱采样点，其他的$\alpha+\beta$元素为准系统预编码输出和输入的差值，不妨认为其他的 QSP 输出符号和假定的零输入有关。残差定义背后的思想是最小化带外功率，控制冗余符号的能量，最小化原始数据符号和准系统化表示的差别。

在公式（3.28）中，$\boldsymbol{A}_1$是一个$\gamma\times\gamma$的对角矩阵，包含了采样点的带外功率抑制的水平值。即$A_{1_{l,l}}$ $(l\in\{1,\cdots,\gamma\})$的值越大，带外功率在采样点$V_l$受到抑制的程度越强。大小为$\gamma\times\alpha$的空矩阵$\boldsymbol{0}$使$\boldsymbol{s}_{\text{res}}$的前$\gamma$个元素的目标值为 0（OOB 频谱样本点）。大小为（$\alpha+\beta$）×（$\alpha+\beta$）的实值非负对角阵$\boldsymbol{A}_2$和实值非负矩阵$\boldsymbol{A}_3$用来控制多余频率的功率和预编码输出处的数据及导频符号 QSP 导致的自干扰。两个矩阵中与准系统符号对应的同一行的常数越高，自干扰越低，与多余子载波对应的同一行的参数用来限制这些频率的功率。$\boldsymbol{A}_3$矩阵中的这些行均为 0，在$\boldsymbol{A}_2$中，相应的对角线元素为非负实值参数。这些参数值越高，多余频率的能量越低。

现在的优化目标是寻找使向量 $\boldsymbol{s}_{\text{res}}$ 的范数最小的最优向量 $\boldsymbol{d}_{\text{QSP}}$［$\boldsymbol{d}_{\text{QSP}}$ 由公式（3.28）定义］。

$$\boldsymbol{d}_{\text{QSP}}^{\star}=\arg\min_{\boldsymbol{d}_{\text{QSP}}}\|\boldsymbol{s}_{\text{res}}(\boldsymbol{d}_{\text{QSP}})\|_2^2 \tag{3.29}$$

注意到公式（3.29）定义了一个无约束优化问题，比约束优化问题更容易解决。对额外的频率的约束由矩阵 $\boldsymbol{A}_2$ 和 $\boldsymbol{A}_3$ 的设计间接引入。这个问题可以通过伪逆运算在最小二乘意义上解决，即

$$\boldsymbol{d}_{\text{QSP}}^{\star}=\begin{pmatrix}\boldsymbol{A}_1\boldsymbol{P}_{\text{QSP}}\\ \boldsymbol{A}_2\end{pmatrix}^{\dagger}\begin{pmatrix}\boldsymbol{0}\\ \boldsymbol{A}_3\end{pmatrix}\boldsymbol{d}_{\text{DC}} \tag{3.30}$$

所以最优编码矩阵为

$$\boldsymbol{W}_{\text{QSP}}=\begin{pmatrix}\boldsymbol{A}_1\boldsymbol{P}_{\text{QSP}}\\ \boldsymbol{A}_2\end{pmatrix}^{\dagger}\begin{pmatrix}\boldsymbol{0}\\ \boldsymbol{A}_3\end{pmatrix} \tag{3.31}$$

我们可以调整矩阵 $\boldsymbol{A}_1$、$\boldsymbol{A}_2$、$\boldsymbol{A}_3$ 以满足不同的要求，总结如下。

（1）非酉编码率。如前所述，为了降低带内自干扰功率，被占用的子载波块的边缘或中间的 β 子载波可以仅被用来进行带外功率衰减。对向量 $\boldsymbol{d}_{\text{QSP}}$ 作为载波消除的第 j 个子载波来说，矩阵 $\boldsymbol{A}_3$ 的第 j 行必须为 0。同时，这些频率通常有更高的功率[41]，通常被认为浪费在多余的载波消除的传输中，可能也超过了频谱掩码功率允许的水平。因此，矩阵 $\boldsymbol{A}_2$ 对角线上的第 j 个元素应该用来控制这些子载波的功率。也就是说，如果该值等于 0，那么多余的子载波功率就不施加限制。如果有较高的正值，多余频率的功率就应该被限制。

（2）数据和导频载波的保护。$\boldsymbol{s}_{\text{res}}$ 的定义和优化表明，由于加权预编码输入和相应输出的均方差进行最小化优化，本书提出的预编码是准系统级。约束矩阵 $\boldsymbol{A}_2$ 和 $\boldsymbol{A}_3$ 的定义为我们提供了能够随意控制数据载波质量的自由度，即自干扰功率比，详见文献[200]相关内容。

（3）带外功率降低程度的调整。通过定义带外频谱的采样点数量 γ，我们能够得到带外功率控制的程度。γ 越高，预编码传输信号的带外频谱越稳定。注意到一点，带外频谱采样点不一定要等间距排列，可以随意选择位置来决定向量 $\boldsymbol{V}$。同时，$\boldsymbol{A}_1$ 矩阵用来平衡带外衰减和自干扰功率。一种简单的情形是，当所有的冲击采样点都需要同样的衰减时，$\boldsymbol{A}_1$ 在对角线上就有单一的值，即 $A_{1_{l,l}}=\mu_{\text{QSP}}$，$l\in\{1,\cdots,\gamma\}$ 且 $\mu_{\text{QSP}}\geqslant 0$。$\mu_{\text{QSP}}$ 越高，带外衰减越高。当运行在临近频带的不同主用户有不同的允许干扰水平时，$\boldsymbol{A}_1$ 矩阵应该在对角线上有不同的值，给矩阵 $\boldsymbol{P}_{\text{QSP}}$ 的每一行赋予权重。

3.2.2 准系统性预编码对 NC-OFDM 接收质量的改善

首先考虑准系统预编码的 NC-OFDM 信号的无缝接收，由于采用了 QSP，该信号受到自干扰叠加到数据符号的干扰。这种自干扰表现为附加噪声，并且在任何无缝接收方案中，接收机都不会尝试在任何解码算法中将其消除。由于这种接收方法具有最低的计算复杂度，所以它可以被低功率设备使用，但会导致接收质量降低。

在前述场景下，发射机必须控制由 QSP 引入的数据符号的自干扰，因此，它必须根据信号对自身的干扰比（SSIR）来估计 BER 的下限。可以证明，中心极限定理允许通过 AWGN 来近似这种自干扰。因此，对基于 n 阶 DC 的具有 QAM 映射的 QSP NC-OFDM 方案而言，其下限 BER 性能可近似为[201]

$$BER_n \approx \frac{\sqrt{M_{\mathrm{QAM}}}-1}{\sqrt{M_{\mathrm{QAM}}}\log_2\sqrt{M_{\mathrm{QAM}}}}\operatorname{erfc}\left(\sqrt{\frac{3\cdot SSIR_n}{2(M_{\mathrm{QAM}}-1)}}\right) \tag{3.32}$$

其中，$M_{\mathrm{QAM}}=\mathcal{M}$ 是 QAM 星座点（符号）的数量，$SSIR_n$ 是在数据子载波 n 处对自身的干扰比，由此可以计算得到矩阵 $\boldsymbol{W}_{\mathrm{QSP}}$[200]。在噪声衰落信道中无缝接收的实际 BER 值总是高于所有 DC 的总体 BER 下限平均值 BER_n。

如果预编码矩阵在接收端已知（类似于 3.1.1 节中的 CC），则可以改善接收性能。由 $\boldsymbol{W}_{\mathrm{QSP}}$ 定义的复数域编码的解码遵循文献[195]中定义的一般性接收规则。无线多径衰落信道特征如 3.1.1 节中所定义，也就是说，当对角矩阵 $\boldsymbol{H}$ 的对角线上包含 SC 占用的 $\alpha+\beta$ 个频域信道系数，QSP 最小均方误差（MMSE）接收矩阵具有以下形式。

$$\boldsymbol{R}_{\mathrm{MMSE}}=(\boldsymbol{H}\boldsymbol{W}_{\mathrm{QSP}})^{\mathrm{H}}\cdot(\sigma_n^2\boldsymbol{I}+\boldsymbol{H}\boldsymbol{W}_{\mathrm{QSP}}(\boldsymbol{H}\boldsymbol{W}_{\mathrm{QSP}})^{\mathrm{H}})^{-1} \tag{3.33}$$

其中，$\boldsymbol{X}^{\mathrm{H}}$ 表示矩阵 $\boldsymbol{X}$ 的厄米转置，σ_n^2 是在每个子载波上观察到的 AWGN 功率，$\boldsymbol{I}$ 是 $(\alpha+\beta)\times(\alpha+\beta)$ 的单位矩阵。对于 FFT 输出中的接收符号值的垂直矢量 $\boldsymbol{r}_{\mathrm{QSP}}=[r_{\mathrm{QSP}\,1},\cdots,r_{\mathrm{QSP}\,\alpha+\beta}]^{\mathrm{T}}$，$\boldsymbol{d}_{\mathrm{DC}}$ 的估计是矢量 $\hat{\boldsymbol{d}}_{\mathrm{DC}}$：

$$\hat{\boldsymbol{d}}_{\mathrm{DC}}=\boldsymbol{R}_{\mathrm{MMSE}}\boldsymbol{r}_{\mathrm{QSP}} \tag{3.34}$$

接收质量可以通过判决引导（DD）接收机来改进，因为它使用有限符号字母表来执行非线性决策操作，计算复杂度相对较低[195]。

此外，可以考虑迭代接收机，如文献[182]和文献[157]中所述，因为其使用的编码没有利用冗余码元，所以对于所提出的 QSP NC-OFDM 信号检测，我们使用由对应于数据和导频 SC 的矩阵 $\boldsymbol{W}_{\text{QSP}}$ 的行选择产生的截断的$\alpha\times\alpha$编码矩阵$\tilde{\boldsymbol{W}}_{\text{QSP}}$（冗余频率被忽略）。以同样的方式，通过丢弃 α 行和 β 列，$\tilde{\boldsymbol{H}}$ 可由 $\boldsymbol{H}$ 得到。

在第 i 次迭代中，数据符号向量的估计值按以下方式计算。

$$\hat{\boldsymbol{d}}_{\text{DC}}^{(i)}=\tilde{\boldsymbol{W}}_{\text{QSP}}(\tilde{\boldsymbol{H}}_{\text{DC}})^{-1}\boldsymbol{r}_{\text{QSP}}+(\boldsymbol{I}-\tilde{\boldsymbol{W}}_{\text{QSP}})\check{\boldsymbol{d}}_{\text{DC}}^{(i-1)} \tag{3.35}$$

其中，$\check{d}_{\text{DC}}^{(i-1)}$ 是第（i–1）次迭代中的解映射和映射之后的决策向量。

仿真结果

我们讨论一些用于 NC-OFDM 频谱整形和信号接收的 QSP 方法的仿真结果。考虑一个类 LTE 的系统，其中，最大 $N=512$ SC，间隔 15 kHz。其信道模型是具有 9 个抽头的扩展车载 A 信道和 2510 ns 的抽头延迟扩展[198]，循环前缀的持续时间是 OFDM 符号中正交周期的 1/16，被占用的 SC 索引值为 $\boldsymbol{I}_{\text{QSP}}=\{-100,-99,\cdots,-1,1,\cdots,16,33,\cdots,100\}$。从第 17 个子载波到第 32 个子载波的缺口可以适应带宽为 200 kHz 的 PU 传输（例如，无线麦克风）。有 17 个导频相隔约 10 SC。导频子载波的 SSIR 为 12.04 dB。子载波$\{-100,-99,14,15,16,33,34,35,99,100\}$仅用于抑制旁瓣，其功率限制系数（在矩阵 $\boldsymbol{A}_2$ 的对角线上）为 0.2。

在图 3.11 中，针对各种抑制参数值 μ_{QSP} 给出了归一化的 PSD，当 OOB 区域中的所有采样点需要相同的衰减时，其与 $\boldsymbol{A}_1$ 所有的对角线元素值相同。定义的γ=249 个采样点的位置显示在 PSD 图中。这个数字允许适当的频谱“平坦化”，并且虽然它在计算预编码矩阵 $\boldsymbol{W}_{\text{QSP}}$ 时增加了一些计算复杂度，但不影响运行时的预编码复杂度。一个重要的现象是，改变 QAM 星座图的次序对 PSD 图没有明显的影响。图 3.11 中的参考曲线是针对没有 QSP 的标准 NC-OFDM 传输获得的，其中，$\boldsymbol{I}_{\text{QSP}}$ 索引的所有 SC 都被数据符号使用。我们注意到，在接近占用的频带内，QSP 导致了陡峭的 OOB 功率抑制。而且，杂散发射的水平可以通过改变μ_{QSP} 来灵活地调整。旁瓣抑制水平对自干扰有直接影响，这可以通过确定无缝接收情况下的 BER 下限来评估，见表 3.1。

为了进一步模拟，我们使用μ_{QSP} =8 的点，其在 OOB 区域中提供了超过–40 dB 的 PSD 大小。在这种情况下，采样点为γ=220。对于 $SSIR_n=11.2$ dB 和 $SSIR_n=32.7$ dB 的两个子载波，图 3.12 显示了编码本例后 QPSK 星座图的复平面图。这表明它具有类 AWGN 的自干扰特性。

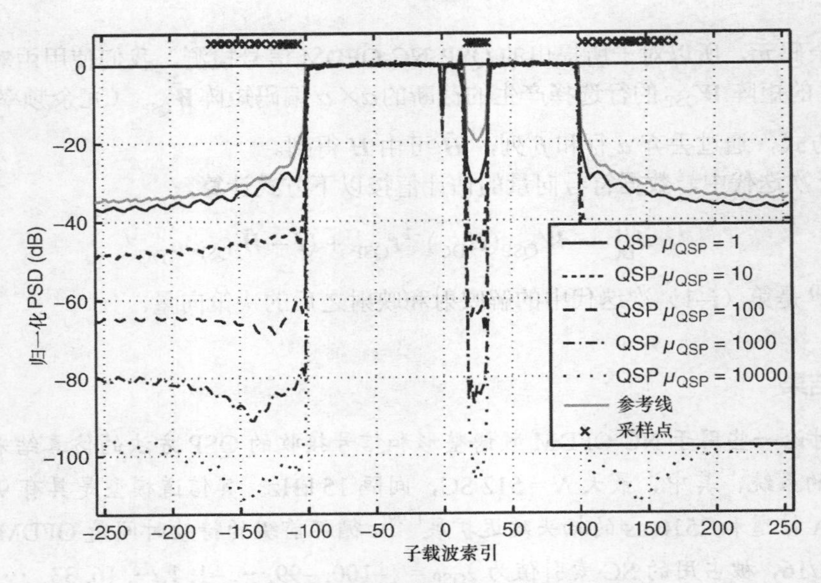

图 3.11 QSP 不同抑制标量 μ_{QSP} 的归一化 PSD

表 3.1 在 NC-OFDM 中，QSP 后获得无缝接收的 BER 的下限

μ_{QSP}	1	10	100	1000	10000
BPSK	$1.4 \cdot 10^{-263}$	$4.3 \cdot 10^{-11}$	$5.4 \cdot 10^{-6}$	$1.1 \cdot 10^{-4}$	$8.7 \cdot 10^{-4}$
QPSK	$4.3 \cdot 10^{-134}$	$5.7 \cdot 10^{-7}$	$3.4 \cdot 10^{-4}$	$2.3 \cdot 10^{-3}$	$6.9 \cdot 10^{-3}$
16-QAM	$2.5 \cdot 10^{-30}$	$2.6 \cdot 10^{-3}$	$2.3 \cdot 10^{-2}$	$4.9 \cdot 10^{-2}$	$7.4 \cdot 10^{-2}$

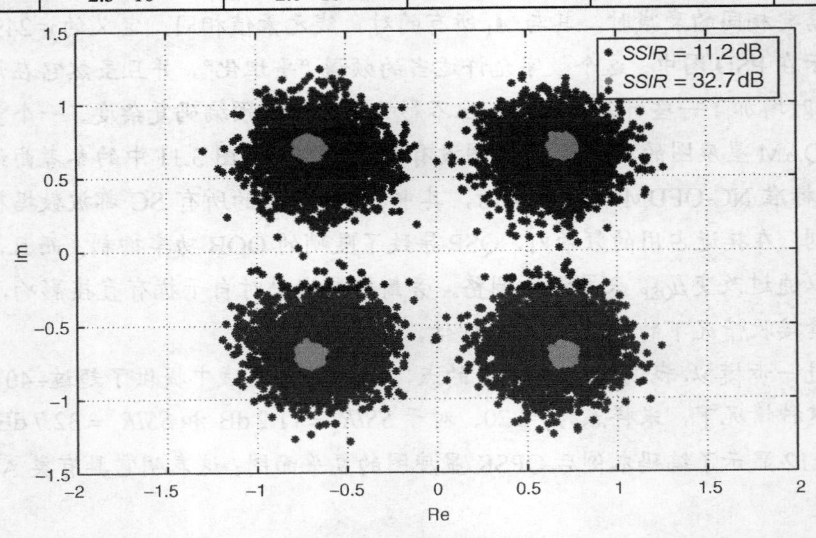

图 3.12 两个数据子载波上 10000 个传输符号的星座图，$SSIR_j$ = 11.2 dB，$SSIR_j$ = 32.7 dB

图 3.13，给出了应用 QPSK 调制的系统的 BER 性能。现在，参考系统是没有预编码的、并且使用 MMSE 接收的 NC-OFDM 系统，其中，α 个 SC 由 QPSK 数据符号占据。其他 β 个子载波用作 QSP 中冗余符号的子载波，但是对于参考系统，它们使用零调制，即采用保护子载波（GS）频谱整形方法。这两个系统中获得了相同的 QPSK 符号速率。在 1000 个独立的瑞利信道实例中，其中每一个被发送的 10000 个 OFDM 符号都是为了获得 BER 结果。

从图 3.13 可以看出，无缝接收的 BER 接近其下限 4×10^{-5}。尽管模拟的 BER 下限略低于理论下限，但差别非常小。这是由 QPSK 调制造成的，其自干扰不会像 AWGN 一样使信号严重恶化。参考系统的性能类似于使用迭代检测器的 QSP 信号接收。通过公式（3.34）或 DD 检测定义的 MMSE 检测显著提高了 $SNR>20$ dB 时的 QSP 信号接收性能。对于 $BER=10^{-5}$，与参考系统相比，MMSE 和 DD 接收增益分别约为 5.7 dB 和 7.3 dB。当编码率大约是 0.95 时，这个结果相当重要。

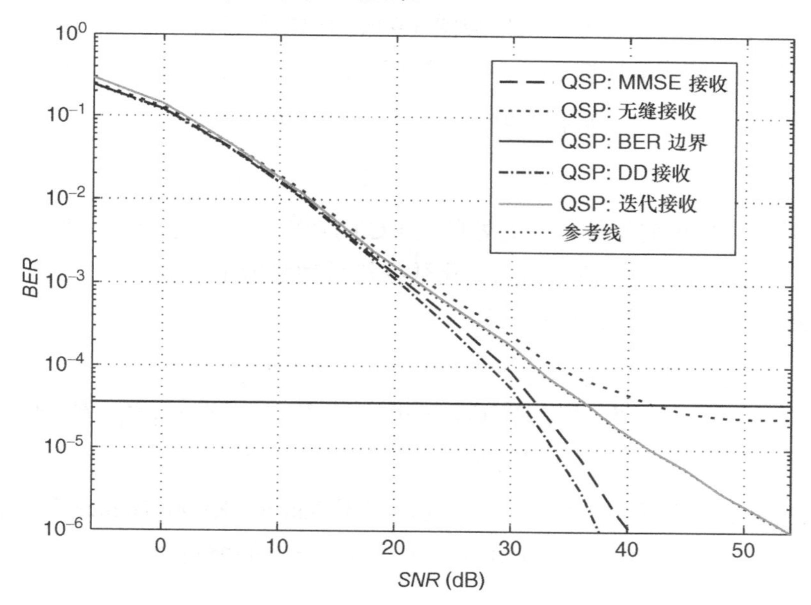

图 3.13 使用 QPSK 调制的瑞利信道情况下的 BER 性能

总而言之，QSP 方案允许在次级 NC-OFDM 传输中大幅降低 OOB 功率。与其他预编码方法不同，QSP 是近系统性的，其编码速率可调（小于或等于 1）。增加专用于 OOB 功率抑制的冗余 SC 的数量，会减少自干扰。分析和仿真结果表明，QSP 方法在窄带频谱缺口中降低 NC-OFDM 旁瓣方面也非常有效。通过适当选择定义编码矩阵的参数，可以控制许多特征：OOB 功率、接收质量，以及该方法的计算复杂度和由冗余频率导致的吞吐量损失两者之间的平衡。

3.3 优化的消除载波选择法

接下来我们讨论一种基于随机方法的 CC 计算方法，该方法可以动态调整到子载波模式，直接约束 CC 平均功率（与 3.1.2 节提出的间接方法不同）。此外，对 CC 的位置也进行了修改。通常，在数据占用的子载波块的每一侧放置相同数量的 CC [39,41]。文献[43]提出了优化消除载波选择（OCCS）方法，它是一种迭代地选择 CC 位置的启发式方法。该方法在给定数目的 CC 的 OOB 功率降低方面明显优于传统方法，即在 CC 计算矩阵的迭代离线低计算复杂设计的唯一代价下获得。

本节考虑的 NC-OFDM 系统模型与图 3.4 所示模型相同。

用直接功率约束[41]来计算 CC 的优化问题可以使用 3.1.1 节中的标记法重写。

$$\begin{gathered} \boldsymbol{d}_{\mathrm{CC}}^{\star} = \arg\min_{\boldsymbol{d}_{\mathrm{CC}}} \|\boldsymbol{P}_{\mathrm{CC}}\boldsymbol{d}_{\mathrm{CC}} + \boldsymbol{P}_{\mathrm{DC}}\boldsymbol{d}_{\mathrm{DC}}\|_2^2 \\ \text{s.t. } \|\boldsymbol{d}_{\mathrm{CC}}\|_2^2 \leqslant \beta \end{gathered} \tag{3.36}$$

其中，$\|\cdot\|$是欧几里得向量规范。此处假定 CC 的功率小于或等于 β，使平均 CC 功率小于或等于归一化数据符号功率。做归一化数据符号功率为 1。

让我们研究公式（3.36）的拉格朗日函数。

$$\begin{aligned} f(\boldsymbol{d}_{\mathrm{CC}},\theta) &= \| \boldsymbol{P}_{\mathrm{CC}}\boldsymbol{d}_{\mathrm{CC}} + \boldsymbol{P}_{\mathrm{DC}}\boldsymbol{d}_{\mathrm{DC}} \|_2^2 + \theta(\| \boldsymbol{d}_{\mathrm{CC}} \|_2^2 - \beta) \\ &= \boldsymbol{d}_{\mathrm{CC}}^{\mathrm{H}}\boldsymbol{P}_{\mathrm{CC}}^{\mathrm{H}}\boldsymbol{P}_{\mathrm{CC}}\boldsymbol{d}_{\mathrm{CC}} + \boldsymbol{d}_{\mathrm{CC}}^{\mathrm{H}}\boldsymbol{P}_{\mathrm{CC}}^{\mathrm{H}}\boldsymbol{P}_{\mathrm{DC}}\boldsymbol{d}_{\mathrm{DC}} + \boldsymbol{d}_{\mathrm{DC}}^{\mathrm{H}}\boldsymbol{P}_{\mathrm{DC}}^{\mathrm{H}}\boldsymbol{P}_{\mathrm{CC}}\boldsymbol{d}_{\mathrm{CC}} + \\ &\quad \boldsymbol{d}_{\mathrm{DC}}^{\mathrm{H}}\boldsymbol{P}_{\mathrm{DC}}^{\mathrm{H}}\boldsymbol{P}_{\mathrm{DC}}\boldsymbol{d}_{\mathrm{DC}} + \theta(\boldsymbol{d}_{\mathrm{CC}}^{\mathrm{H}}\boldsymbol{d}_{\mathrm{CC}} - \beta) \end{aligned} \tag{3.37}$$

其中，θ 是有效拉格朗日乘数，也就是说，根据 Karush-Kuhn-Tucker 条件，当 CC 功率被限制时，取大于 0 的值；否则取 0。公式（3.36）的解可以通过 $\boldsymbol{d}_{\mathrm{CC}}$ 和 θ 求出，其中 θ 满足

$$\begin{cases} \dfrac{\partial f(\boldsymbol{d}_{\mathrm{CC}},\theta)}{\partial \boldsymbol{d}_{\mathrm{CC}}} = 0 \\ \dfrac{\partial f(\boldsymbol{d}_{\mathrm{CC}},\theta)}{\partial \theta} = 0 \end{cases} \tag{3.38}$$

在计算公式（3.37）的偏导数之后，该式可以被重写为

$$\begin{cases} 2\boldsymbol{P}_{\mathrm{CC}}^{\mathrm{H}}\boldsymbol{P}_{\mathrm{CC}}\boldsymbol{d}_{\mathrm{CC}}+2\boldsymbol{P}_{\mathrm{CC}}^{\mathrm{H}}\boldsymbol{P}_{\mathrm{DC}}\boldsymbol{d}_{\mathrm{DC}}+2\theta\boldsymbol{d}_{\mathrm{CC}}=0 \\ \boldsymbol{d}_{\mathrm{CC}}^{\mathrm{H}}\boldsymbol{d}_{\mathrm{CC}}-\beta=0 \end{cases} \tag{3.39}$$

通过公式（3.39）中第一个等式可以得出

$$\boldsymbol{d}_{\mathrm{CC}}^{\star}=-(\boldsymbol{P}_{\mathrm{CC}}^{\mathrm{H}}\boldsymbol{P}_{\mathrm{CC}}+\theta\boldsymbol{I})^{-1}\boldsymbol{P}_{\mathrm{CC}}^{\mathrm{H}}\boldsymbol{P}_{\mathrm{DC}}\boldsymbol{d}_{\mathrm{DC}}=\boldsymbol{W}\boldsymbol{d}_{\mathrm{DC}} \tag{3.40}$$

其中，$\boldsymbol{W}$ 是新的 CC 计算矩阵。如果要直接求解公式（3.36），则必须分别找出对于每个 NC-OFDM 符号，满足公式（3.39）中第二个等式的 θ。如文献[189]中所述（在“最小化球体”部分），解决这个问题的算法是存在的，尽管对每一个 NC-OFDM 符号都运行这个算法在计算复杂度上难以实现。

这里的重点在于满足平均 CC 功率的条件，假定 $\boldsymbol{d}_{\mathrm{DC}}$ 中的随机符号是独立的，具有零均值和单位方差。这个平均 CC 功率为

$$\begin{aligned}\mathbb{E}[\|\boldsymbol{d}_{\mathrm{CC}}\|_2^2]&=\operatorname{trace}\left(\mathbb{E}\left[\boldsymbol{d}_{\mathrm{DC}}^{\mathrm{H}}\boldsymbol{W}^{\mathrm{H}}\boldsymbol{W}\boldsymbol{d}_{\mathrm{DC}}\right]\right)=\operatorname{trace}\left(\mathbb{E}\left[\boldsymbol{d}_{\mathrm{DC}}\boldsymbol{d}_{\mathrm{DC}}^{\mathrm{H}}\right]\boldsymbol{W}^{\mathrm{H}}\boldsymbol{W}\right)\\&=\operatorname{trace}\left(\boldsymbol{W}^{\mathrm{H}}\boldsymbol{W}\right)=\operatorname{trace}\left(\boldsymbol{P}_{\mathrm{DC}}^{\mathrm{H}}\boldsymbol{P}_{\mathrm{CC}}\left(\boldsymbol{P}_{\mathrm{CC}}^{\mathrm{H}}\boldsymbol{P}_{\mathrm{CC}}+\theta\boldsymbol{I}\right)^{-2}\boldsymbol{P}_{\mathrm{CC}}^{\mathrm{H}}\boldsymbol{P}_{\mathrm{DC}}\right)\end{aligned} \tag{3.41}$$

根据迹（trace）和期望运算符的线性以及迹的循环性质，可得公式（3.41）。由于这个方程是非线性的，所以对于其中的 $\mathbb{E}[\boldsymbol{d}_{\mathrm{CC}}^{\mathrm{H}}\boldsymbol{d}_{\mathrm{CC}}]\leqslant\beta$，需要使用牛顿法来获取 θ 的值，即在每次迭代中执行矩阵求逆和多个矩阵乘法的计算。

通过使用 $\boldsymbol{P}_{\mathrm{CC}}$ 的奇异值分解（SVD）来替换 $\boldsymbol{P}_{\mathrm{CC}}$，即 $\boldsymbol{P}_{\mathrm{CC}}=\boldsymbol{U}_1\boldsymbol{\Sigma}\boldsymbol{U}_2^{\mathrm{H}}$，可以获得计算 CC 值的计算复杂度，其中，$\boldsymbol{U}_1$ 和 $\boldsymbol{U}_2$ 是酉矩阵，并且 $\boldsymbol{\Sigma}$ 是 $\gamma\times\beta$ 对角矩阵，其对角线上有 δ 个奇异值（δ 是 γ 和 β 的最小值）。我们也可以假定满秩矩阵 $\boldsymbol{P}_{\mathrm{CC}}$。通过使用迹、酉矩阵和矩阵求逆的性质，可得如下结果[43]。

$$\mathbb{E}[\|\boldsymbol{d}_{\mathrm{CC}}\|_2^2]=\sum_{i=1}^{\delta}\frac{A_{i,i}|\Sigma_{i,i}|^2}{(\theta+|\Sigma_{i,i}|^2)^2}\leqslant\beta \tag{3.42}$$

其中，$A_{i,i}$ 是定义为 $\boldsymbol{A}=\boldsymbol{U}_1^{\mathrm{H}}\boldsymbol{P}_{\mathrm{DC}}\boldsymbol{P}_{\mathrm{DC}}^{\mathrm{H}}\boldsymbol{U}_1$ 的正半定 Hermitian 矩阵 $\boldsymbol{A}$ 的元素。这里要注意，对于给定的一组 CC 和 DC，只需要执行 3 次矩阵运算（1 次 SVD 和 2 次矩阵逐列乘法）和几次基于标量的牛顿算法迭代才能找到 θ。

此外，矩阵 $\boldsymbol{U}_1$、$\boldsymbol{\Sigma}$、$\boldsymbol{U}_2$ 和 $\boldsymbol{A}$ 可用于计算平均 OOB 功率和最终 CC 计算矩阵。 OOB 功率最小化问题［公式（3.36）］可以通过公式（3.40）使用如下公式来重新表达。

$$\boldsymbol{d}_{\mathrm{CC}}^{\star}=\arg\min_{\boldsymbol{d}_{\mathrm{CC}}}\|\boldsymbol{G}\boldsymbol{d}_{\mathrm{DC}}\|_2^2 \tag{3.43}$$

其中，

$$\boldsymbol{G}=\boldsymbol{P}_{\mathrm{CC}}\boldsymbol{W}+\boldsymbol{P}_{\mathrm{DC}}=\left(\boldsymbol{I}-\boldsymbol{P}_{\mathrm{CC}}\left(\boldsymbol{P}_{\mathrm{CC}}^{\mathrm{H}}\boldsymbol{P}_{\mathrm{CC}}+\theta\boldsymbol{I}\right)^{-1}\boldsymbol{P}_{\mathrm{CC}}^{\mathrm{H}}\right)\boldsymbol{P}_{\mathrm{DC}} \tag{3.44}$$

平均 OOB 辐射功率为

$$OOB=\frac{1}{\gamma(N+N_{\mathrm{CP}})^2}\mathbb{E}[\|\boldsymbol{G}\boldsymbol{d}_{\mathrm{DC}}\|_2^2] \tag{3.45}$$

可以通过对所有可能的 $\boldsymbol{d}_{\mathrm{DC}}$ 向量［通过重复公式（3.41）给出的操作］对频谱采样点数 γ 求平均值来得出。同理，使用文献[43]中对角矩阵和迹的性质，可得到最终的表达式为

$$OOB=\frac{1}{\gamma(N+N_{\mathrm{CP}})^2}\left(\sum_{i=\delta+1}^{\gamma}A_{i,i}+\sum_{i=1}^{\delta}A_{i,i}\left(\frac{\theta}{\theta+|\Sigma_{i,i}|^2}\right)^2\right) \tag{3.46}$$

注意，对于一个不使用 CC 的基本 OFDM 系统，OOB 功率为 $\frac{1}{\gamma(N+N_{\mathrm{CP}})^2}\|\boldsymbol{P}_{\mathrm{DC}}\|_2^2$。

最后得到 CC 计算矩阵如下。

$$\begin{aligned}\boldsymbol{W}&=-\boldsymbol{U}_2(\boldsymbol{\Sigma}^{\mathrm{H}}\boldsymbol{\Sigma}+\theta\boldsymbol{I})^{-1}\boldsymbol{\Sigma}^{\mathrm{H}}\boldsymbol{U}_1^{\mathrm{H}}\boldsymbol{P}_{\mathrm{DC}}\\&=-\boldsymbol{U}_{2\delta}\mathrm{diag}\left(\frac{\Sigma_{1,1}^{\mathrm{H}}}{\theta+|\Sigma_{1,1}|^2},\cdots,\frac{\Sigma_{\delta,\delta}^{\mathrm{H}}}{\theta+|\Sigma_{\delta,\delta}|^2}\right)\boldsymbol{U}_{1\delta}^{\mathrm{H}}\boldsymbol{P}_{\mathrm{DC}}\end{aligned} \tag{3.47}$$

其中，$\boldsymbol{U}_{2\delta}$和 $\boldsymbol{U}_{1\delta}$分别是仅包含矩阵 $\boldsymbol{U}_2$和 $\boldsymbol{U}_1$ 的前 δ 列子矩阵。由矩阵 $\boldsymbol{W}$ 易得出最佳的 $\boldsymbol{d}_{\mathrm{CC}}$ 矢量，见公式（3.40）。

3.3.1 计算复杂度

原始 CC 算法的计算复杂度相当高。根据文献[189]，对于每个 NC-OFDM 符号，计算 CC 符号大约需要$\alpha\gamma+\delta\beta+2\delta M_{\mathrm{N}}$步运算，其中，$M_{\mathrm{N}}$是牛顿法的运算数。在 OCCS 方法中，计算出矩阵 $\boldsymbol{W}$后，每个 NC-OFDM 符号需要的运算数相当低。矩阵 $\boldsymbol{W}$可直接使用，也可以先计算 $\boldsymbol{P}_{\mathrm{DC}}\boldsymbol{d}_{\mathrm{DC}}$（$\boldsymbol{P}_{\mathrm{DC}}$是在$\gamma\ll\beta$ 情况下由 $\boldsymbol{W}$ 分解来），分别需要$\alpha\beta$或（$\alpha\gamma+\beta\gamma$）步运算。在任何情况下，所提出的方法的计算复杂度都要显著低于原始方法的计算复杂度[41]。

还应估算拉格朗日乘数θ确定时的计算加速情况。因此，将使用公式（3.41）或公式（3.42）时计算$\mathbb{E}[\|\boldsymbol{d}_{\mathrm{CC}}\|_2^2]$所需的运算数进行比较。在第一种情况下，运算数是$\beta^3+\alpha\beta+\alpha\beta\gamma$（假设用 Gauss-Jordan 淘汰对矩阵求逆），而在第二种情况下，仅仅是δ。在两种情况下，假设矩阵的预运算都独立于θ。

3.3.2　OCCS 的启发式方法

我们注意到公式（3.44）中定义的矩阵 $\boldsymbol{G}$ 将数据符号 $\boldsymbol{d}_{\mathrm{DC}}$ 投影到归一化频率 $\boldsymbol{V}$ 的频谱采样点上。因为数据符号是均值为 0 的独立随机变量，单位平均功率、系数$|G_{l,j}|^2$是在频率采样点 V_l 处由 I_{DCj} 检索的数据子载波引起的 OOB 的平均归一化功率。矩阵 $\boldsymbol{G}$ 可以被分成列向量 $\boldsymbol{g}_j$，即 $\boldsymbol{G}=[\boldsymbol{g}_1,\boldsymbol{g}_2,\cdots,\boldsymbol{g}_\alpha]$，在由第 $I_{\mathrm{DC}j}$ 个数据子载波引起的所有频率采用点上的平均 OOB 功率为

$$\|\boldsymbol{g}_j\|_2^2=\sum_{l=1}^{\gamma}|G_{l,j}|^2 \tag{3.48}$$

很明显，数据子载波引起的最高的 OOB 功率在 OOB 区域影响最大。因此，它最有可能作为一个 CC 被反向添加到一个由其他子载波引起的强的 OOB 成分上，即相互抵消。如果它被作为 CC，则应该减少一些$|G_{l,j}|^2$成分，即降低 OOB 辐射功率。用于确定要用作 CC 的 DC 的参数 $\hat{j}$ 的 OCCS 标准如下。

$$\hat{j}=\arg\max_{j}\|\boldsymbol{g}_j\|_2^2 \tag{3.49}$$

CC 必须被迭代地选择，即在引入每个 CC 后，必须重新计算矩阵 $\boldsymbol{G}$。选择单个 CC 改变矩阵 $\boldsymbol{W}$，也改变了子载波之间的相关性。通常来说，选择单个 CC 的原则是当它附近的其他 DC 在下一步骤中不被选为 CC 时，因为它们对 OOB 辐射的影响是相似（高度相关）的。当 OOB 辐射功率达到要求的 OOB_{req} 水平时，算法终止（如图 3.14 所示）。

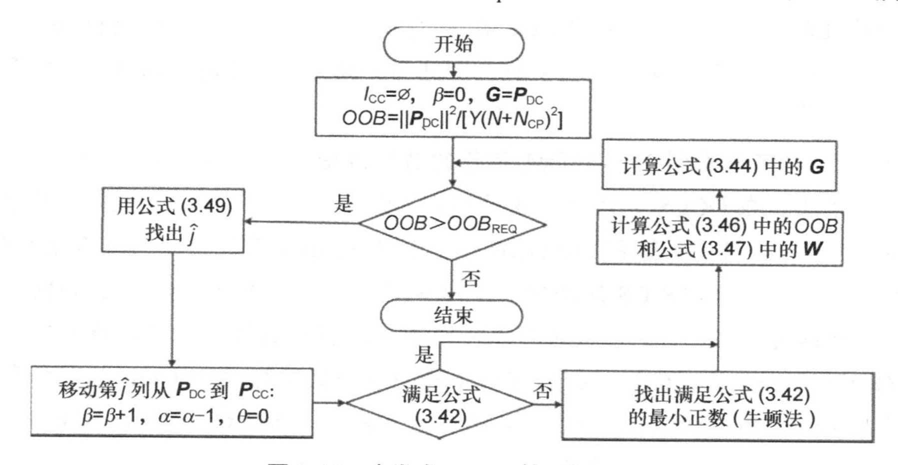

图 3.14　启发式 OCCS 算法的流程

最后，注意到OCCS可以在时域上与时间窗结合，与标准CC方法相似[4]。

仿真结果

对于启发式OCCS算法的评估，以一个N=256个子载波、间隔为15 kHz的类似LTE系统的NC-OFDM系统[198]为例，所占用的子载波集合由$\boldsymbol{I}_{\mathrm{DC}}=\{-80,\cdots 16\}\cup\{49,\cdots,80]$检索。其中，从17到48（480 kHz）的槽陷子载波被一个窄带系统占用。0检索的子载波不被占用。该算法使用γ=485个频谱采样点（在向量$\boldsymbol{V}$中）均匀分布在归一化的频率区$\langle -125.75;-81\rangle\cup\ \langle 17;48\rangle\cup\langle 81;125.75\rangle$。CC的数量为从0到40，用标准CC选择法和启发式OCCS算法计算不同CP持续时间下的矩阵$\boldsymbol{W}$。对于OCCS，已经使用启发式算法。对于CC的标准选择法，$\hat{j}$表示一个最靠近NC-OFDM频段边缘［不是公式（3.49）］的数据子载波的索引。

图3.15展示了CP和β对应的平均功率值。注意到，标准CC选择法需要不同的CC才能获得一个给定的OOB平均功率，而OCCS方法几乎与NCP无关。而且对于存在一个CC的情况，OCCS法不比标准选择法差（就平均OOB功率而言），而当要求的OOB功率水平下降时，OCCS方法更适用。另外，CP持续时间越短，需要保留的CC数量越多。例如，如果要求的OBB平均功率为−40 dB，对于N_{CP}=N/32，大约要保留44%的CC（CC的数量从34下降到19）。这些保留的子载波可以被用作DC，这会增加比特率。

其余结果由具有固定CC数为$\beta=19$、$N_{\mathrm{CP}}=N/16$且基于Gray映射的QPSK调制的系统给出。在NC-OFDM参考系统I之间进行对比，即没有任何频谱整形机制［所有的（α+β）子载波都是DC］，应用标准CC、启发式OCCS和OCCS结合时域加窗法，其中，β=15，以及窗的循环前缀N_{W}=10的系统，即这些参数产生的比特率与仅用CC系统时产生的比特率相等。

从图3.16中可以看到NC-OFDM信号的功率谱密度。选择的CC的位置也被标记出来。可以看出，在OCCS方法中，被用作CC的子载波分布在一个更宽的频带上。对比参考系统I，标准CC的选择法使OOB功率下降12 dB，而提出的OCCS法又使OOB功率额外下降6 dB，且OCCS法降低了带内区域的波峰，这有助于满足SEM。另外，从不同CP持续时间观察到，OCCS可以有效地与加窗机制结合。在比特率不变的情况下，与OCCS方法相比，OCCS和加窗结合进一步降低了约8 dB OOB辐射功率。有趣的是，在0.4 dB、Pr（$PAPR$>$PAPR_0$）= 10^{-4}情况下，与标准CC选择机制相比，OCCS方法也降低了峰均比的CCDF的值。

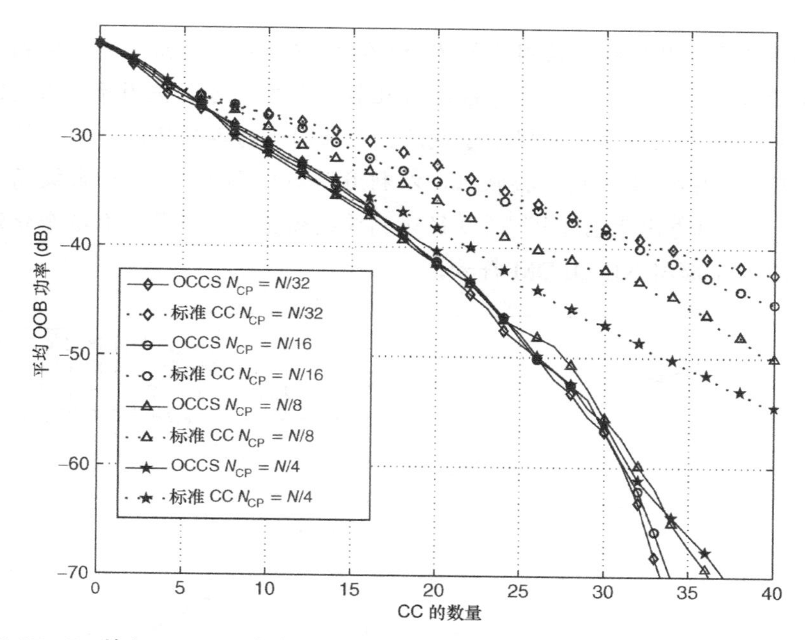

图 3.15 PA 输入不同 CP 持续时间下，标准 CC 和 OCCS 法的平均 OOB 功率对比

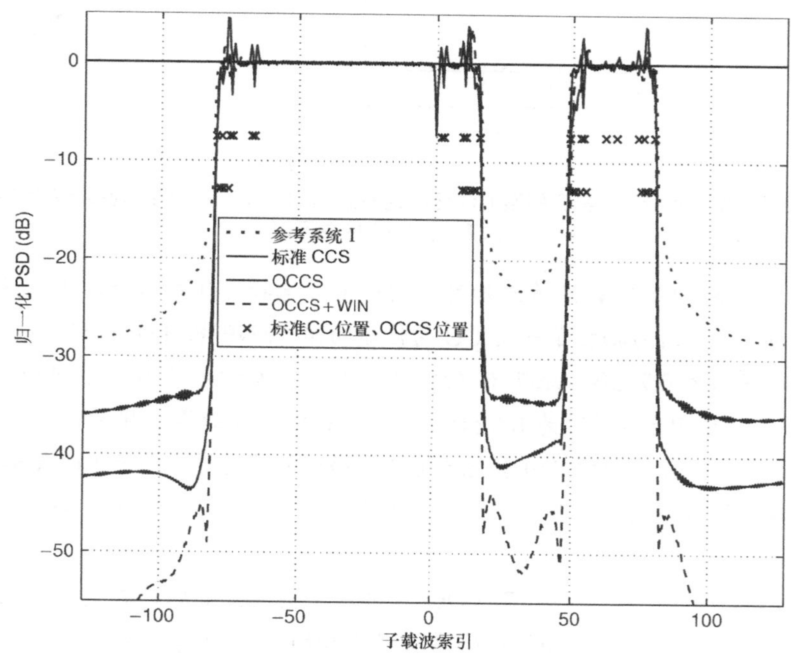

图 3.16 参考系统 I 中信号的 PSD［标准 CC，OCCS（β=19, N_{CP}=N/16）和 OCCS+WIN β=15，N_W=10］

如图 3.17 所示，在接收端使用矩阵 $\boldsymbol{W}$ 和不使用矩阵 $\boldsymbol{W}$ 的情况下，绘制了 CC 选择机制的 BER 曲线。两种机制都与参考系统 II 比较，其中，可以被用于标准 CC 的子载波（在使用频带的两侧）被 0 调制成保护子载波。在相同比特率的情况下，这种比较是公平的。在文献[4]中，矩阵 $\boldsymbol{W}$ 可用于接收机，以利用调制 CC 的冗余符号来提高性能。在这里，已经考虑了被推荐用于 LTE[198]的 9 径瑞利信道模型，模拟了 50000 个信道实例，每个实例中有 1000 个随机 NC-OFDM 符号。

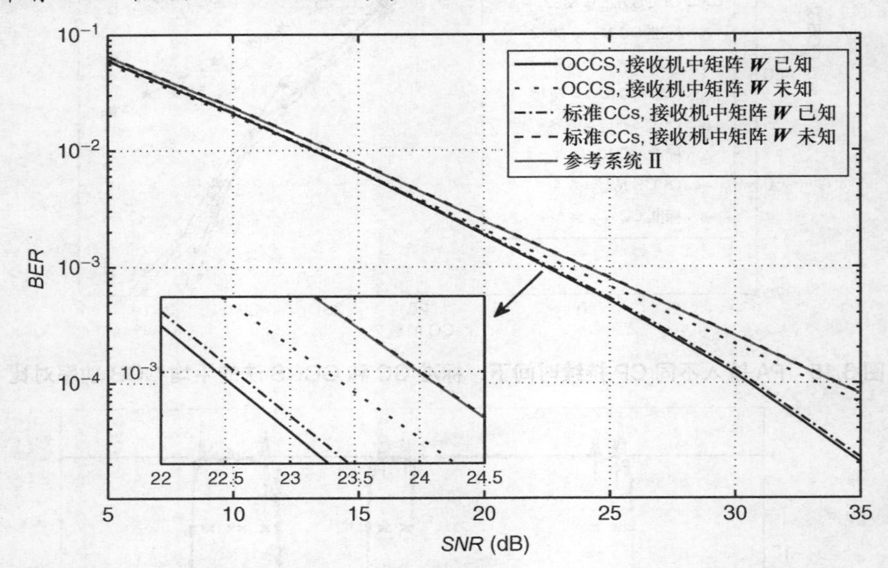

图 3.17 参考系统 II，具有标准 CC 分配的系统和 OCCS（β= 19，N_{CP} = N/16）的 BER 与 SNR 的关系

请注意，当接收机中 $\boldsymbol{W}$ 矩阵未知时，两种 CC 选择方法相对于参考系统 II 的 SNR 损失是相同的，这是因为牺牲了一些 CC 的传输功率。SNR 损耗等于 $10\log_{10}(1+\beta/\alpha)$，在所考虑的情况下约为 0.7 dB。矩阵 $\boldsymbol{W}$ 使接收机即使在参考系统 II 中也可以降低 BER 并获得 SNR 增益（$BER=10^{-3}$ 时为 0.8 dB）。尽管 BER 性能的提高相对较小（$BER = 10^{-3}$ 时为 0.15 dB），但 OCCS 方案的性能优于 CC 选择的标准方法。由于 CC 大部分改善了其频率邻域中数据子载波的接收质量，因此，提供稀疏 CC 模式的 OCCS 会对更多 DC 产生积极影响。

与标准 CC 算法相比，本节介绍的 OCCS 算法可实现更低的计算复杂度、更低的 OOB 功耗和更低的峰均比。此外，如果解码器使用已知的 CC 计算（编码）矩阵，则 OCCS 方法会增加接收机的 SNR 增益。

3.4　在 NC-OFDM 中减少非线性效应

在前面，假定在理想的无线前端，已经（通过计算机模拟）讨论并评估了 NC-OFDM 信号的灵活 PSD 整形方法。在实际的平台上实施频谱整形方法揭示了独立于副载波频谱旁瓣抑制参数的 OOB 功率衰减层。这是由无线前端的非线性效应引起的，主要是功率放大器的非线性输入输出特性[119]。尽管有些失真（如 IQ 失衡、谐波或 LO 泄漏）由其他前端元件引入，但 HPA 的非线性被认为是最严重的问题。

图 3.18 显示了与图 3.16 假定的相同的 PSD 仿真设置示例，并在 HPA 输出端提供了 NC-OFDM PSD 的附加曲线[43]。用于获得这些曲线的 HPA 模型是具有非线性硬度参数（p=10）的 Rapp 模型。首先，可以看出，在观察 HPA 输入端的信号时，OOB 功率总是比较低的。非线性 HPA 导致在 OOB 区域观察到的 PSD 增大。有趣的是，对于相对较低的 IBO（Input Back-Off）值（6 dB）而言，尽管在 HPA 的输入端差异是相当大的，但是在 OCCS 以及结合了 WIN 频谱成形方法的 OCCS 两种情况下，PSD 中的 OOB 最小值几乎相同。

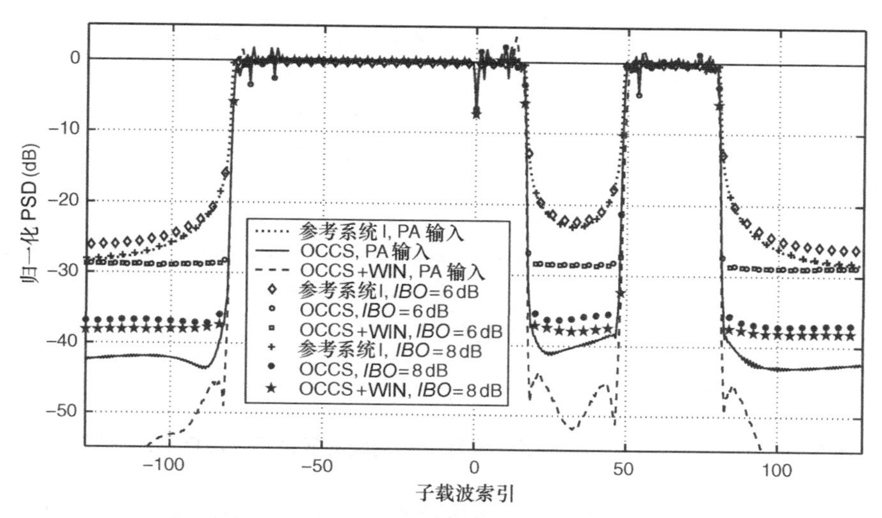

图 3.18　在拉普建模的 HPA 的输入端和输出端的 NC-OFDM 波形 PSD 的比较

在观察到的NC-OFDM频带的两端，当使用相对较低的IBO值时，频谱整形在参考系统上几乎没有提供PSD的任何改进。所以，在实际系统中，降低OOB功率既需要能够降低OOB区域副载波频谱旁瓣功率的方法，又需要在模拟射频前端采取对抗非线性效应的措施。在NC-OFDM信号通过高度非线性HPA的情况下，频谱旁瓣抑制技术的应用在限制相邻频段产生的干扰方面可能不会带来理想的效果。

多载波系统中的非线性失真性质可以通过从PSD图中去除副载波频谱旁瓣效应来揭示，而只有非线性效应才会导致OOB功率辐射。为了达到这一目的，NC-OFDM符号可以在时间上周期性延长。从频域角度来看，这相当于将每个副载波的频谱从类Sinc形状改变为Dirac三角形。在没有非线性失真的情况下，应该在占用的NC-OFDM子载波的频率处观察狄拉克德尔塔梳状图。如图3.19[94]中显示了当这种梳状物通过实际无线前端［通用软件无线电外设（USRP）N210和WBX子板[202]］时PSD的一个示例。左图中，梳状信号在10 MHz的带宽内用灰色曲线表示，黑色曲线是通过在USRP输入端仅输入0来获得的，即它描述了频谱分析仪本地噪声和USRP本地振荡器泄漏。右图中，频谱凹槽被放大。非线性失真底层只有与NC-OFDM中使用的相同副载波间隔分开的复数正弦曲线的低功率梳。我们可以用互调失真（IMD）现象来解释由于多载波波形的非线性失真而引起的OOB辐射。

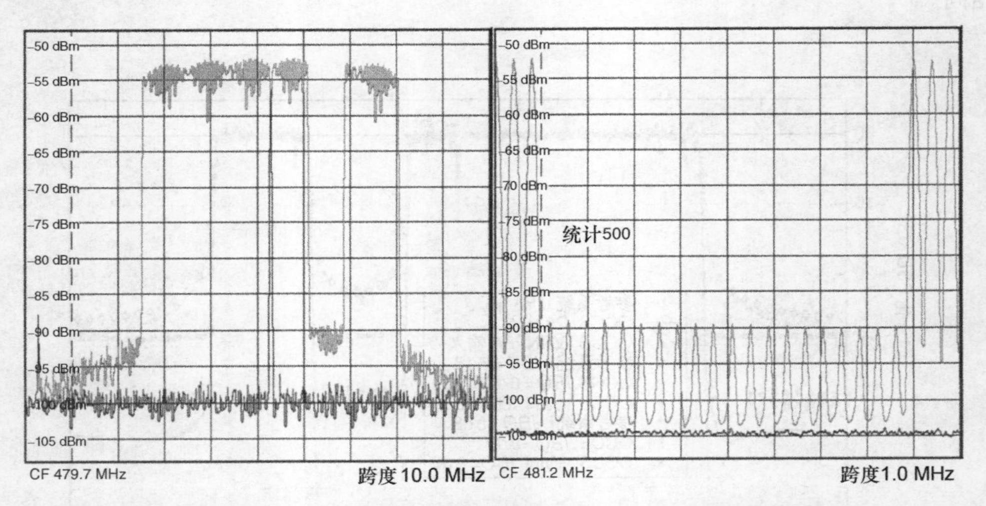

图3.19　在频谱分析仪上观察通过实际射频前端的复杂正弦波梳形的PSD结果

为了获得所描述的梳状信号，可以选择更合适的方式对HPA建模。无记忆多项式模型可用于给出HPA输出信号的复合基带输入信号$\tilde{s}_{\mathrm{BB}}(t)$。

$$s_{\mathrm{BB}}(t)=\sum_{k=1}^{K} b_k|\tilde{s}_{\mathrm{BB}}(t)|^{2(k-1)}\tilde{s}_{\mathrm{BB}}(t) \tag{3.50}$$

其中，b_k 是模型系数，对于无记忆模型是实数值，对于准无记忆模型是复数值，即当输出相位随着输入幅度改变时。拉普模型可用上述无记忆多项式近似。在公式（3.50）中，仅使用 $\tilde{s}_{\mathrm{BB}}(t)$ 的不均匀幂，这是复数基带表示的结果[119]。公式（3.1）中的单个 NC-OFDM 符号可以使用无记忆多项式模型进行分析。为简单起见，K=2 和公式（3.50）作为无记忆模型在离散时域上进行研究。

对输入的信号样本 $\tilde{s}_{\mathrm{BB}\,n}$，输出样本 $s_{\mathrm{BB}\,n}$ 为

$$s_{\mathrm{BB}n}=b_1\tilde{s}_{\mathrm{BB}n}+b_2|\tilde{s}_{\mathrm{BB}n}|^2\tilde{s}_{\mathrm{BB}n} \tag{3.51}$$

对于 $n\in\{-N_{\mathrm{CP}},\cdots,N-1\}$，

$$\tilde{s}_{\mathrm{BB}n}=\sum_{j=1}^{\alpha} d_{\mathrm{DC}\,j}\exp\left(\mathrm{j}2\pi\frac{I_{\mathrm{DC}\,j}n}{N}\right) \tag{3.52}$$

OOB 分量是复数正弦曲线，其频率是占用副载波频率的线性组合。考虑到更高阶的非线性，即 K>2，频率的线性组合也有更高的顺序。

3.4.1 顺序峰均比和 OOB 功率抑制

通过利用高线性化的 HPA 或现有 HPA 特性的线性化（通过预失真）可以实现 IMD 抑制。然而，在实际的 HPA 中，输入输出特性总是存在饱和区，即输入信号的幅度超过饱和电压 V_{sat} 时会发生信号削波。即使 IBO 的值高于 0 dB，也即平均信号功率处于 HPA 特性的线性部分，采样幅度偶尔也会超过 V_{sat}，从而导致信号削波。因此，降低高功率信号峰值的概率，即降低峰均比是至关重要的。

文献[121]中可以找到许多不同的降低峰均比的方法。由于许多实际原因，这些技术中的一部分可认为是优选的。例如，对于基础的无成本开发，可以考虑不需要传输恢复原始数据信号所需的辅助信息（通过峰均比降低算法在发射机端故意失真）的峰均比方法。峰均比抑制方法的另一个优点是在接收算法选择一个不需要进行任何修改的方案，从而确保与标准接收机的后向兼容性。在首选方法的背景下，主动星座扩展（ACE）方法[108]在基于 OFDM 的无线传输中非常实用[203]，并且已经提出将其用于新型数字视频地面广播（DVB-T）2 标准，其于 2009 年发布[204]。ACE 方法的原理是在 IFFT 输入

端对一些选定的数据符号进行幅度失真（增加或扩展）。选择要失真的符号以降低IFFT输出端的峰均比。正如2.3节讨论的，在ACE方法中，只有外星座点才能被预失真（扩展）以保持星座点之间的最小距离。ACE 定义的最优化问题是找出一组数据符号以使其失真，从而使IFFT输出信号样本的无限范数最小[203]。有关该ACE方法优化问题的详述可见文献[131]。最后要注意的是，当峰均比低于*IBO*时，OOB功率泄漏的主要来源是子载波频谱的形状，而当峰均比相对较高时，不能仅依赖减少频谱旁瓣，此时降低峰均比会更重要。

在一些文献中，可以找到关于基带信号OOB功率和峰均比抑制问题的各种方法。例如，文献[205，206]提出了峰均比降低和OOB功率降低算法结合的方法。然而，在大多数情况下，并不存在优化所有成本函数的最佳解决方案，这些函数旨在优化最佳的比特和功率负载，降低OOB功耗和峰均比[205]。一些文献提出联合PAPR-OOB优化问题，其中考虑了特定标准（峰均比或OOB功率）对目标函数的加权影响，例如文献[205]，还有一些文献逐渐促进了OOB功率和峰均比降低算法的应用，即以连续的方式实现PAPR和OOB功率降低。

仿真结果

首先评估ACE方法（用于峰均比抑制）的有效性，如文献[108]所述，将ACE方法与3.1.2节中描述的CC算法相结合。考虑下面的示例系统设置（如文献[203]所述）：IFFT点数设置为N=256，采用$N_{\mathrm{CP}}=N/16$个采样的循环前缀，并且利用QPSK符号调制的数据子载波，$\boldsymbol{I}_{\mathrm{DC}}=\{-100,\ldots,-1,1,2,3,46,\ldots,100\}$，即槽陷频段中心频率位于NC-OFDM系统频带中，其索引值为24.5。此外，所考虑的ACE算法具有以下参数：缩放参数（在2.3节中介绍）是灵活的，范围为1~3，预失真符号的数量设置为所有数据副载波的25%，要衰减的样本幅度至少比一个NC-OFDM符号中的所有时域样本的平均幅度高1.4倍。

被占用的子载波块的每个边缘上有4个CC，即$\boldsymbol{I}_{\mathrm{DC}}=\{-104,\ldots,-101,4,\ldots,7,42,\ldots,45\}$，用于限制公式（3.25）中CC功率的因子$\sqrt{\mu}=0.04$。在OOB区域定义$\gamma$=152个频谱采样点，还需要假定ACE方法不能修改CC上携带的值，已经获得了10^5个随机调制的NC-OFDM符号传输的结果。

同样，文献[203]已经研究了5种情况下峰均比的CCDF：第一种情况未采用峰均比或OOB功率降低方法，即已考虑原始未调制的NC-OFDM信号；对于其中两种情况，分别考虑了未采用ACE的CC应用和未采用CC方法的ACE应用；还有两种情况是两种方法都已在下述配置中有所应用：ACE 方法在 CC 方法之前执行，而 CC 方法又先于 ACE 方法。对于这 5 种情况，图 3.20 给出了峰均比的 CCDF 结果。

注意，当单独采用 CC 方法时，相对于参考信号可以观察到峰均比的 CCDF 增加。这意味着如果目的是维持 OOB 水平不变，则应该增加 HPA 的功率回馈。但是，这会降低功率放大器的能效。当 OOB 功率降低并采用 ACE 方法时，可以观察到较大幅度的峰均比降低（在 10^{-3} 水平下超过 1 dB）；但是，对峰均比和 OOB 功率降低相结合的方法而言，更好的选择是首先采用 OOB 功率降低方法。在这种情况下，采用 ACE 方法时峰均比仅略高于参考信号的峰均比。

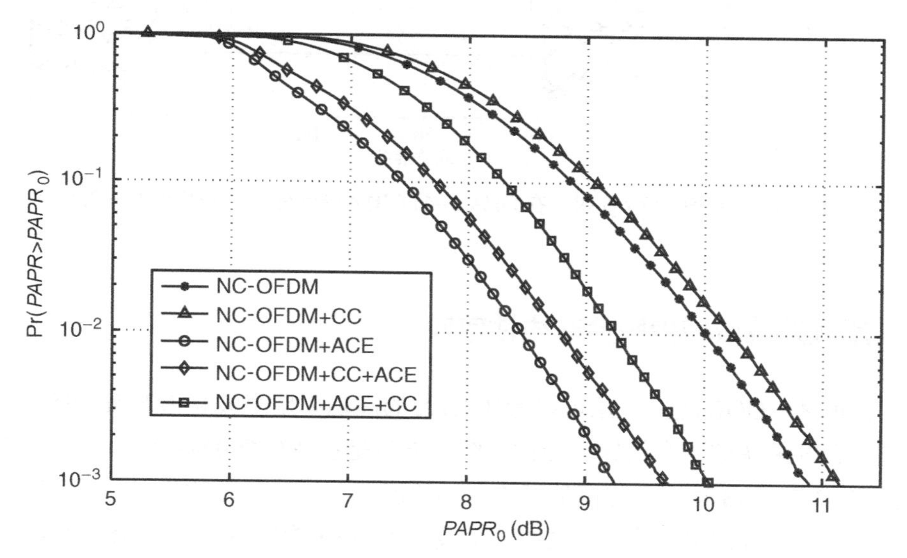

图 3.20 所考虑的峰均比和 OOB 功率降低联合逼近情况下的峰均比分布

图 3.21 为 IBO=7 dB 时，在 HPA（p=4）的输入端和输出端观察到的 PSD[203]，由图可知，副载波频谱旁瓣和 HPA 非线性对信号频谱形状的影响，特别是在 HPA 输出的相邻频段中。HPA 是在参数 p=4 的情况下进行拉普建模的。对于这个 IBO 参数值，就 HPA 输出端的 OOB 辐射水平而言，最有利的是 CC 方法的组合，接着使用 ACE 方法降低峰均比。仅使用峰均比降低或旁瓣抑制会导致更差的结果。然而，可以看出，只有 CC 方法或采用 CC 方法之后的 ACE 才能获得 HPA 之前的最低 PSD OOB 辐射水平。

这意味着对于满足要求的线性 HPA，这些设置将在 HPA 输出端获取最低的 OOB 辐射水平。

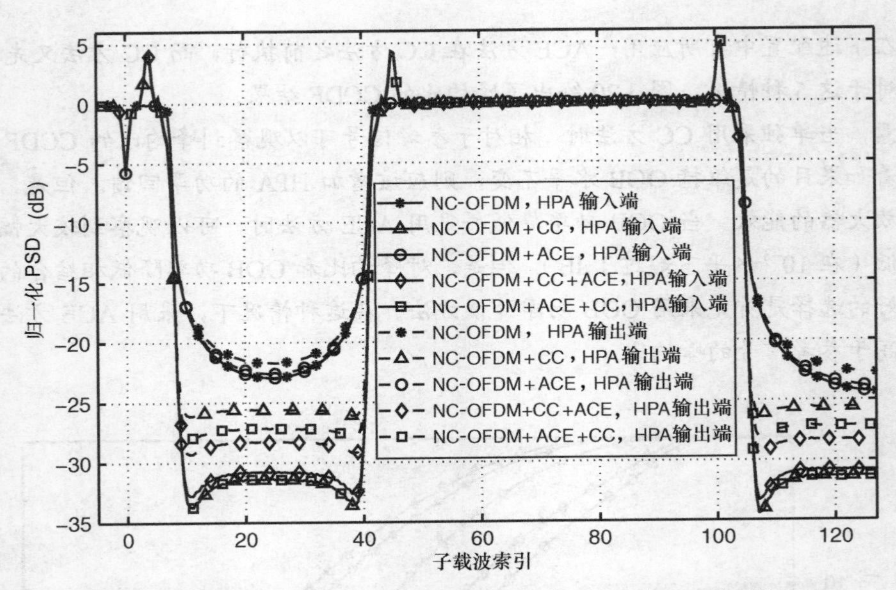

图 3.21 当 *IBO*=7 dB 时，在 HPA(*p*=4)的输入端和输出端观察到的 PSD

3.4.2 用额外载波减少联合非线性效应

如前面所述，OOB 辐射现象可以看作 HPA 的高功率副载波频谱旁瓣（SSS）和 IMD 之和，通常分开解决这两个问题。最优的解决方案是在 NC-OFDM 信号中加入专用子载波来降低 IMD 或 SSS 功率。在降低峰均比的情况下，该方法被称为 TR（子载波预留）技术[208]，而对于降低 IMD 功率，这些子载波被称为 CC[41]。因此，无论其来源如何，将两种方法结合起来以最小化所产生的 OOB 功率是合理的[207]。两种方法的结合已经在文献[209]中被提出，CC 和 TR 算法中使用不同的子载波，导致相对小的 OOB 功率衰减。此外，两种方法都是分开使用的，即 TR 方法在 CC 算法之后使用。

文献[4]表明由 CC 引起的多余的峰均比升高是可以观察到的。对此问题，文献[205]提出了一个先进的解决方案，其中相同的子载波用于缓解峰均比和 SSS。其中显示的优化公式基于凸函数，该函数是峰均比的无效范数和副载波旁瓣功率的第二范数的加权和。在这种情况下，合成的 OOB 功率衰减取决于加权因子和 HPA 特性。没有提供这个问题的封闭解决方案，并且使用 CVX 软件包[210]中复杂的计算方法获得解决方案，这在实际的硬件实现中是不切实际的。

文献[207]提出了一种低复杂度算法，用于降低功率放大器输出端观察到的 OOB 功率，而不管其来源如何。保留用于减少 OOB 辐射的专用频率被称为额外载波（EC）。所提出的方法是基于 CC[4, 43]和文献[211]中描述的梯度 TR 方法的高效计算实现的。该解决方案与文献[205]中提出的最优方案相比，其优点是在 HPA 的输出端，以稍微降低 OOB 功率为代价，实现了算法相对简单的硬件实现可能性。而且，在此解决方案中，梯度 TR 方法用于降低 IMD 的功率，而不是峰均比。该组 EC 被同时用于联合 IMD 和 SSS 功率降低，主要概念是在梯度 TR 方法的每次迭代中部分消除 Sinc 形旁瓣，而不允许 TR 方法增加 SSS 功率。这种低复杂度算法的缺点是峰均比度量值减小，但是提高了功率放大器的能量效率[207]。

在考虑的 NC-OFDM 系统中，α 复数据符号块（如 QAM 符号）被传送到大小为 $N>\alpha$ 的 IFFT 块。这些数据符号构成向量 $\boldsymbol{d}_{\mathrm{DC}}$，而 α 有用的 DC 索引由向量 $\boldsymbol{d}_{\mathrm{DC}}$ 表示。$\boldsymbol{I}_{\mathrm{DC}}$ 取自集合$\{-N/2, \cdots, -1, 1, \cdots, N/2-1\}$。$\boldsymbol{d}_{\mathrm{DC}}$ 向量也被传递给用于 EC 生成的专用模块。调制 EC 的复符号构成向量 $\boldsymbol{d}_{\mathrm{EC}}$ 中的 β 元素的向量 $\boldsymbol{I}_{\mathrm{EC}}$。DC 和 EC 集合是不相交的——用于容纳 EC 的副载波与用于 DC 的副载波不相同。从频域变换到时域之后，N_{CP} 采样的 CP 被添加到 IFFT 块输出端的矢量中。接下来，数字时域信号在 D/A 转换器中被转换为模拟信号，然后通过专用 RF 前端将其放大并调制到特定的射频频带。

插入 CP 后的时域 NC-OFDM 符号 s 的第 m 个样本可以描述为

$$s_m = \sum_{j=1}^{\alpha} d_{\mathrm{DC}j} \mathrm{e}^{\mathrm{j}2\pi \frac{mI_{\mathrm{DC}j}}{N}} + \sum_{j=1}^{\beta} d_{\mathrm{EC}j} \mathrm{e}^{\mathrm{j}2\pi \frac{mI_{\mathrm{EC}j}}{N}} \tag{3.53}$$

其中，$m \in \{-N_{\mathrm{CP}}, \cdots, N-1\}$，公式（3.53）可以用矩阵形式表示为

$$\boldsymbol{s} = \boldsymbol{F}_{\mathrm{DC}} \boldsymbol{d}_{\mathrm{DC}} + \boldsymbol{F}_{\mathrm{EC}} \boldsymbol{d}_{\mathrm{EC}} \tag{3.54}$$

其中，$\boldsymbol{F}_{\mathrm{DC}}$ 和 $\boldsymbol{F}_{\mathrm{EC}}$ 分别表示每列对应于 $\boldsymbol{I}_{\mathrm{DC}}$ 和 $\boldsymbol{I}_{\mathrm{EC}}$ 的一个条目的傅里叶变换矩阵。为了最小化 SSS 功率，对于给定的 NC-OFDM 符号，必须评估额定频带外（在 OOB 区域中）的频谱值。矢量 $\boldsymbol{V}$ 的长度 γ 包含归一化的 OOB 频谱——取自标准化频率范围$\langle -N/2, N/2 \rangle$ 的采样点可以像 3.4.1 节那样定义。利用公式（3.5）中导出的单个副载波频谱的公式，频率为 $\boldsymbol{V}$ 的傅里叶频谱样本矢量 $\boldsymbol{S}$ 可以定义为

$$\boldsymbol{S} = \boldsymbol{P}_{\mathrm{DC}} \boldsymbol{d}_{\mathrm{DC}} + \boldsymbol{P}_{\mathrm{EC}} \boldsymbol{d}_{\mathrm{EC}} \tag{3.55}$$

其中，矩阵 $\boldsymbol{P}_{\mathrm{DC}}$ 和 $\boldsymbol{P}_{\mathrm{EC}}$ 的第（l, j）个元素分别表示 $S(I_{\mathrm{DC}j}, V_l)$和 $S(I_{\mathrm{EC}j}, V_l)$。为了简单起见，在用于比较的所有算法（如 TR 或 CC）中，使用相同的矢量符号。

1．子载波预留（TR）

利用附加的专用子载波降低峰均比的基本方法是在保持每个 EC 的平均功率不高于

极限（当假定功率归一化时等于 1）的情况下使峰值功率最小化。因此，Min-Max 优化问题可以表示为[207]

$$\begin{aligned} \boldsymbol{d}_{\mathrm{EC}}^{\star} &= \arg\min_{\boldsymbol{d}_{\mathrm{EC}}} \max |\boldsymbol{F}_{\mathrm{DC}}\boldsymbol{d}_{\mathrm{DC}} + \boldsymbol{F}_{\mathrm{EC}}\boldsymbol{d}_{\mathrm{EC}}| \\ &\text{s.t.} \|\boldsymbol{d}_{\mathrm{EC}}\|_2^2 \leqslant \beta \end{aligned} \tag{3.56}$$

在文献[211]中提出了包括这个问题的数学分析在内的方法细节。可以观察到，内部最大值也可以写成一个无穷范数，即

$$\begin{aligned} \boldsymbol{d}_{\mathrm{EC}}^{\star} &= \arg\min_{\boldsymbol{d}_{\mathrm{EC}}} \|\boldsymbol{F}_{\mathrm{DC}}\boldsymbol{d}_{\mathrm{DC}} + \boldsymbol{F}_{\mathrm{EC}}\boldsymbol{d}_{\mathrm{EC}}\|_{\infty} \\ &\text{s.t.} \|\boldsymbol{d}_{\mathrm{EC}}\|_2^2 \leqslant \beta \end{aligned} \tag{3.57}$$

其中，$\|\cdot\|_{\infty}$ 表示无穷范数。

2. 载波消除（CC）

类似地，对于 TR 方法，计算 CC 值以最小化频率采样点 $\boldsymbol{V}$ 中的 SSS 的平均功率，同时将平均 CC 功率保持为小于或等于 1。因此，优化问题类似于 TR 方法，如 3.1 节中公式（3.10），即

$$\begin{aligned} \boldsymbol{d}_{\mathrm{EC}}^{\star} &= \arg\min_{\boldsymbol{d}_{\mathrm{EC}}} \|\boldsymbol{P}_{\mathrm{DC}}\boldsymbol{d}_{\mathrm{DC}} + \boldsymbol{P}_{\mathrm{EC}}\boldsymbol{d}_{\mathrm{EC}}\|_2^2 \\ &\text{s.t.} \|\boldsymbol{d}_{\mathrm{EC}}\|_2^2 \leqslant \beta \end{aligned} \tag{3.58}$$

这个问题的高效计算方案限制了 CC 的平均集合功率，而不是瞬时功率。因此，按照 3.1 节中的推导，可以通过简单的矩阵—矢量乘法获得精确的解。

$$\boldsymbol{d}_{\mathrm{EC}}^{\star} = -\left(\boldsymbol{P}_{\mathrm{EC}}^{\mathrm{H}}\boldsymbol{P}_{\mathrm{EC}} + \theta\boldsymbol{I}\right)^{-1}\boldsymbol{P}_{\mathrm{EC}}^{\mathrm{H}}\boldsymbol{P}_{\mathrm{DC}}\boldsymbol{d}_{\mathrm{DC}} = \boldsymbol{W}\boldsymbol{d}_{\mathrm{DC}} \tag{3.59}$$

上述标量 θ 表示给定子载波模式的常数值，以便保持 EC 功率约束。在通过 $\boldsymbol{d}_{\mathrm{DC}}$ 计算$\boldsymbol{d}_{\mathrm{EC}}^{\star}$ 时，可直接使用矩阵 $\boldsymbol{W}$。

3. CC 和 TR 结合

为了结合峰均比和 SSS，可以使用公式（3.57）和公式（3.58）的简单加权，如文献[205]中提出的。

$$\begin{aligned} \boldsymbol{d}_{\mathrm{EC}}^{\star} &= \arg\min_{\boldsymbol{d}_{\mathrm{EC}}} \lambda\xi \|\boldsymbol{P}_{\mathrm{DC}}\boldsymbol{d}_{\mathrm{DC}} + \boldsymbol{P}_{\mathrm{EC}}\boldsymbol{d}_{\mathrm{EC}}\|_2^2 + (1-\lambda)\|\boldsymbol{F}_{\mathrm{DC}}\boldsymbol{d}_{\mathrm{DC}} + \boldsymbol{F}_{\mathrm{EC}}\boldsymbol{d}_{\mathrm{EC}}\|_{\infty} \\ &\text{s.t.} \|\boldsymbol{d}_{\mathrm{EC}}\|_2^2 \leqslant \beta \end{aligned} \tag{3.60}$$

其中，$\lambda \in \langle 0;1 \rangle$ 是一个平衡峰均比和 SSS 衰减之间的因子，因子 $\xi = \|\boldsymbol{F}_{\mathrm{DC}}\boldsymbol{d}_{\mathrm{DC}}\|_{\infty} / \|\boldsymbol{P}_{\mathrm{DC}}\boldsymbol{d}_{\mathrm{DC}}\|_2^2$ 用于平衡 λ=0.5 时两个标准对最小化函数的影响。虽然优化问题是凸性的，但其解决方案（如使用 CVX 包[210]）具有很高的计算复杂度。此外，文献[205]中没有提供用于调整给定 HPA 特性的 λ 以获得来自 IMD 和 SSS 的最小 OOB 辐射功率的方法[207]。

4. 低复杂度 EC 方法

EC 方法利用高计算效率的 TR 方法来实现峰均比降低方法（文献[211]中介绍的梯度方法）和前面以及文献[43]中介绍的用于 SSS 最小化的 OCCS 方法。梯度 TR 方法是迭代的，EC 计算算法如图 3.22 所示。值得一提的是，优化问题的解决方案并不是两种算法的简单串行组合。下面对其进行分步讨论。

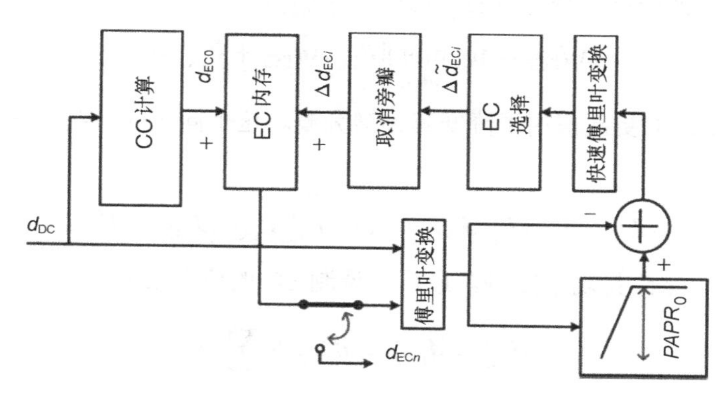

图 3.22 EC 计算算法

EC 符号的第一个近似（后面用向量 $\boldsymbol{d}_{\mathrm{EC0}}$ 表示）通过公式（3.59）的 CC 计算。然后，计算 DC 和 EC 近似的 IFFT。如在原始梯度 TR 算法[211]中一样，时域信号由削波阈值 $PAPR_0$ 的软限幅器削波。这里，$PAPR_0$ 是对于输入信号的给定平均功率：最大允许峰值功率值与接近表征 HPA 操作点的 IBO 值的平均信号功率之比。因此，相较于公式（3.60）中使用的 λ 参数的值，$PAPR_0$ 值可以更容易地调整到给定的 HPA 参数。在下一步中，从削波器产生的信号中减去原始信号，使原始信号的时域表示（具有负号）高于削波电平。

将此信号转换到频域（FFT 块如图 3.22 所示），创建 N 值的辅助矢量，从 EC 选择模块中选择 $\boldsymbol{I}_{\mathrm{EC}}$ 的 β EC 集。这些识别出的 EC 可以通过正实数值适当地缩放，该实数值是用于其收敛性调整的 TR 梯度方法的参数[207]。

将在第 i 次迭代中的 EC 选择块之后的 β EC 修正因子的向量表示为 $\Delta\tilde{\boldsymbol{d}}_{\mathrm{EC}i}$。这些修正因子是“消除”旁瓣块中 SSS 消除的对象。在描述它的功能之前，观察在 n 次迭代后获得的矢量 $\boldsymbol{d}_{\mathrm{EC}n}$，如文献[207]中定义的。

$$\boldsymbol{d}_{\mathrm{EC}n} = \boldsymbol{d}_{\mathrm{EC0}} + \sum_{i=1}^{n} \Delta\tilde{\boldsymbol{d}}_{\mathrm{EC}i} \tag{3.61}$$

$\boldsymbol{d}_{\mathrm{EC}n}$ 是 TR 梯度方法（总和中的其他元素）占用相同子载波时得到的 i=1，…，n 的 CC（总

和的第一个分量）和 $\Delta\tilde{\boldsymbol{d}}_{\mathrm{EC}i}$ 的组合。虽然 $\boldsymbol{d}_{\mathrm{EC0}}$ 在第一阶段消除了 DC 旁瓣，但增加的分量 $\sum_{i=1}^{n}\Delta\tilde{\boldsymbol{d}}_{\mathrm{EC}i}$ 导致副载波旁瓣功率再生（到相对较高的水平 $\|\boldsymbol{P}_{\mathrm{EC}}\sum_{i=1}^{n}\Delta\tilde{\boldsymbol{d}}_{\mathrm{EC}i}\|_2^2$），这种再生不是由 EC 旁瓣造成的（注意，这种再生不是由旁瓣上被 $\boldsymbol{d}_{\mathrm{EC0}}$ 降低的数据载体引起的）。因此，只有 $\sum_{i=1}^{n}\Delta\tilde{\boldsymbol{d}}_{\mathrm{EC}i}$ 的旁瓣是将要降低的。此外，优化问题［公式（3.58）］可以按顺序修改，以最小化 EC 的频谱旁瓣（具有相同的功率限制）。

$$\Delta\widehat{\boldsymbol{d}}_{\mathrm{EC}i}=\arg\min_{\Delta\widehat{\boldsymbol{d}}_{\mathrm{EC}i}}\|\boldsymbol{P}_{\mathrm{EC}}\Delta\widehat{\boldsymbol{d}}_{\mathrm{EC}i}+\boldsymbol{P}_{\mathrm{EC}}\Delta\widetilde{\boldsymbol{d}}_{\mathrm{EC}i}\|_2^2 \tag{3.62}$$

其中，$\Delta\tilde{\boldsymbol{d}}_{\mathrm{EC}i}$ 是 EC 的更新值用于降低其频谱旁瓣。这个问题的解决方法与公式（3.59）类似，即

$$\Delta\widehat{\boldsymbol{d}}_{\mathrm{EC}\,i}=-\left(\boldsymbol{P}_{\mathrm{EC}}^{\mathrm{H}}\boldsymbol{P}_{\mathrm{EC}}+\theta\boldsymbol{I}\right)^{-1}\boldsymbol{P}_{\mathrm{EC}}^{\mathrm{H}}\boldsymbol{P}_{\mathrm{EC}}\Delta\widetilde{\boldsymbol{d}}_{\mathrm{EC}i}=\boldsymbol{W}_2\Delta\widetilde{\boldsymbol{d}}_{\mathrm{EC}i} \tag{3.63}$$

其中，再次选择 θ 来维持功率限制。最后，调制 EC 的值在第 $\boldsymbol{n}$ 次迭代中获得[207]。

$$\boldsymbol{d}_{\mathrm{EC}}=\boldsymbol{d}_{\mathrm{EC}n}=\boldsymbol{d}_{\mathrm{EC0}}+\sum_{i=1}^{n}\Delta\boldsymbol{d}_{\mathrm{EC}i} \tag{3.64}$$

其中，

$$\Delta\boldsymbol{d}_{\mathrm{EC}i}=\Delta\widetilde{\boldsymbol{d}}_{\mathrm{EC}i}+\Delta\widehat{\boldsymbol{d}}_{\mathrm{EC}i}=(\boldsymbol{I}+\boldsymbol{W}_2)\Delta\widetilde{\boldsymbol{d}}_{\mathrm{EC}i} \tag{3.65}$$

尽管与 CC 和 TR 结合的方法相比，OOB 功率衰减得到了很大的改善，但计算复杂度的增加相对较小。在每次迭代中，需要执行一次附加的矩阵向量乘法。经过 $\boldsymbol{n}$ 次迭代后，EC 方法需要大约 $n\beta^2$ 次操作。虽然与文献[205]中提出的最优解相比，EC 方法的性能将会在峰均比中变差，但是迭代次优方法具有可追踪的计算复杂度，使解决方案更实用。此外，梯度法考虑了所有 $PAPR_0$ 以外的样本而不仅仅是最高的样本。从这个角度来看，迭代 EC 算法在减少 IMD 方面应该比文献[205]中提出的方法更好。

仿真结果

如文献[207]所述，让我们评估以下系统设置中提出的方法。仿真系统使用 N=256 个子载波，索引 $\boldsymbol{I}_{\mathrm{DC}}\cup\boldsymbol{I}_{\mathrm{EC}}=\{-80,-1,1,16,38,80\}$ 的 $\alpha+\beta$=144 个占用子载波（数据和 EC）。该系统是非连续的，因为它使用索引为−80～16（不含零值子载波）和 33～80 的两组子载波进行数据传输。如果使用 EC，则每个子载波块边缘的 5 个子载波被保留（因此总共 20 个），也就是说，索引的向量被定义为 $\boldsymbol{I}_{\mathrm{EC}}=\{-80,-76,12,16,\ 33,37,76,80\}$，循环前缀的持续时间是 $N_{\mathrm{CP}}=N/4$ 个样本，数据载波采用随机 QPSK 信号进行调制，单次仿真传输 10^4 个 NC-OFDM 符号。将以下仿真情况进行比较（如参考文献[207]）：

（1）情况 A：所有 144 个子载波携带数据符号的参考系统；

（2）情况 B：仅应用 CC 方法，因此使用公式（3.59）计算 EC；

（3）情况 C：仅应用 TR 方法，并且使用 TR 梯度方法计算 EC；

（4）情况 D：TR 方法在 CC 方法之前使用；使用梯度 TR 方法确定 10 个 EC，而使用公式（3.59）计算另外 10 个 EC（最接近于子载波块边缘）；

（5）情况 E：CC 方法在 TR 方法之前使用；使用公式（3.59）和由 TR 梯度算法生成的 10 个 EC 来计算 10 个 EC（最靠近子载波块边缘）；

（6）情况 F：降低复杂度的 OOB 功率降低 EC 方案，其中，所有 EC 根据公式（3.64）进行调制；

（7）情况 G：文献[205]中提出的最优 CC&TR 方案，其中，EC 符号通过公式（3.60）计算。

对于 SSS 和峰均比降低获得的结果在 HPA 输出信号的 PSD 图上是显而易见的。为了进行实际的 OOB 功率计算，在采用韦尔奇方法之前先进行 4 次过采样和 1 次低通滤波。选定的滤波器具有与 USRP 常用无线电平台相同的特性[202]。功率放大器模型是一个简单的软限幅器。为了更加清晰，对于前面描述的其中一种情况，图 3.23 给出了一个示例 PSD 图（对于正的子载波索引）。

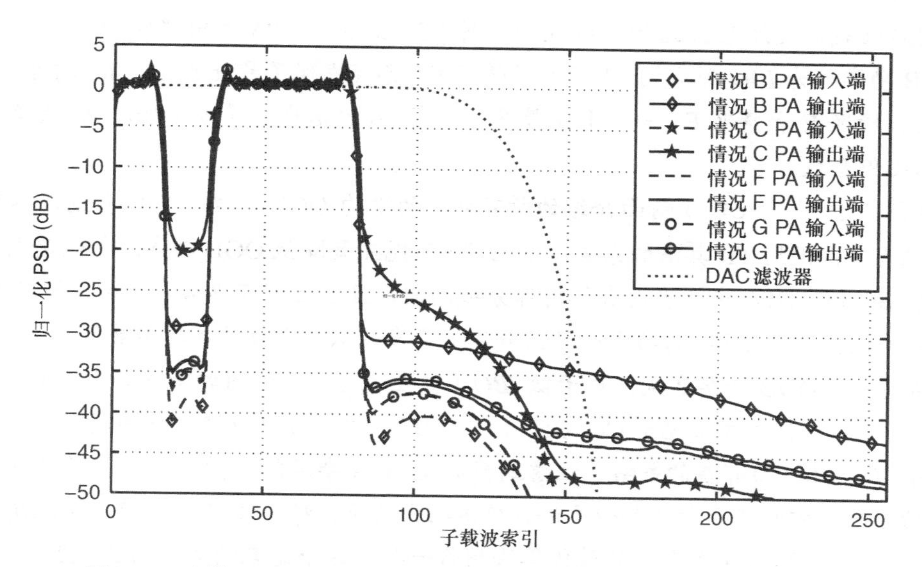

图 3.23　在情况 G（λ=0.5）中，HPA（$PAPR_0$=5 dB）输入端和输出端所有系统子集的 PSD（其中，每个符号经过 40 次迭代）

定义了基于梯度的方法中使用的以下参数值：迭代次数设置为40，假定$PAPR_0$=5 dB。对于情况G，参数λ=0.5，且HPA的*IBO*设置为6 dB。虚线代表HPA输入信号的功率谱，表明最低的OOB功率是在情况B中获得的。对于情况G和迭代EC方法（情况F），获得了几乎相等的值。情况C的结果与情况A的相同（图3.23中未显示出），也就是说，OOB功率高于所考虑的所有其他情况。

HPA输出端的信号的PSD如图3.23所示，对于情况F和情况G具有最有利的形状。迭代EC算法（情况F）实现略好的性能。造成这种结果的原因在于这种情况下使用的峰均比降低方法将所有信号值降低到某个阈值以上，而不像文献[205]中所述的算法中的最高峰值。情况B和情况C中的OOB功率衰减要低得多。

此外，还可以观察到D/A滤波对信号PSD形状的影响。在HPA的输入端，所有超出滤波器通带的频谱旁瓣分量（高于子载波索引值128）实际上被移除了。然而，在HPA的输出端，在整个频带中引入了互调。在分析情况C的结果时可以观察到这样的例子，可以将互调与子载波频谱旁瓣相区分。D/A通带区域内的OOB功率相当高，因为频谱旁瓣在这里没有被消除，但它在D/A通带之外的其他系统中最低，其中互调是主要的OOB功率分量。由于仅在TR方法中获得最显著的峰均比降低（情况C），互调功率如预期的那样是最低的。

现在让我们关注D/A通带。图3.24～图3.26显示了HPA输出端的D/A通带内的平均OOB功率作为*IBO*的函数。而且对于情况G，已经发现了最佳的λ数值。对于情况C、情况D、情况E和情况F，一个算法最多可应用40次迭代。通过实验，EC选择模块中使用的比例系数为5。

在图3.24中，比较了前面介绍的所有系统的平均OOB功率。可以看到，参考系统（情况A）和仅使用TR算法的系统（情况C）不能显著降低OOB功率。也就是说，对于较高的*IBO*值，HPA中几乎没有任何部分被削波，且当互调可忽略不计时，情况C比情况A更具优势，因为EC的功率比数据载波低得多，从而导致旁瓣功率更低。CC的引入极大地改善了OOB功率衰减。对于低*IBO*（当互调起主导作用时），CC和TR（情况D和情况E）相结合的方法优于CC方法（情况B），对于高*IBO*值，使用所有EC用于旁瓣抑制，CC是一项有益的策略。注意到情况G和复杂度降低的EC算法（情况F）在OOB功率衰减方面优于所有其他方法。应该指出的是，对于任何*IBO*值，降低复杂度的EC算法甚至比情况G中定义的最优算法稍好一些。这个结果的解释与图3.23中观察到的结果相同。

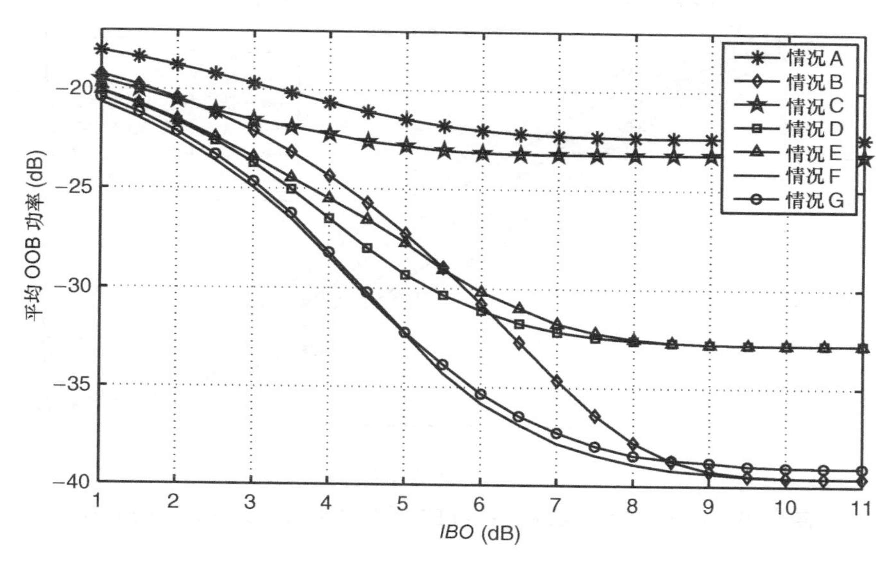

图 3.24　考虑的所有系统的 HPA 输出端的平均 OOB 功率比较
（在迭代方法中，每个 NC-OFDM 符号大约经过 40 次迭代）

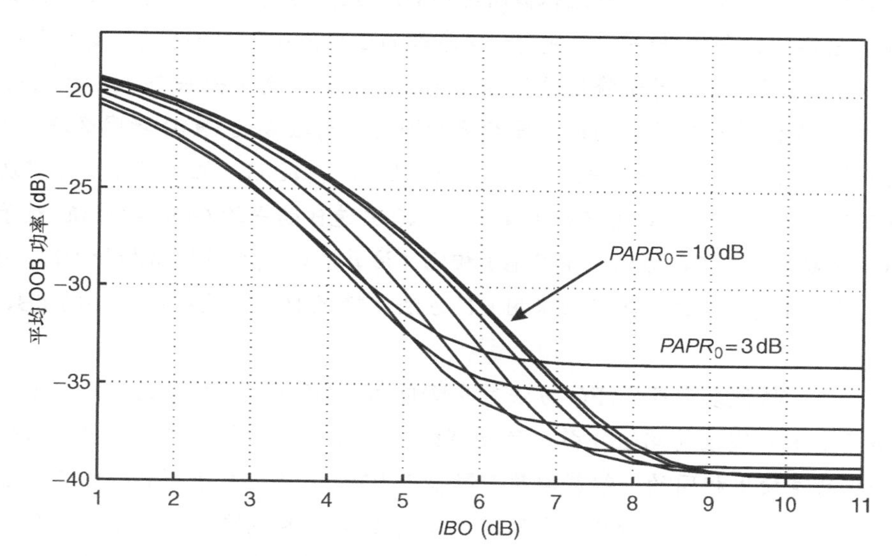

图 3.25　采用 EC 方法的 NC-OFDM 信号输出 HPA 的平均 OOB 功率
（每个符号经过 40 次迭代，$PAPR_0$ 在 3～10 dB 变化）

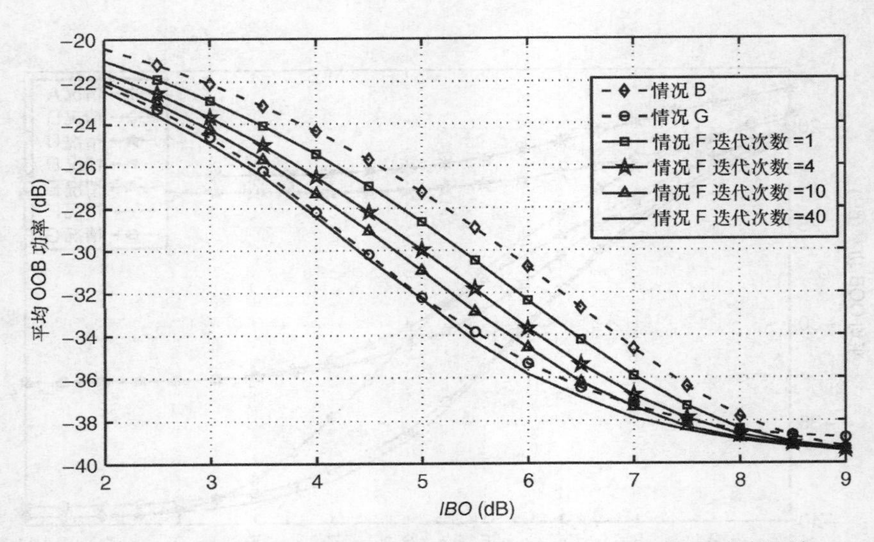

图 3.26　当改变迭代次数时，采用 EC 算法的平均 OOB 辐射功率比较

图 3.25 中绘制了 $PAPR_0$ 参数在 3 ~ 10 dB 内，EC 算法经过 40 次迭代的平均 OOB 功率。可以观察到，对于低 *IBO* 值，应该选择低 $PAPR_0$ 值；对于高 *IBO* 值，因为它们导致了更高的 OOB 功率下限，所以 $PAPR_0$ 值应根据所用的 HPA 配置进行调整。$PAPR_0$ 的值应该与 HPA *IBO* 类似，实际上，与文献[205]中使用的 λ 参数的正确值相比，$PAPR_0$ 值更容易确定。

一个有趣的问题是，对于降低复杂度的 EC 算法，如何平衡每个 NC-OFDM 符号的迭代次数以便在保持相对较低的计算复杂度的同时获得较高的 OOB 功率衰减。目前使用的值（40 次迭代）给出了一个接近理想值的结果，即情况 G，但在实际硬件实现中不切实际。图 3.26 中给出了 EC 算法进行 1、4、10 和 40 次迭代的平均 OOB 功率值。对于–35 dB 的平均 OOB 功率，与 CC 方法（情况 B）相比，该算法迭代次数的增加使 HPA 的有效性增加，即 *IBO* 值减小，分别比单独采用 CC 方法（情况 B）降低 0.4 dB、0.7 dB、1 dB、1.4 dB。

总而言之，降低复杂度的 EC 方法旨在降低 NC-OFDM 系统中的带外功率，该系统非常容易产生由非线性前端组件引起的互调效应，特别是由高功率放大器引起的互调效应。这个想法是使用相同的一组载波集来降低 IMD 和 SSS。基于得到的结果，显然有可能将这两种方法进行合并，传统上分别用于峰均比和 SSS 的降低，并且以高效计算的方式最小化 OOB 辐射。在 NC-OFDM 发射机中使用这种算法减少了对频率维度相邻系统的干扰，并减少了电磁污染。此外，NC-OFDM 信号的峰均比降低使能够使用高效的功率放大器来降低能耗。

3.5　NC-OFDM 接收机设计

NC-OFDM 系统的接收机具有与 OFDM 接收机类似的功能。对于 NC-OFDM，保留 OFDM 的关键属性，诸如利用 CP、子载波的正交性、子载波间隔，从而可以简单地采用不连续子载波块的现有 OFDM 接收算法。另外，在 NC-OFDM 接收机的频带中，即在 NC-OFDM 频谱缺口中可能存在的强干扰明显降低了接收性能。此外，在接收机端还须追踪发射机端的 NC-OFDM 波形的频谱灵活性。下面讨论 NC-OFDM 接收的主要问题。

关于 NC-OFDM 接收的关键问题是在 NC-OFDM 接收机频带的频谱陷波中可能存在强干扰。这种干扰可能来源于其他系统，这些系统使用了所考虑的 NC-OFDM 系统未使用的频带。OFDM 系统的情况并非如此，在相邻频带中操作的系统信号通常在 OFDM 射频前端的带宽之外，并且在接收机输入端已经阻挡该干扰信号。如果 NC-OFDM 具有灵活的频带选择，则在射频前端应用固定滤波器，并将带有干扰的接收信号传输到数字域，在该数字域中决定使用的子载波。所有接收机前端模拟组件（放大器、混频器、A/D 转换器）都必须具有高动态范围，以避免所需信号发生失真[212]。

理论上，在数字域，可以在 DFT 块的输出端将适当的子载波置零以阻挡无用信号。但是，首先为了消除 ISI 和 ICI（如前一章中 OFDM 所解释的），必须实现时域和频域同步。另外，大多数基于 OFDM 的同步算法在时域中工作，例如，文献[148，213]提到的由于频率受限所引起的不可避免的干扰。

如果 NC-OFDM 接收机在时域和频域上与所需信号完美同步，则可以采用与通常用于 OFDM 的信道估计和均衡算法相同的信道估计和均衡算法。但是，我们注意到，利用与所考虑的 NC-OFDM 系统占用频带不重叠的频带的干扰信号仍可能对 NC-OFDM 子载波造成干扰。我们考虑仅存在于 NC-OFDM 接收机输入端的干扰信号 $i(t)$。其傅里叶变换表示 $I(f)$是带限的，因此，可以将逆傅里叶变换定义为

$$i(t)=\int_{-\frac{f_s}{2}}^{\frac{f_s}{2}} I(f)\mathrm{e}^{\mathrm{j}2\pi ft}\mathrm{d}f \tag{3.66}$$

其中，$f_s=N\cdot\Delta f$ 是 NC-OFDM 采样频率。接收信号 DFT 的第 n 个输出为

$$\hat{d}_n=\frac{1}{\sqrt{N}}\sum_{m=0}^{N-1} i(m\Delta t)\mathrm{e}^{-\mathrm{j}2\pi\frac{nm}{N}} \tag{3.67}$$

替换公式（3.66）后，给出：

$$\begin{aligned}\hat{d}_n &= \frac{1}{\sqrt{N}}\sum_{m=0}^{N-1}\int_{-\frac{f_s}{2}}^{\frac{f_s}{2}} I(f)\mathrm{e}^{\mathrm{j}2\pi f m\Delta t}\mathrm{d}f\,\mathrm{e}^{-\mathrm{j}2\pi\frac{nm}{N}} \\ &= \frac{1}{\sqrt{N}}\int_{-\frac{f_s}{2}}^{\frac{f_s}{2}} I(f)\sum_{m=0}^{N-1}\mathrm{e}^{\mathrm{j}2\pi\frac{m}{N}\left(\frac{f}{\Delta f}-n\right)}\mathrm{d}f\end{aligned} \tag{3.68}$$

使用公式的几何级数的总和，我们得到

$$\hat{d}_n = \frac{1}{\sqrt{N}}\int_{-\frac{f_s}{2}}^{\frac{f_s}{2}} I(f)\mathrm{e}^{\mathrm{j}\pi\left(1-\frac{1}{N}\right)\left(\frac{f}{\Delta f}-n\right)}\frac{\sin\left(\pi\left(\frac{f}{\Delta f}-n\right)\right)}{\sin\left(\frac{\pi}{N}\left(\frac{f}{\Delta f}-n\right)\right)}\mathrm{d}f \tag{3.69}$$

这可以解释为卷积

$$\hat{d}_n = \int_{-\frac{f_s}{2}}^{\frac{f_s}{2}} I(f)\Gamma(n\Delta f - f)\mathrm{d}f \tag{3.70}$$

其中，

$$\Gamma(x) = \frac{1}{\sqrt{N}}\mathrm{e}^{-\mathrm{j}\frac{\pi}{\Delta f}\left(1-\frac{1}{N}\right)x}\frac{\sin\left(\frac{\pi}{\Delta f}x\right)}{\sin\left(\frac{\pi}{N\Delta f}x\right)} \tag{3.71}$$

是在频域中与 $I(f)$卷积的函数，其结果出现在所有 DFT 子载波上的干扰信号分量中。

图 3.27 考虑使用 15 kHz 子载波间隔（如 LTE）和接收共存 GSM 信号的 NC-OFDM 接收机，展示了在 NC-OFDM 接收机 DFT 的输入端和输出端单个全球移动通信系统（GSM）载波的干扰功率。最重要的是，干扰分量在最接近干扰信号占用的频带的子载波处具有最高的功率。如果干扰太强，可以采用一些高级的信号处理方法，例如，在接收机端开窗[214]。在这种情况下，应用于 DFT 的矩形窗口被具有较强旁瓣衰减的窗口代替，如升余弦窗口。

另一个需要考虑的问题是参考信号的设计（如导频和前导码），以便高速接收具有频率偏移在非连续频带的系统中传输的信号。但是，这似乎是一个开放的话题。例如，LTE 中的主同步信号由于它们的恒定幅度（最小峰均比）而使用 Zadoff-Chu 序列，并且不同的序列可以被设计为相互正交[215]。但是在不连续的子载波分配的情况下，Zadoff-Chu 序列将失去这些属性。

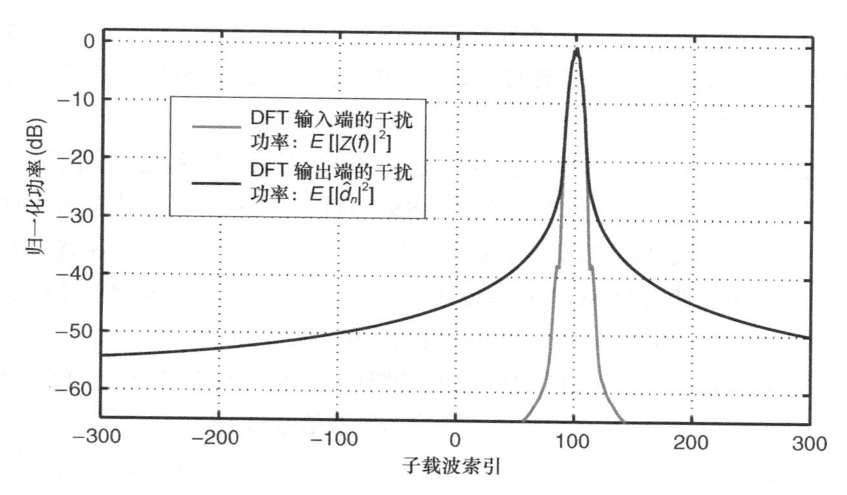

图 3.27　GSM 载波对 DFT 输入/输出造成的干扰功率

3.5.1　NC-OFDM 接收机同步

在未来的频谱共享（或 CR）网络场景中，需要利用频谱机会的次级系统来保护现有系统，即保持干扰水平低于设定的阈值。因此，在考虑次级 NC-OFDM 系统时，OOB 功率必须足够低，以便在 LU 接收机端观察到所产生的干扰功率保持在所需水平以下。这可以通过将 GS 应用于 NC-OFDM 信号有用频带（与许可用户 LU 的频带相邻）的边缘或通过前面描述的另一种方法来实现。但是，LU 系统不需要采取任何措施来保护二次传输。

NC-OFDM 信号检测算法可以利用这一事实：LU 系统使用其频带内的次级 NC-OFDM 系统未使用的频率[161]，并通过使用 FFT 的频域数据符号检测来抑制干扰块。然而，它需要在时域和频域中的 NC-OFDM 帧精确的预先同步，这在带内可能被识别为挑战干扰[217]。

在一些文献中，针对 OFDM 开发的同步算法也被考虑用于 NC-OFDM。其中基于前导码的 Schmidl & Cox（S&C）算法[148]是人们最熟悉的，该算法中的数据符号前面的前导码由两个相同的时间样本序列组成，它被称为 S&C 前导码。接收机确定时域中的自相关以找出最佳时间点，即（在省略 CP 之后）帧中第一个 OFDM 符号的第一次有效采样。这种自相关的结果也用于估计分数载波频率偏移（CFO），即归一化的 OFDM 子载波间距的频率间隔（−1, 1）的 CFO 的小数部分。另外一个使用前导码的 OFDM 符号用来估计 CFO 的整数部分。S&C 算法在文献[213，218]中得到了改进，分别降低了其时域和频域同步的 MSE。OFDM 中提出的同步技术概述见文献[147]。

上述内容考虑了 AWGN 的多径衰落信道。在我们考虑 CR 系统的情况下，性能恶化可能是由于存在高功率 LU 起始干扰引起的。S&C 算法已经对存在各种干扰类型的 OFDM 系统进行了评估：窄带建模为复数正弦曲线[219]、窄带数字调制信号[220]和宽带干扰信号占用与 OFDM CR 系统使用的 SC 块相邻的所有 SC[221]。这些工作考虑了具有连续 SC 的 OFDM，但是结论对于 NC-OFDM 也是有效的。尽管在文献[221]中，宽带干扰被建模为 AWGN 调制 OFDM 系统相邻的 SC，但同步性能降低了，就好像前导码失真仅仅是由于与干扰具有相同功率的 AWGN 引起的。这是因为宽带干扰信号与主信号不具有高自相关峰值。

在文献[221]中，假设干扰占用的 SC 与第二个 OFDM 系统的 SC 正交。然而，所考虑的 S&C 同步算法的第一阶段在不可能调制 SC 的码元分离的时域中实施。在窄带干扰（NBI）（建模为复合正弦波）的情况下，更难以进行 NC-OFDM 同步。如文献[219]所述，在没有有用信号的情况下，同步算法可能导致帧的错误检测（干扰可被检测为有用信号）。这是由复合正弦曲线的自相关特性引起的。随着干扰信号带宽的增加，这个效应被抑制[220]。由于这种错误的同步效应，NBI 比 NC-OFDM 同步的宽带干扰（WBI）要差得多。在文献[222]中，评估了理想和实际 NBI 存在时的 S&C 同步算法性能。在理想情况下，NBI 被建模为一个复杂的正弦曲线，而实际的 NBI 是一个窄带调频（FM）信号。由于虚假同步更为频繁，在理想干扰的情况下，同步误差的概率略高。

文献[223]已经表明，扩展自相关计算的范围并不能改善 NBI 存在时的 S&C 算法。在 NC-OFDM 接收机中的一种减小 NBI 的方法是通过滤波来抑制它。如文献[219]所述，解决这个问题，需要先验知识或正确检测干扰中心频率，这是不切实际的。类似地，消除文献[217]中提出的估计的 NBI 信号需要正确检测干扰信号的频率、幅度和相位。通过频域滤波和互相关可以降低帧错误检测的概率。然而，文献[224]中提出的这种方法假设的是一个理想的渠道，没有衰落，也没有 CFO。最后，通过过滤抑制干扰存在很大的实际问题。过滤器必须根据干扰特性进行调整，并在 CFO 或干扰信号频率发生变化时重新设计。此外，低阶滤波器可能会使有用信号失真[217]，而高阶滤波器具有较高的复杂度，并会导致时域信号的扩散[160]。

如前所述，基于标准自相关的同步算法不适用于存在带内 LU 生成的 NBI 时的 CR 次级 NC-OFDM 系统。利用所接收的前导码与参考（原始）前导码之间的互相关可能更有利[94, 225]。在文献[226]中已经提出了基于互相关的同步与频谱感测的组合，但文献中没有采用多路径效应的措施，这导致检测最强的信道路径作为最佳时间点。人们可以预计非零 CFO 将会阻止在该算法中正确检测前导码。为了提高存在干扰和噪声时帧检测的概率，有些人提出使用伪噪声序列作为前导码[227]，但是，在时域中生成的这样的前导码未被过滤，因此，它不能保护 LU 传输。

文献[228]中提出的多级同步改进了 OFDM 系统的 S&C 算法的性能，采用 S&C 算法来获得粗略的时间和分数频率同步。然后，使用基于互相关的同步来定位第一信道路径分量并估计整数 CFO，然而，这种框架在有带内干扰的情况下似乎没有发挥作用，因为第一步（自相关）很可能会失败，从而阻碍了第二步的成功。文献[229]提出的算法使用可调整长度的修正互相关来获得粗略的时间同步。接下来是根据文献[228]提出的方法的路径定时和整数 CFO 估计。最后，分数 CFO 估计器采用傅里叶变换的互相关输出的幅度，如文献[230]。该算法的主要缺点是粗时间同步的高度复杂度和对 CFO 的有限顽健性。此外，分数 CFO 估计仅利用最强路径分量传达的信息。

3.5.2 用于 NC-OFDM 系统的带内干扰的鲁棒同步算法

在本节中，如文献[216]所述，提出了针对 LU 起始干扰的 NC-OFDM CR 系统的同步算法。因此，所应用的前导码不能使用与 LU 频带重合的 SC。假定通过适当的频谱感测和管理以及通过应用保护 SC 或其他降低 NC-OFDM 带外辐射功率的频谱整形算法的应用，可以保护 LU 传输不受 CR 产生的干扰影响。该算法被称为许可用户不敏感同步算法（LUISA），它基于在接收机端可用的接收和参考前导码（RP）的互相关。由于干扰与 NC-OFDM 前导码不相关，该算法对假同步效应不敏感。此外，与文献[148]和文献[229]相比，对于给定的 SNR 或信号与干扰比（SIR），产生同步误差的概率降低。该算法在存在 LU 产生的干扰时适用于低 SIR 和 SNR。与文献[229]相比，它利用了所有信号路径组件及其相位依赖关系，从而减少载波偏移和定时偏移估计 MSE。

我们考虑一个在存在多径信道失真和干扰的情况下基于 NC-OFDM 的 SU 系统。发射机使用 N 点 IFFT 进行多载波调制。在每个帧中，发送 P 个 NC-OFDM 符号，并且每个 NC-OFDM 符号前面有 N_{CP} 个采样的 CP。我们用 $\boldsymbol{d}^{(p)}=\{d_n^{(p)}\}$ 表示 IFFT 输入端复数符号的向量，其中 $n=-N/2,\cdots,N/2-1$ 是 SC 索引，并且 $p=0,\cdots,P-1$ 是 NC-OFDM 符号索引。请注意，N 个 SC 中的 α 值由复数符号调制。对于 $\boldsymbol{I}_{\mathrm{DC}}=\{I_{\mathrm{DC}c}\}$，这些 SC 索引是向量 $c=1,\cdots,\alpha$ 和 $I_{\mathrm{DC}c}\in\{-N/2,\cdots,N/2-1\}$ 的元素。其他 SC（包括频带边缘处的 GS）由零

调制，即 $d_n^{(p)}$ 的实部和虚部等于零，以保护 LU 传输并允许数模转换，也就是说，对于 $n \in \{-N/2,\cdots,N/2-1\} \setminus \boldsymbol{I}_{\mathrm{DC}}$ 来说，$d_n^{(p)}=0$。所考虑的 NC-OFDM 系统 SC 的不连续性来自于情景相关的 SC 索引选择 I_{DCc}，即它不像在典型的 OFDM 系统中那样是一系列连续的整数。IFFT 输出端和 CP 加法后的第 p 个 NC-OFDM 符号的第 m 个样本定义如下。

$$s_m^{(p)} = \begin{cases} \frac{1}{\sqrt{N}} \sum_{n=-N/2}^{N/2-1} d_n^{(p)} \mathrm{e}^{\mathrm{j}2\pi \frac{nm}{N}}, & -N_{\mathrm{CP}} \leqslant m \leqslant N-1 \\ 0 & ，其他 \end{cases} \tag{3.72}$$

假设 $\boldsymbol{s}^{(0)}=\{s_m^0\}$ 是 $p=0$ 和 $m=0, \cdots, N-1$ 的前导样本的向量，即没有 CP。不失一般性，我们将考虑范围缩小到一个 NC-OFDM 帧。因此，后续由 NC-OFDM 符号组成的发送信号 $\tilde{s}(m)$ 为

$$\tilde{s}(m) = \sum_{p=0}^{P-1} s_{m-p(N+N_{\mathrm{CP}})}^{(p)} \tag{3.73}$$

在 NC-OFDM 接收机端观察到的信号由于第一路径信道系数为 $h(l)$的 L 路径衰落信道，归一化为 SC 间隔 v 的 CFO、附加干扰 $i(m)$以及白噪声 $w(m)$。该接收信号 $r(m)$的第 m 个采样为

$$r(m) = \sum_{l=0}^{L-1} \tilde{s}(m-l)h(l)\mathrm{e}^{\mathrm{j}2\pi \frac{mv}{N}} + i(m) + w(m) \tag{3.74}$$

请注意，离散时间足以满足我们所考虑的。文献[147]表明，低于采样周期的定时误差由 NC-OFDM 均衡器补偿。

具有 LUISA 同步算法的 NC-OFDM 接收机如图 3.28 所示。在射频前端和模数转换器的输出端，基带复数采样进行 S/P 转换。请注意，在没有 CFO 的情况下，接收到的前导码样本与 RP $\boldsymbol{s}^{(0)}$相关联。假设 RP 在接收机上作为其他传输参数被获得，在通过合适的会话连接技术或使用认知导频（控制）信道设置连接之后，RP 可以由接收机从伪随机发生器产生，其初始状态与发射机的初始状态相同。

注意，在完美的时间和频率同步的情况下，所接收的前导码样本与 RP 相关，从而导致了计算出的互相关的峰值。但是，在相对较高的 CFO 情况下，接收信号与 RP 不会导致同步成功。每个互相关分量将被添加一个依赖于 CFO 的不同相位，并且不会观察到对应于最佳定时点的峰值。为了消除这种效应，N 个连续的输入采样乘以 RP 的复共轭并馈送到 FFT 块。因此，在我们获得的第 m 个采样时刻的 FFT 的第 n 个输出端

$$Y(m,n) = \sum_{k=0}^{N-1} r(m+k) s_k^{(0)*} \mathrm{e}^{-\mathrm{j}2\pi \frac{mk}{N}} \tag{3.75}$$

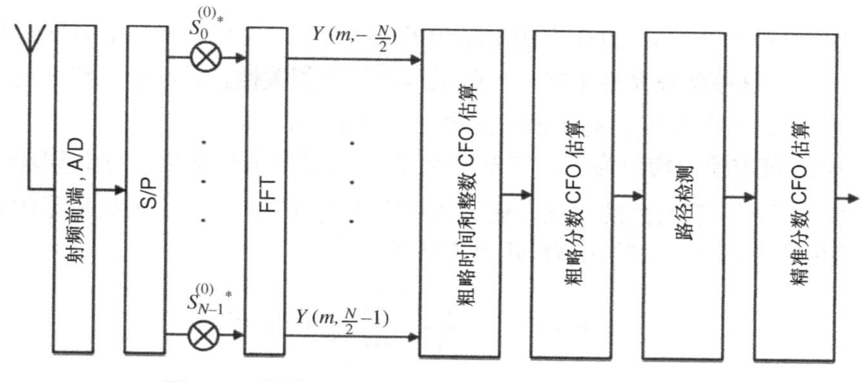

图 3.28　具有 LUISA 同步算法的 NC-OFDM 接收机

其中，(•)*表示复共轭。$Y(m,n)$ 在本节的其他地方称为同步变量。通过替换公式（3.74）和公式（3.75），我们得到

$$Y(m,n)=\sum_{l=0}^{L-1}h(l)Y_l(m,n)+Y_{\text{in}}(m,n) \tag{3.76}$$

其中，

$$Y_l(m,n)=\mathrm{e}^{\mathrm{j}2\pi\frac{mv}{N}}\sum_{k=0}^{N-1}\tilde{s}(m+k-l)s_k^{(0)*}\mathrm{e}^{\mathrm{j}2\pi\frac{k(v-n)}{N}} \tag{3.77}$$

$$Y_{\text{in}}(m,n)=\sum_{k=0}^{N-1}(i(m+k)+w(m+k))s_k^{(0)*}\mathrm{e}^{-\mathrm{j}2\pi\frac{nk}{N}} \tag{3.78}$$

公式（3.77）和公式（3.78）定义的 $Y_l(m, n)$和 $Y_{in}(m, n)$分别是第 l 个路径分量和涉及 $Y(m,n)$ 分量的干扰和噪声。在我们讨论同步算法的下一步之前（如图 3.28 所示的各个块中），先了解 $Y(m,n)$ 的一些统计特性。

在 LUISA 的情况下，文献[216]中考虑两种前导码形状。如前所述，S&C 前导码由伪随机 $d_n^{(0)}$ 符号生成，从一组 $\boldsymbol{I}_{\text{DC}}$ 中调制偶数索引的 SC（SC 索引为由零调制的奇数）。为了保持传输信号恒定的功率，将 $m=-N_{\text{CP}},\cdots,N-1$ 的前导码中的向量 $\boldsymbol{x}_m^0$ 乘以 $\sqrt{2}$。此外，在文献[216]中考虑另一个前导码形状，在此被称为简单前导码。它是通过伪随机独立符号对所有 α SC（$\boldsymbol{I}_{\text{DC}}$ 中的所有索引）进行调制而生成的。

根据中心极限定理（CLT），样本 $\tilde{s}(m)$可以被视为具有零均值和方差 σ_s^2 的复杂随机高斯变量，且 α 足够大时，可以认为其是相互独立的（$1\ll\alpha<N$）。如文献[231]所述（除了 CP 的可重复性或 S&C 前导性之外，在后面的计算中将考虑到这一点）。假设选择伪随机

前导符号来降低峰均比（如 LTE 中的 Zadoff-Chu 序列），降低峰均比的方法不会改变信号概率分布[232]。这些假设允许忽略前导码采样之间的相关性。对前导码特征进行更准确的建模会增加算法的复杂度，同步质量的提升将会很小。

噪声 $w(m)$ 被建模为均值为零、方差为 σ_{w}^2 的高斯复数随机变量。对于 LUISA 来说，在 NC-OFDM 系统中观察到的干扰是通过两种方式建模的：一种是随机平稳的复杂高斯过程的零均值和方差 σ_{i}^2，这里称为 NL 干扰模型，另一个为

$$i(m+k)=\frac{1}{\sqrt{N}}\sum_{n=-N/2}^{N/2-1}g_n(m)\mathrm{e}^{\mathrm{j}2\pi\frac{nk}{N}} \tag{3.79}$$

其中，$g_n(m)$是第 m 个时刻在第 n 个 SC 处的干扰的频率表示，并且 $k\in\{0,\cdots,N-1\}$。重要的是，公式（3.79）的这种表示适用于任何干扰信号，是否与 NC-OFDM SC 正交（在 N 个采样期间的经典正交性意义上）并不确定。例如，载波频率的 NBI 与任何 NC-OFDM FFT 频率不一致（因此，与 NC-OFDM 信号不正交），具有大量非零系数 $g_n(m)$，其中，$n\in\{-N/2,\cdots,N/2-1\}$。这个由公式（3.79）定义的第二种干扰模型在本节其他部分称为 GIB 干扰模型。根据 Parseval 定理：$\sum_{n=-N/2}^{N/2-1}|g_n(m)|^2=N\sigma_{\mathrm{i}}^2$。此外，LU 产生的干扰通常具有位于 NC-OFDM 频谱陷波中的大部分能量，即在 NC-OFDM 未使用的频带中［在公式（3.79）中，$g_n(m)\approx O(n\in\boldsymbol{I}_{\mathrm{DC}})$］。如文献[233]所述，$g_n(m)$可以模拟为零均值的随机复高斯变量，与任何其他频率的干扰不相关（n 不同），尽管各种 n 的干扰方差可以相关。

如前所述，每个 m 的 $r(m)$ 采样可以看作是一个近似独立的复杂随机变量。基于 CLT，$Y(m,n)$ 概率分布可以被建模为复高斯，因为它是 N 个加权随机变量的和。所提出的度量在时间上添加 N 个连续样本，这使期望在时间上接近集合期望。期望值$\mathbb{E}[Y(m,n)]$可以计算如下。

$$\begin{aligned}\mathbb{E}[Y(m,n)]=\mathrm{e}^{\mathrm{j}2\pi\frac{mv}{N}}\sum_{l=0}^{L-1}h(l)\sum_{k=0}^{N-1}\mathbb{E}[\tilde{s}(m+k-l)s_k^{(0)*}]\mathrm{e}^{\mathrm{j}2\pi\frac{k(v-n)}{N}}+\\ \sum_{k=0}^{N-1}(\mathbb{E}[i(m+k)s_k^{(0)*}]+\mathbb{E}[w(m+k)s_k^{(0)*}])\mathrm{e}^{-\mathrm{j}2\pi\frac{nk}{N}}\end{aligned} \tag{3.80}$$

文献[216]已经表明，利用所有上述假设，对于两种干扰模型［类噪声（NL）和广义带内（GIB）］：

$$\mathbb{E}[Y_{\mathrm{in}}(m,n)]=0 \tag{3.81}$$

公式（3.80）可以重写为

$$\mathbb{E}[Y(m,n)] = \sum_{l=0}^{L-1} h(l)\mathbb{E}[Y_l(m,n)] \quad (3.82)$$

其中，

$$\mathbb{E}[Y_l(m,n)] = \mathrm{e}^{\mathrm{j}2\pi\frac{mv}{N}} \sum_{k=0}^{N-1} \mathbb{E}[\tilde{s}(m+k-l)s_k^{(0)*}]\mathrm{e}^{\mathrm{j}2\pi\frac{k(v-n)}{N}} \quad (3.83)$$

注意，只有当 $\tilde{s}(m+k-l)$和 $s_k^{(0)*}$ 相关时，$\mathbb{E}[\tilde{s}(m+k-l)x_k^{(0)*}]$ 才是非零相关。图 3.29 给出了 $m-l$ 取不同值时的所有情况。

在图 3.29 中，假定前导码 $s^{(0)}$是 S&C 前导码。根据公式（3.75）处理接收信号（在图 3.29 的顶部），其中，应采用每个时刻 n 的 N 个采样的相关窗口。当相关滑动窗口随时间在接收信号样本上移动时（在图 3.29 的右边），在 $\tilde{s}(m+k-l)$和 $s_k^{(0)*}$ 高度相关时有几种情况。首先，只有在收到前导码的 CP 时才会发生这种情况，其被表示为情况 A。在 $N/2$ 个采样间隔之后，RP 的后半部分与相关滑动窗口内接收到的前导码的第一部分对齐，另外，所接收的前导码 CP 的 N_{CP} 个采样与 RP 的第一部分的末尾对齐，这导致所接收的前导码与其参考版本之间的高度相关性，这种情况被表示为情况 B。

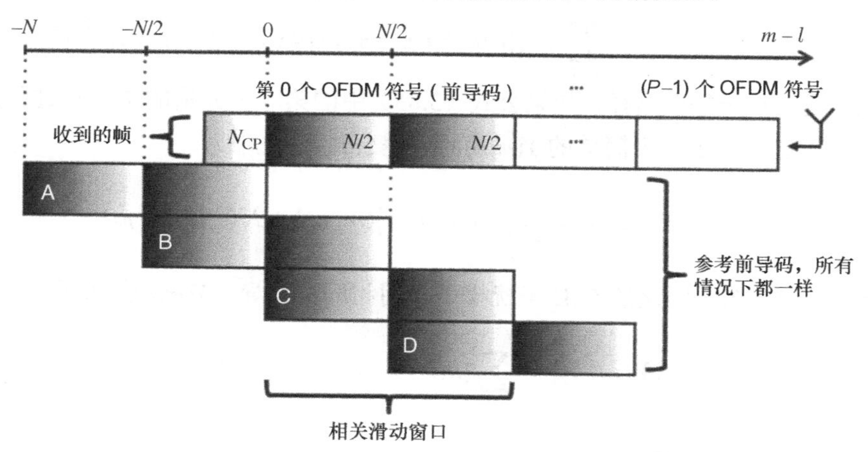

图 3.29　前导码由两个重复的 $N/2$ 个采样序列组成的非零相关情况，如 S&C 算法中一样［灰色阴影代表相同的前导码样本（最初传送或在接收机端的 RP 中）］

情况 C 反映了当 RP 的所有 N 个样本与接收的前导码样本对齐时的时间和相关窗口的位置。在情况 D 中，当接收到的前导码的第二部分与 RP 的上半部分对齐时，在 $N/2$ 个采样上获得最后的相关峰值。在简单的前导码情况下，只有情况 A 和情况 C 使

$\mathbb{E}[\tilde{s}(n+m-l)s_m^{(0)*}] \neq 0$。简单的前导码中前后两个部分一定是不同的，所以接收的前导码的前半部分与 RP 的后半部分之间的相关性确实具有一个超值（情况 B 和情况 D）。

$\mathbb{E}[Y_l(m,n)]$ 的推导对于简单序列和 S&C 前导码都比较复杂。对于所讨论的情况，在文献[216]中给出了这些期望值$\mathbb{E}[Y_l(m,n)]$。

$Y(m，n)$ 的方差定义为

$$\mathbb{V}[Y(m,n)] = \mathbb{E}[Y(m,n)Y(m,n)^*] - \mathbb{E}[Y(m,n)]\mathbb{E}[Y(m,n)^*] \tag{3.84}$$

第二项是公式（3.82）中定义的期望的平方绝对值，因此，我们主要关注第一项的计算。

噪声分量与 RP 不相关，所以$\mathbb{E}[w(m+k_1)w(m+k_2)^* s_{k_1}^{(0)*} s_{k_2}^{(0)}] = \mathbb{E}[w(m+k_1]w(m+k_2)^*]$ $\mathbb{E}[s_{k_1}^{(0)*} s_{k_2}^{(0)}]$。而且噪声分量仅在 $k_1 = k_2$ 时彼此相关。考虑 NL 干扰时也是如此，假设 NL 干扰模型和噪声与 RP 没有相关性，并且根据文献[216]的推导，可以找到该部分的公式：

$$\begin{aligned} &\mathbb{E}\left[Y(m,n)Y(m,n)^*\right] = \\ &\sum_{l=0}^{L-1} |h(l)|^2 \sum_{k_1=0}^{N-1}\sum_{k_2=0}^{N-1} \mathbb{E}\left[\tilde{s}(m+k_1-l)s_{k_1}^{(0)*}\tilde{s}(m+k_2-l)^* s_{k_2}^{(0)}\right]\cdot \\ &\mathrm{e}^{\mathrm{j}2\pi(k_1-k_2)\frac{v-n}{N}} + \sum_{k=0}^{N-1}\left(\mathbb{E}[|i(m+k)|^2] + \mathbb{E}[|w(m+k)|^2]\right)\mathbb{E}[|s_k^{(0)}|^2] \end{aligned} \tag{3.85}$$

应该注意的是，对于每个路径，如果公式（3.85）中的第一个分量的总和超过预期，则可以独立执行，这就有了一个简单的 $Y(m,n)$的方差公式。

$$\mathbb{V}[Y(m,n)] = \sum_{l=0}^{L-1} |h(l)|^2 \mathbb{V}[Y_l(m,n)] + N(\sigma_{\mathrm{w}}^2 + \sigma_{\mathrm{i}}^2)\sigma_{\mathrm{s}}^2 \tag{3.86}$$

假定公式（3.79）定义的 GIB 干扰模型使用相同的推导，$Y(m,n)$的方差为

$$\begin{aligned} &\mathbb{V}[Y(m,n)] = \sum_{l=0}^{L-1} |h(l)|^2 \mathbb{V}[Y_l(m,n)] + N\sigma_{\mathrm{w}}^2\sigma_{\mathrm{s}}^2 + \\ &\sum_{n_1=0}^{N-1} \mathbb{E}[|g_{n_1}(m)|^2]\mathbb{E}[|d^{(0)}_{\widetilde{(n_1-n)}}|^2] \end{aligned} \tag{3.87}$$

其中，$x_{(\tilde{n})}$ 表示 $\boldsymbol{x}$ 中元素的循环索引。我们把公式（3.87）中与干扰有关的成分表示为

$$V_{\mathrm{i}}(m,n) = \sum_{n_1=0}^{N-1} \mathbb{E}[|g_{n_1}(m)|^2]\mathbb{E}[|d^{(0)}_{\widetilde{(n_1-n)}}|^2] \tag{3.88}$$

针对不同于 NC-OFDM 频谱的其他频段发生的干扰（典型场景），对于 $n \approx 0$, $V_{\mathrm{i}}(m, n)$ 很小或在两个信号正交的情况下等于 0。然而，如果有用信号和干扰信号在频率上重叠，则 $V_{\mathrm{i}}(\mathrm{m}, \mathrm{n})$可以更高，它可以达到 $N^2\sigma_{\mathrm{i}}^2\sigma_{\mathrm{s}}^2$ 的最大值（关于干扰和 NC-OFDM 信号的理论情况是复杂的正弦曲线）[216]。因此，公式（3.86）反映了最坏的情况（最高值），并在后面的 LUISA 阶段用于 $\mathbb{V}[Y_l(m,n)]$。表达式 $\mathbb{V}[Y_l(m,n)]$ 也很复杂，因此，我们忽略它们，感兴趣的读者可以参考文献[216]。

1．粗略时间偏移和整数 CFO 估计

根据定义的同步变量 $Y(m, n)$，可以直接实现粗略时间和频率同步。

必须在两个维度上研究峰值 $Y(m,n)$功率：频率和时间。最简单的决策方法是寻找 $m=m_{\mathrm{Y}}$ 和 $n=n_{\mathrm{Y}}$ 的时间和频率指数来使 $Y(m,n)$的绝对平方值最大。

$$[m_{\mathrm{Y}}, n_{\mathrm{Y}}] = \arg\max_{m,n} |Y(m,n)|^2 \tag{3.89}$$

在无噪声、无干扰和多路径效应的理想情况下，可以观察到对于 $n=0$，$|Y(m, n)|^2$ 在 m 上的示例图［如图 3.30（a）所示］。当获得 $Y(m,n)$的非期望值时，$|Y(m, n)|^2$ 有 4 个反映 4 种情况的峰值，如图 3.30 所示。

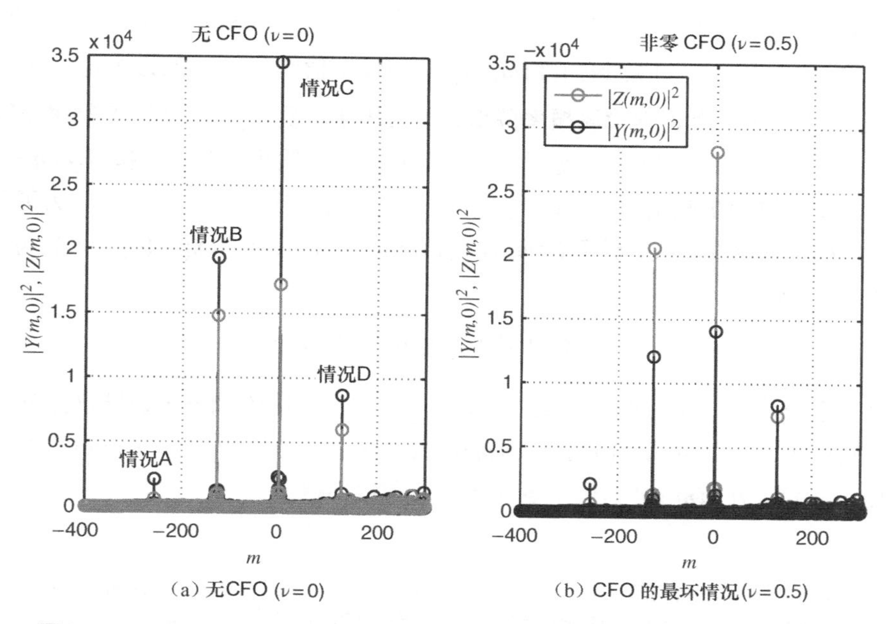

（a）无CFO（$\nu=0$）　　（b）CFO 的最坏情况（$\nu=0.5$）

图 3.30　$n=0$、S&C 前导码、$N=256$、$N_{\mathrm{CP}}=N/4$ 的$|Y(m, n)|^2$ 和$|Z(m, n)|^2$［无干扰、无噪声、无多路径（$L=1$）、无 CFO（$\nu=0$）］

根据文献[216]给出的随机复高斯变量 $Y_l(m,n)$的统计特性，最有可能的是最强的路径，即 $m_Y = l_{max} = \arg\max_l |h_l|^2$，可以在公式（3.89）中找到，因为对于 m_Y, $Y(m_Y, n_Y)$的期望值的幅度应该是最高的[1]。

这个最高峰最有可能是案例 C 的相关峰值，因为它在其他情况下具有最高的期望值。这个期望值在 $\sigma_w^2 = 0$、$\sigma_i^2 = 0$ 和 $m_Y = l_{max}$ 时为

$$\mathbb{E}[|Y(m_Y, n_Y)|^2] \approx |h_{l_{max}}|^2 \sigma_s^4 \left(\frac{\sin(\pi(\nu - n_Y))}{\sin(\pi(\nu - n_Y)/N)} \right)^2 \tag{3.90}$$

注意 $\mathbb{E}[|Y(m_Y,n_Y)|^2] = \mathbb{V}[Y(m_Y,n_Y)] + |\mathbb{E}[Y(m_Y,n_Y)]|^2$，但是因为 $|\mathbb{E}[Y(m_Y,n_Y)]|^2$ 比 $\mathbb{V}[Y(m_Y,n_Y)]$ 近似高 N 倍，所以引用下列近似值：$\mathbb{E}[|Y(m_Y,n_Y)|^2] \approx |\mathbb{E}[Y(m_Y,n_Y)]|^2$。

在公式（3.89）中寻找 $m_Y = l_{max}$ 时的最佳 n_Y，$n = -N/2, \cdots, N/2 - 1$。我们注意到，存在一个 FFT 输出，其中 CFO 估计的误差小于或等于 SC 间距的一半，即 $|\nu - n_Y| \leqslant 0.5$。这个 FFT 输出索引应该为 n_Y，因为它最大化公式（3.90）中的期望值。这是因为 $|\nu - n_Y| \ll N$，我们可以用 $\sin(\pi(\nu - n_Y/N) \approx \pi(\nu - n_Y)/N$ 近似公式（3.90）中的分母。那么当 $|\nu - n_Y| = 0$ 时，$\mathbb{E}[|Y(m_Y,n_Y)|^2]$ 达到其最大值 $|h_{l_{max}}|^2 \sigma_s^4 N^2$（例子如图 3.30（a）所示）。整个域的最小值，即对于 $\nu - n_Y \in \langle -0.5; 0.5 \rangle$，得到 $|\nu - n_Y| = 0.5$，等于 $|h_{l_{max}}|^2 \sigma_s^4 (N2/\pi)^2$（例子如图 3.30（b）所示）。注意到 $\mathbb{E}[|Y(m_Y,n_Y)|^2$ 的最小值约为 40%的最大值。这可能会导致 CFO 的时间和频率点正确检测概率降低，但与用于计算 $Y(m,n)$的 FFT 频率不匹配。为了在这种情况下提高检测概率，使用两个相邻的 FFT 输出：$Y(m,n)$和 $Y(m,n+1)$。对于 $\nu - n \approx 0.5$，$m = l$ 处的 FFT 输出，$n+1$（如情况 C）应该具有接近于 n 的绝对值。为了利用相邻 FFT 输出的相位依赖性，我们计算 $Z(m,n) = [Y(m,n) - Y(m,n+1)\exp \quad (-\mathrm{j}\pi/N)]/\sqrt{2}$，并优化该变量的平方模块，

$$[m_Z, n_Z] = \arg\max_{m,n} |Z(m,n)|^2 \tag{3.91}$$

注意与仅基于公式（3.89）的检测相比，基于 $Y(m,n)$值计算的 $Z(m,n)$会导致计算复杂度小幅增加。假设 $l_{max} = m$，并且 $Y(m,n)$和 $Y(m,n+1)$可能是不相关的[234]，$Z(m,n)$的平均值可以通过 $\mathbb{E}[Y_l(m,n)]$ 和 $\mathbb{V}[Y_l(m,n)]$ 的值得到（参见文献[216]）。

---

[1] 虽然第一阶段的同步是通过最大化（如在所有竞争算法中）来实现的，但 LUISA 需要一定的阈值，高于此阈值才能搜索最大值样本。该阈值排除了当观察到的时间采样范围 m 内没有发生 A/D 时的情况，它可以通过与路径检测部分中描述的相似的方式获得，但是错误检测的概率应该除以 2D 平面中的可能点的总数（而不是 $2N_{CP}$）。此外，应该检查完超过此阈值的样本后至少 N 个样本，以找到最高峰（情况 C）。

$$\mathbb{E}[Z(m,n)] = \frac{1}{\sqrt{2}}(\mathbb{E}[Y(m,n)]) - \mathbb{E}[Y(n,k+1)]\mathrm{e}^{-\mathrm{j}\frac{\pi}{N}}) = \frac{h_{l_{\max}}\sigma_s^2}{\sqrt{2}}\mathrm{e}^{\mathrm{j}2\pi\frac{l\nu}{N}+\mathrm{j}\pi(\nu-n)(1-\frac{1}{N})}\cdot\left(\frac{\sin(\pi(\nu-n))}{\sin(\pi\frac{\nu-n}{N})}-\frac{\sin(\pi(\nu-n))}{\sin(\pi\frac{\nu-n-1}{N})}\right) \tag{3.92}$$

类似地，对于简单前导码和 S&C 前导码的情况，$Z(m,n)$的方差可以计算出来，并且与简单前导码情况下的 $Y(m,n)$相同。假设$\mathbb{E}[|Z(m,n)|^2]\approx|\mathbb{E}[Z(m,n)]|^2$［如公式（3.90）所示］。

$$\mathbb{E}[|Z(m,n)|^2] \approx |\mathbb{E}[Z(m,n)]|^2 = \frac{1}{2}|h_{l_{\max}}|^2\sigma_s^4\left(\frac{\sin(\pi(\nu-n))}{\sin(\pi(\nu-n)/N)}-\frac{\sin(\pi(\nu-n))}{\sin(\pi(\nu-n-1)/N)}\right)^2 \tag{3.93}$$

因此，对于 $\nu-n\approx0.5$，公式（3.93）中两个方括号内的求和成分具有相同的相位，这增加了检测概率。对于 $\nu-k=0.5$，公式（3.93）中的决策变量可近似为$0.5|h_{l_{\max}}|^2\sigma_s^4(N4/\pi)^2$，它是$Y(m_Y,n_Y)$期望均方的最小值的两倍（在 $\nu-n=0.5$ 时获得）和最大值的 80%（在 $\nu-n=0$ 时获得）（这个决策度量的例子如图 3.30 所示）。因此，在高级检测的情况下，选择两个决策变量中的最大值

$$[m_M, n_M] = \arg\max_{(m_Y,n_Y),(m_Z,n_Z)}(|Y(m_Y,n_Y)|^2, |Z(m_Z,n_Z)|^2) \tag{3.94}$$

最重要的是，在前述的最大化问题中，只有两个值进行比较：公式（3.89）和公式（3.91）产生的$Y(m_Y,n_Y)|^2$和$Z(m_Z,n_Z)|^2$，它们分别是两个参数：(m_Y,n_Y)和(m_Z,n_Z)优化问题的解。变量$|Y(m_Y,n_Y)|^2$应该大于$|Z(m_Z,n_Z)|^2$，以使 CFO 更接近接收机 FFT 的频率，否则，$|Z(m_Z,n_Z)|^2$将更高。注意，如果公式（3.91）找到粗略的时间和频率同步点，即$|Z(m_Z,n_Z)|^2>|Y(m_Y,n_Y)|^2$，对于靠近归一化频率 m_Z 或 $n_Z+1\,(\nu\in(n_Z;n_Z+1))$ 的 ν 是否出现峰值是不明确的。在这种特殊情况下，执行 n_M 的以下修改。

$$n_M = \begin{cases} n_Z+1\ , & |Y(m_Z,n_Z+1)|^2 > |Y(m_Z,n_Z)|^2 \\ n_Z & ,其他 \end{cases} \tag{3.95}$$

在该描述的其他部分，$[m_M,n_M]$被用作粗略时间和整数 CFO 估计的结果。注意，如果接收机具有关于 CFO ν_M 的上限的信息，则该估计的计算复杂度可以降低，其中，$|\nu|<\nu_M$。它允许限制整数 CFO 搜索范围为$n=\{-\lceil\nu_M\rceil,\cdots,\lceil\nu_M\rceil\}$，其中，$\lceil\cdot\rceil$是上限函数。

2. **粗略分数 CFO 估算**

如前面所述，当检测到前导码时，$Y(m,n)$是一个具有非零期望值的高斯随机变量。平均值具有正弦形状（超过 n）。对于给定的 m，FFT 输出 $Y(m,n)$，因此，与 AWGN 中处理

未知频率的复数正弦波之后的输出信号相似[234]。文献[234]提出的复数正弦曲线频率的算法可以用来估计对应于 sinc 频率响应峰值的 v。在文献[234]中定义的 FFT 输出与当前情况下的 FFT 输出的区别是该输出信号的方差。在文献[234]中处理没有噪声的复数正弦曲线的情况下，FFT 输出端变量的方差为 0，这与我们描述的情况不同。然而，由于精细的 CFO 估算将在之后的 LUISA 中进行，因此，这种非零方差方法在粗 CFO 估算阶段不会有影响。整数 CFO 估计值 n_{M} 通过公式（3.96）粗略计算 CFO 估计值 $\widehat{v_{\mathrm{C}}}$。

$$\widehat{v_{\mathrm{C}}}=\frac{N}{\pi}\operatorname{atan}\left(\tan\left(\frac{\pi}{N}\right)\Re\left(\frac{Q_1(m_{\mathrm{M}},n_{\mathrm{M}})}{Q_2(m_{\mathrm{M}},n_{\mathrm{M}})}\right)\right) \tag{3.96}$$

其中，$\Re()$ 是一个复数参数的实部，

$$Q_1(m,n)=Y(m,n-1)-Y(m,n+1) \tag{3.97}$$

$$Q_2(m,n)=2Y(m,n)-Y(m,n-1)-Y(m,n+1) \tag{3.98}$$

$\tan(\cdot)$和 $\operatorname{atan}(\cdot)$分别是正切函数和反正切函数。在这个阶段之后，$v$ 的第一（粗略）估计值是 $\hat{v}_0=\hat{v}_{\mathrm{C}}+n_{\mathrm{M}}$，即 $\hat{v}_0\approx v$。$\hat{v}_0$ 的较低索引 0 表示 CFO 估计的第 0 次迭代，即初始估计。

3. **路径检测**

假设在前面的 LUISA 步骤中，已经找到最大功率信道路径 $(m_{\mathrm{M}}=l_{\max})$ 的开始，并且 CFO 估计接近其实际值 v，则接收信号可以是频率校正的，即可以计算 $n=\hat{v}_0$ 时 $Y(m,n)$的值。像 OFDM 一样，假定所有信道路径分量分布在最大 N_{CP} 个采样间隔内。因此，我们计算：

$$Y(m,\widehat{v}_0)=\sum_{k=0}^{N-1}r(m+k)s_k^{(0)*}\mathrm{e}^{-\mathrm{j}2\pi\frac{k\widehat{v}_0}{N}} \tag{3.99}$$

其中，$m\in\{m_{\mathrm{M}}-N_{\mathrm{CP}},\cdots,m_{\mathrm{M}}-1,m_{\mathrm{M}}+1,m_{\mathrm{M}}+N_{\mathrm{CP}}\}$。CFO 校正最大化由信道路径分量引起的$|Y(m,\hat{v}_0)|^2$ 的峰值，现在可以更容易区分噪声和干扰。这一步骤的目的是寻找第一条路径和所有其他可以在以后用于精准修正 CFO 的路径。在粗略估计 CFO 之后，检测到的路径索引集合 D 由最强检测路径组成：$D=\{m_{\mathrm{M}}\}$。在 LUISA 路径检测阶段，第 m 个接收信号样本表示一个路径分量并添加到集合 D，如果

$$|Y(m,\widehat{v}_0)|^2>-\sigma_{\mathrm{thr}}^2(m)\ln\left(P_{\mathrm{FD}}/(2N_{\mathrm{CP}})\right) \tag{3.100}$$

其中，P_{FD} 是在 $2N_{\mathrm{CD}}$ 样本的范围内错误检测的概率［注意 $P_{\mathrm{FD}}/(2N_{\mathrm{CP}})$近似于文献[228]中单个采样时刻的错误检测概率］。此外，公式（3.100）中的 $\sigma_{\mathrm{thr}}^2(m)$ 是估计的输入信号方差。如果$|Y(m,\hat{v}_0)|^2$ 超过了阈值，即使 m 不代表路径接收时刻，也会发生错误检测，也

就是说，噪声或干扰被检测为信道路径。应该注意的是，提供上述阈值是为了降低与任何信道路径（$m \neq l$）不对齐的 $Y(m,n)$将被检测为信道路径的概率。假设采样时间 m 不与任何路径接收时刻对齐，则 $\mathbb{E}[Y(m,\hat{v}_0)]=0$。此外，$Y(m,n)$具有复杂的正态分布，如前面在讨论其统计属性时所述。因此，它的平方实部和虚部的归一化的和与 $2|Y(m,\hat{v}_0)|^2/\sigma_{\text{thr}}^2(m)$ 相等，是具有 2 自由度的卡方分布。这允许使用卡方累积分布函数来提供公式（3.100）中给出的阈值。为了将 $Y(m,\hat{v}_0)$ 的实部和虚部的方差归一化为 1，需要因子 $2/\sigma_{\text{thr}}^2(m)$。此外 $\sigma_{\text{thr}}^2(m)$ 可以估计为

$$\sigma_{\text{thr}}^2(m)=\sigma_{\text{s}}^2\sum_{k=0}^{N-1}|r(m+k)|^2 \tag{3.101}$$

计算 $\sigma_{\text{thr}}^2(m)$ 的复杂度可以通过从 $\sigma_{\text{thr}}^2(m)$ 中减去 $\sigma_{\text{thr}}^2(m-1)$［均使用公式（3.101）］来获得，这产生了递归关系。

$$\sigma_{\text{thr}}^2(m)=\sigma_{\text{thr}}^2(m-1)+\sigma_{\text{s}}^2(|r(m+N-1)|^2-|r(m-1)|^2) \tag{3.102}$$

公式（3.101）的平均值可以通过代入公式（3.74）中的 $r(m+k)$的扩展来计算，得到

$$\begin{aligned}\mathbb{E}[\sigma_{\text{thr}}^2(m)]=\sigma_{\text{s}}^2\sum_{k=0}^{N-1}\Bigg(&\mathbb{E}[i(m+k)i(m+k)^*]+\mathbb{E}[w(m+k)w(m+k)^*]+\\ &\sum_{l_1=0}^{L-1}\sum_{l_2=0}^{L-1}h(l_1)h(l_2)^*\mathbb{E}[\tilde{s}(m+k-l_1)\tilde{s}(m+k-l_2)^*]\Bigg)\\ =\sigma_{\text{s}}^2(\sigma_{\text{i}}^2+\sigma_{\text{w}}^2)N+&\sum_{l=0}^{L-1}|h(l)|^2\sigma_{\text{s}}^4\min(\max(0,N+N_{\text{CP}}+m-l),N)\end{aligned} \tag{3.103}$$

当考虑 NL 干扰模型时，其与 $\mathbb{V}[Y(m,n)]$相同，并且没有找到信道路径。有趣的是，对于 S&C 前导码，且当 $m=l$ 或 $m-l=-N/2$（情况 C 和情况 B）时，由公式（3.101）估计的方差低于根据公式（3.86）计算的实际值。但是，根据 LUISA 的前一步，m_{M} 应该反应情况 C 中最强的路径，所以对于情况 B，通过公式（3.101）估计 $\sigma_{\text{thr}}^2(m)$ 是不可能的。在情况 C 中，高于所估计的实际方差提高了正确路径检测的概率。

如果搜索区域中的所有样本超过公式（3.100）中的阈值，则集合 D 将由 $2N_{\text{CP}}+1$ 个元素组成，而最大时延扩展可以是 N_{CP} 个样本（CP 通常覆盖信道延迟扩展给定的 OFDM 系统）。因此，建议将来自集合 D 的估计信道路径索引按信道路径功率降序排列，并且仅选择最强的路径分量，这些分量是通过 N_{CP} 个样本检测到的。

在这个阶段，可以对第一个信道路径定时 m_{M} 进行最终估计。它是最早到达的通道路径组件，即最低索引

$$\dot{m}_{\mathrm{M}} = \min D \tag{3.104}$$

4. **精确分数CFO估算**

前一阶段提供了有关集合 D 中所有检测到的信号路径分量的信息。因此，将它们全部用于估算精确CFO是合理的。根据文献[216]，在情况C中，对于各种 $m \in D$ 的 $Y(m,\hat{v}_0)$ 的期望值相差 $h(m)\mathrm{e}^{\mathrm{j}2\pi\frac{v}{N}m}$。因此，来自文献[234]的方法可以修改为相干地使用所有路径分量。前一阶段的CFO的估计值为 $\hat{v}_0 = n_{\mathrm{M}} + \widehat{v_{\mathrm{C}}}$。在文献[216]中，建议更新CFO估计值 $\hat{v}_0$ 如下。

$$\Delta\hat{v}_0 = \frac{N}{\pi}\mathrm{atan}\left(\tan\left(\frac{\pi}{N}\right)\Re\left(\frac{\sum_{m\in \mathbf{D}}\{Q_1(m,\hat{v}_0)Y^*(m,\hat{v}_0)\}}{\sum_{m\in \mathbf{D}}\{Q_2(m,\hat{v}_0)Y^*(m,\hat{v}_0)\}}\right)\right) \tag{3.105}$$

请注意，为了将公式（3.105）中的分母和分母中的所有分量相干，并根据最大比合并规则相加，每个分量乘以 $Y^*(m,\hat{v}_0)$。这么做的原因是根据文献[216]，所有 $Y^*(m,\hat{v}_0)$ 受到相同的CFO影响，而信道冲激响应 $h(m)$ 对于公式（3.105）中的每个分量都不相同。由于与复共轭相乘，所有路径分量都加上与其功率成比例的加权因子。注意，对于索引 $m \in D$ 的路径分量，必须计算3个同步变量值以获得 $Q_1(m,\hat{v}_0)$ 和 $Q_2(m,\hat{v}_0)$。这些值是 $Y(m,\hat{v}_0)$、$Y(m,\hat{v}_0+1)$ 和 $Y(m,\hat{v}_0-1)$。公式（3.105）的正确性可以通过计算情况C的期望值的公式（3.105）中的一阶近似得到，如文献[216]所述。

$$\begin{aligned}&\mathbb{E}[\Delta\hat{v}_0] \approx \\ &\frac{N}{\pi}\mathrm{atan}\left(\tan\left(\frac{\pi}{N}\right)\Re\left(\frac{\sum_{m\in D}|h(m)|^2}{\sum_{m\in D}|h(m)|^2}\cot\left(\frac{\pi}{N}\right)\ \tan\left(\frac{\pi(v-\hat{v}_0)}{N}\right)\right)\right) \\ &= v - \hat{v}_0\end{aligned} \tag{3.106}$$

其中，$\cot(\cdot)$ 是余切函数。因此，更新的频率估计值为

$$\hat{v}_1 = \hat{v}_0 + \Delta\hat{v}_0 \tag{3.107}$$

基于 $\hat{v}_{\gamma-1}$ 和 $\Delta\hat{v}_{\gamma-1}$，通过对 $\hat{v}_\gamma$ 的第 γ 次迭代计算公式（3.105）和公式（3.107）可以进一步改善该估计。文献[234]中所述的基本估计量的MSE给出了这种方法的基本原理。$\hat{v}_\gamma$ 和 v 之间的差异越大，MSE越高。

在我们的例子中，频率估计的MSE受有用NC-OFDM信号的非零方差限制。然而，在S&C前导码的情况下，根据公式（3.105）所提出的计算CFO更新的方法依据以下事实：在时间样本上，Y_1（m，n）的方差与信道路径分量 l 和CFO的一个SC间隔所抵消的频率距离对齐，并且等于零。随着 γ 增大，$\hat{v}_\gamma$ 接近 v，$Q_1(m,\hat{v}_{\gamma-1})$ 的方差减小，提高了CFO估计质量，特别是在高SNR和SIR时。在这种情况下，AWGN信道中这个估计量

的方差与文献[234]相同。

$$\mathbb{V}[\nu - \hat{\nu}_\gamma] = \frac{1}{4N \cdot SNR} \tag{3.108}$$

它比 $\frac{6}{4\pi^2 N \cdot SNR}$ 的克拉美-罗下界高 1.6 倍[234]。

3.5.3 绩效评估

我们针对常用的 S&C 算法[148]以及 Abdzadeh Ziabari 和 Shayesteh[229]提出的算法来评估 LUISA 的结果，该算法不使用自相关来进行部分 CFO 估计，而是使用文献[230]中的方法。在所考虑的 NC-OFDM 系统中，应用 N=256 阶 IFFT/FFT 并且应用 $N_{CP}=N/16$ 个采样的 CP。只有向量 $\boldsymbol{I}_{DC}$ 中的索引 SC 被数据符号调制。由于在该范围内观察到 LU 信号频谱，所以不使用其他 SC。让我们考虑 3 种系统场景。

（1）静态频谱分配（SSA）场景，当每个帧（CR 和 LU 的 PSD 都保持不变）的矢量 $\boldsymbol{I}_{DC}$ 固定时，不应用 GS（因为无干扰或静态 LU 的 PSD 允许适当的 NC-OFDM 频谱整形技术被实际应用）。

（2）GS 在 SSA 场景中的应用。

（3）动态频谱接入（DSA）场景，当 LU 保护所需的 NC-OFDM 频谱中的间隙对于每个发射帧具有随机的、动态变化的频率位置，且 GS 额外应用于该保护时。

LU 生成的干扰以两种方式进行模拟：作为在 NC-OFDM 频谱陷波中观察到的复数正弦曲线（如参考文献[219]）；作为通过随机 QPSK 调制的类 OFDM 的干扰信号符号。

占用 NC-OFDM 信号没有使用的频带，并且使用不与 NC-OFDM SC 正交的 SC。注意，两个模拟干扰信号都可以使用 GIB 干扰模型进行建模。此外，第一个可以被认为是严格的 NBI，而后者更接近 WBI。图 3.31 给出了 NC-OFDM 信号和功率相等（SIR=0 dB）的干扰的示例 PSD 图。SNR 或 SIR 定义为整个 NC-OFDM 接收机频带（包括 LU 保护所需频谱间隙内的频率）上的平均 NC-OFDM 信号功率与平均噪声或干扰功率的比值。

Ziabari 和 S&C 方法都使用 S&C 前导码。用 S&C 和简单前导码对 LUISA 进行测试。前导码和数据符号在每次模拟运行时都使用随机符号的 QPSK 映射。如前所述，S&C 前导码具有与简单前导码相同的能量。对于每种情况，已经测试了 10^5 个独立的 NC-OFDM 帧，每个帧由 11 个 NC-OFDM 符号组成，前面有两个空 OFDM 符号（帧间周期）。对于

LUISA 和 Ziabari 算法，仅将第一个（前导码）符号用于同步目的，而 S&C 方法也将第二个符号用于整数 CFO 估计。对于每个 NC-OFDM 帧，根据扩展车辆 A 模型[198]以及均匀分布在（–3; 3）上的随机 CFO 生成 9 径瑞利衰落信道特征的随机实例，归一化到 SC 间隔 15 kHz（如在 LTE 中）。

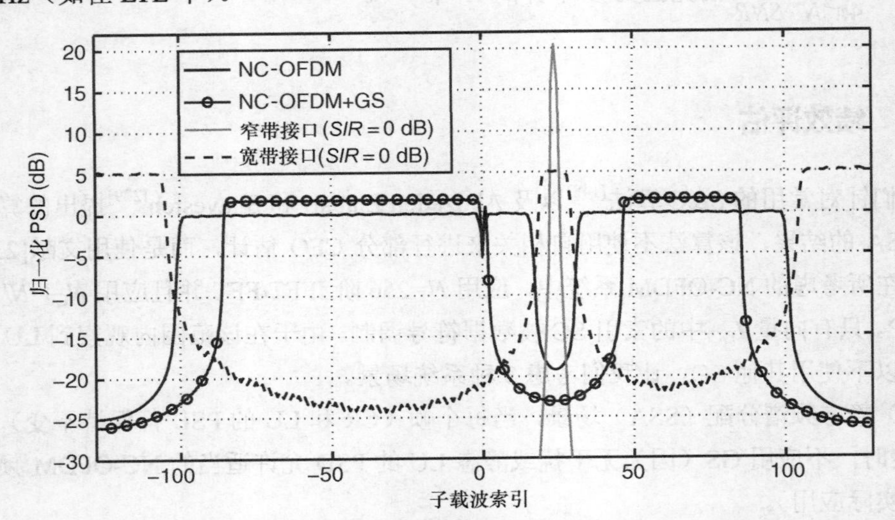

图 3.31 NC-OFDM 信号（有/无 GS）的功率谱密度，中心频率为 24 时的带内 NBI 以及占用 NC-OFDM 信号未使用的带内 OFDM 类似的 WBI（*SIR* = 0 dB，无 CFO）

对于所考虑的 S&C 算法，前导码的起始位置位于两点之间的中点，达到时间度量最大值的 90%，如文献[148]中所述，而整数 CFO 是在{ –20,⋯, 20}。Ziabari 方法使用由 4N 值组成的相关类型。它扫描一组可能的整数 CFO 值（N），而其阈值计算为错误检测概率等于 10^{-5}。在该方法的最后阶段，用于第一信道路径检测的窗口的持续时间是 5 个样本。在 LUISA 中，公式（3.100）中的错误检测概率 PFD 也被设置为 10^{-5}，并且使用公式（3.105）和公式（3.107）的精确 CFO 估计的迭代次数等于 2。

1. SSA 场景，无 GS 的仿真结果

在这种情况下，$I_{\text{DC}} = \{-100,\cdots,-1,1,\cdots,16,32,\cdots,100\}$。在第一轮模拟中，考虑了 AWGN、CFO 和信道衰落的存在并且无干扰。由于 LU 传输不存在，因此，不需要 GS。图 3.32 中描述了帧同步错误的估计概率。如果时间误差低于 N_{CP} 个样本 ($m_{\text{M}} \in \{-N_{\text{CP}} + 1,\cdots,N_{\text{CP}}-1\}$)，并且错误频率小于 SC 间距的一半 ($|\hat{\nu}_2 - \nu| < 0.5$)，则认为大致符合帧同步。注意，在所有配置中，LUISA 均优于其他两种参考算法。使用 S&C 前导码相对于简单前导码的 LUISA 的性能恶化是由方差增加造成的 $\mathbb{V}[Y(m,n)]$。而且，当用公式（3.94）而

不是公式（3.89）检测帧起始时间时，LUISA 可以实现大约 1.5 dB SNR 增益的改善，这比非整数 CFO 更加稳健。

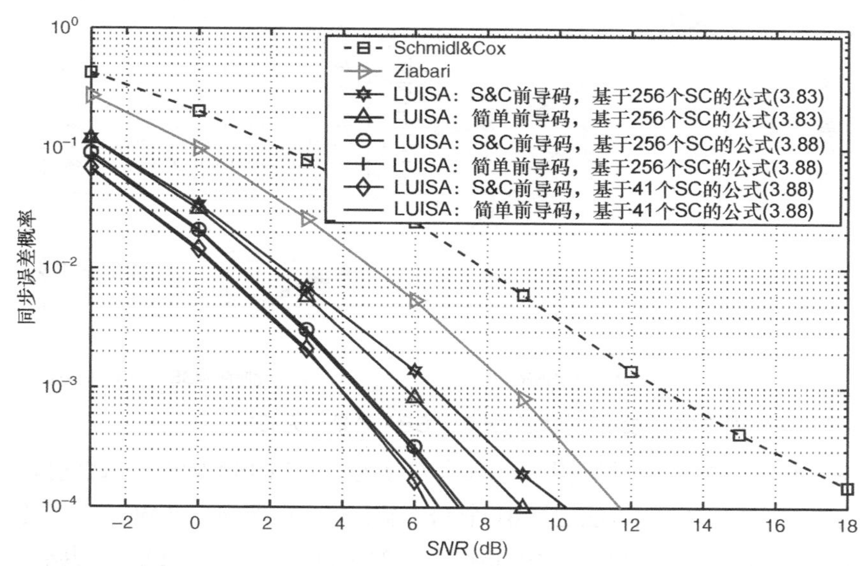

图 3.32 LUISA 配置的帧同步误差估计概率：前导码类型，粗时频点检测方法［公式（3.89）或公式（3.94）］，整数 CFO 搜索的范围（SC 中的数量）；SSA 场景，没有 GS，没有干扰（基于文献[216]）

在文献[216]中，给出了所有模拟帧的时间和频率 MSE。有趣的是，Ziabari 算法虽然同步误差的概率较低，但其时间和频率 MSE 均高于 S&C 算法。这是因为通常 S&C 算法中的错误同步帧的误差在时间和频率上小于 Ziabari 算法的，这是由于 Ziabari 算法整数 CFO 估计的范围更广。因此，仅为同步帧分析 MSE 是合理的。从图 3.33 中可以看出，当 MSE 达到 10^4 时，基于简单前导码的 LUISA 的频率低于 Ziabari 算法的频率，其达到 10^{-4} 以上的 MSE。如前所述，这是 $Y_l(m,n)$ 的非零方差造成的。所有使用 S&C 前导码的 LUISA 都可以获得相似的频率 MSE，比 S&C 算法需要大约高 1 dB 的 SNR。这是因为 LUISA 在路径检测阶段可能无法找到用于 CFO 估算的低功耗路径。在 S&C 算法中，所有路径都固有地包含在自相关结果中。S&C 算法的理论 MSE 低于 LUISA［公式（3.108）］。

图 3.33（b）显示了时间 MSE。对于所有 LUISA 配置，性能是相似的，并且，该 MSE 低于一个平方样本。Ziabari 算法获得更高的定时 MSE，而 S&C 算法获得的定时 MSE 低于 10^2。然而，S&C 算法的 MSE 可能并不意味着同步性能下降，因为该算法可以在 CP 中间选择帧的开始，并且在路径延迟扩展相对较小的情况下，其性能是可接受的。

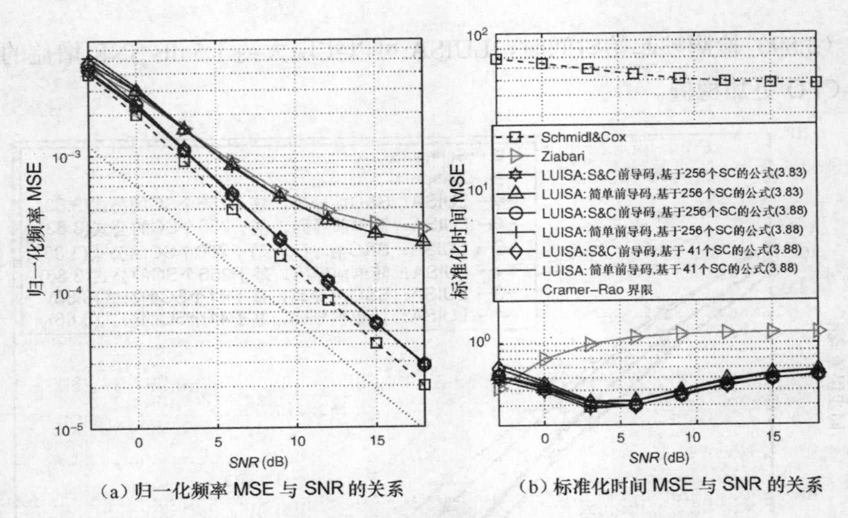

(a) 归一化频率 MSE 与 SNR 的关系　　(b) 标准化时间 MSE 与 SNR 的关系

图 3.33　成功同步帧的频率（SSA 场景，无 GS，无干扰）

对于接下来的仿真运行，将使用展示其大部分优点的 LUISA 配置。S&C 前导码已应用，并且使用公式（3.94）的检测方法运行 41 个 FFT 输出。如前所述，对 WBI 干扰进行了模拟。NC-OFDM 频谱陷波中的 NBI 归一化中心频率为 24（如图 3.31 中的 PSD）。尽管存在 LU 传输，但 GS 不适用。假定在静态情况下，NC-OFDM 频谱整形方法实际上可以并入。

图 3.34 显示了帧检测错误率，可以观察到，对于强 NBI（低 SIR）的情况，S&C 算法不可行，几乎丢失了 100%的已传输的前导码。有趣的是，对于 NBI 来说，当 *SNR* 增加时，干扰与噪声功率之比增加，并且发生错误同步。这意味着当存在高功率 LU 产生窄带干扰的情况时，S&C 同步不适用于 CR NC-OFDM 接收机。

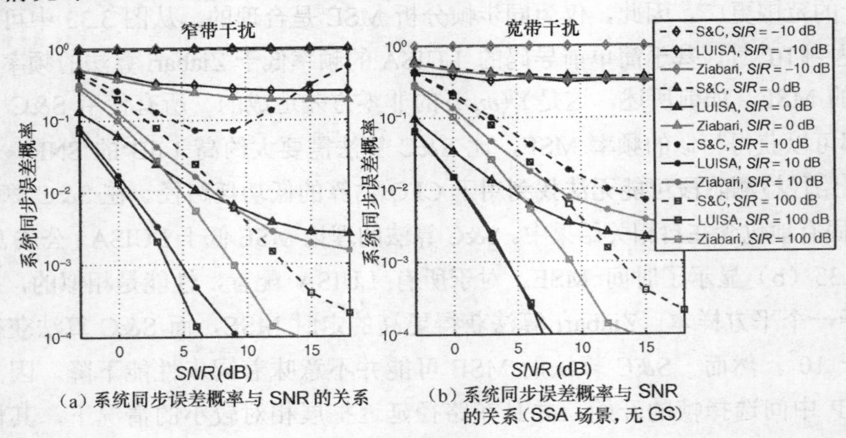

(a) 系统同步误差概率与 SNR 的关系　　(b) 系统同步误差概率与 SNR 的关系(SSA 场景，无 GS)

图 3.34　帧检测错误率

Ziabari 算法不是基于自相关的，因此，它不容易出现这种错误的同步。更重要的是，在 WBI 的情况下，Ziabari 算法只比 S&C 算法略好。但是，LUISA 可以更有效地在两种环境中工作。例如，对于 *SNR*=15 dB 和 *SIR*=0 dB 的 NBI，Ziabari 算法丢失了大约 80%的 NC-OFDM 帧，而 LUISA 帧同步错误的概率仅为 0.3%，这会导致约 70 倍错误同步帧。在所考虑的情况下，LUISA 在 WBI 下的性能更好；也就是说，与 Ziabari 方法相比，它提供了约 200 倍的正确同步帧。这主要是第一个检测阶段的影响，它显著地抑制了在 NC-OFDM 系统未使用的频率中产生的干扰，并考虑了文献[216]中得出的幅度和相位关系，这对于高 CFO 值是稳健的。

2. GS 的 SSA 场景

前面已经证明，对于相对较低的 n 值，$Y(m,n)$的方差越小，干扰与 NC-OFDM 频谱之间的频率相差越多。因此，另一个测试情况被定义为假定在占用频带的每一边有 15 GS 的保护频带，即 $\boldsymbol{I}_{\text{DC}}=\{-85,\cdots,1,1,47,\cdots,85\}$。GS 是减少 LU 和次级 NC-OFDM 接收机有效干扰功率的简单解决方案。存在 NBI 和 WBI 时，NC-OFDM 系统同步误差率如图 3.35 所示，有趣的是，与前面的场景相比，S&C 和 Ziabari 算法的同步合成概率略有增加。

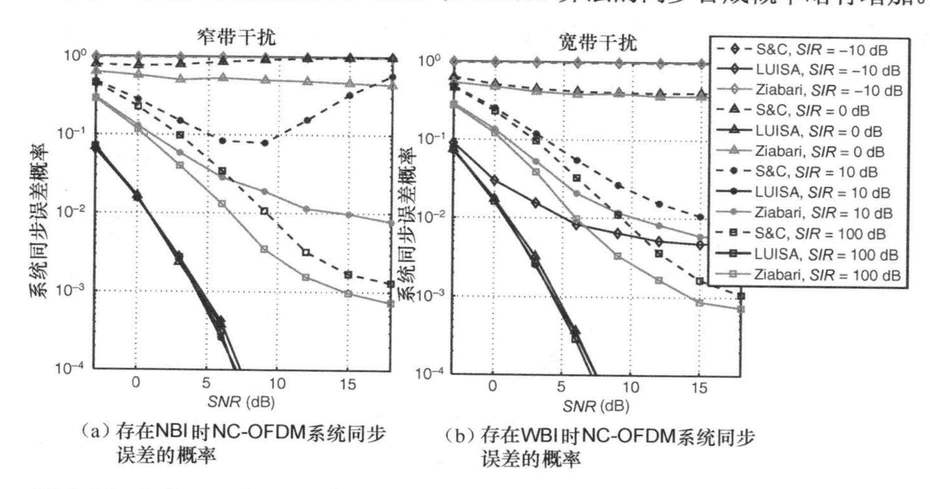

（a）存在NBI时NC-OFDM系统同步误差的概率

（b）存在WBI时NC-OFDM系统同步误差的概率

图 3.35 存在 NBI 和 WBI 时 NC-OFDM 系统同步误差率（SSA 场景，GS 应用）

虽然调制前导码的复数符号数量减少，但 LUISA 的性能得到改善，尤其是对于低 SIR 值。从图 3-35 中可以看出，仅对于 *SIR*= −10 dB 的宽带干扰，才会出现同步误差概率。但是，超过 99%的 NC-OFDM 帧正确同步可以获得可用的 SNR 值。在其他 LUISA 情况下，与无干扰的系统相比，干扰的存在不会增加同步误差的概率。在 NBI 下的 LUISA 的完美操作是由 $Y(m,n)$中限定为 $n\in\{-20,\cdots,20\}$的整数 CFO 搜索范围以及 NBI（标准化频率为 24 时）与占用的 NC-OFDM 导致的。根据公式（3.87），它会导致观测输出范围内 $Y(m,n)$基于干扰的分量的零方差。在有宽带干扰的情况下，该分量非零，叠加至 $Y(m,n)$。因此，LUISA 非常适合于占用不同频带的 LU 信号的 NC-OFDM。

3. DS 与 GS 场景

在这种情况下，假定次要 NC-OFDM 和 LU 系统的频率分配动态随机地改变并且仅在单个帧内保持恒定。尽管如此，它仍需要知道 NC-OFDM 接收机端使用的子载波集合。潜在可用的初始 SC 集合是 $\boldsymbol{I}_{\mathrm{DC}}=\{-100,\cdots,-1,1,\cdots,100\}$。针对每个帧生成从均匀分布（−128，127）得出的归一化频率（到 SC 间距）的 NBI。这需要对 NC-OFDM 使用的 SC 进行动态识别，围绕 NBI 载波频率转向 SC 以及 GS 的应用。同样，如前所述，创建约 45 个子载波的频谱陷波（包括 15 个 GS 在每个 NC-OFDM 频谱片段边缘）以保护 LU 传输。

NC-OFDM 系统的同步误差率如图 3.36 所示，可以看出，与图 3.35 所示结果相比，S&C 和 Ziabari 在高 SIR 时的性能略有改善。但是，较强的干扰会导致与 SSA 场景中几乎相同的同步误差概率。同样，随机改变的 NBI 中心频率仍然会使 LUISA 超越所有其他方案。由于非整数 NBI 归一化频率，观察到，较低 SIR 的 LUISA 同步误差概率略有增加，即根据公式（3.87），在所考虑的 n 的范围内观察到 $\mathbb{V}[Y(m,n)]$ 的干扰相关分量。

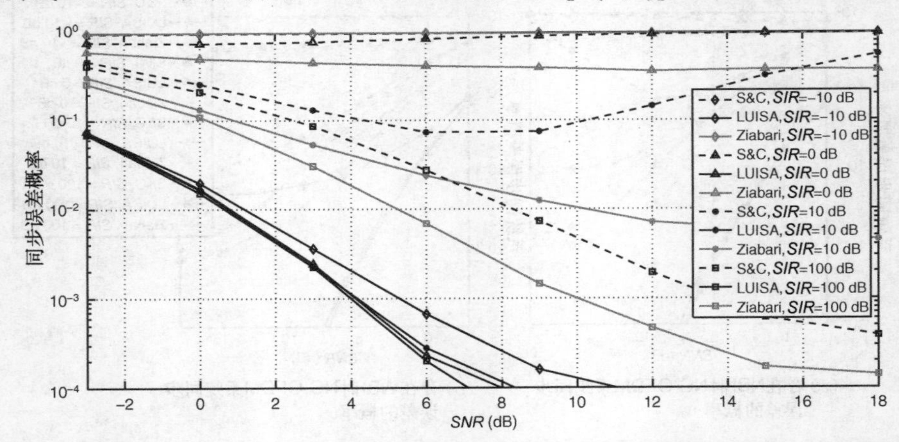

图 3.36　在 NBI 改变其每个帧的中心频率时，NC-OFDM 系统的同步误差率（DSA 场景，应用 GA）

3.5.4　计算复杂度

在所考虑的同步算法中，控制复杂度的运算是对同步向量（在 LUISA 情况下变量

($|Y(m,n)|^2$）平方模块的计算。对于 K 个样本［$K \geqslant P$（$N+N_{CP}$）］的每个 NC-OFDM 帧，该值至少计算 K 次才能找到峰值。表 3.2 给出了所考虑的 S&C、Ziabari 和 LUISA 的复杂度评估。对于 LUISA，假定使用 Radix-2 方法的 FFT，其前面是 N 个复数乘法。针对 LUISA 的结果考虑了在有限的整数 CFO 范围内（M=20），使用公式（3.94）增强对 CFO 的顽健性的方法，其中，$\lceil \nu_M \rceil = 20$。注意，LUISA 具有比 N=256 的 S&C 算法高 3 个数量级的复杂度（如在模拟中）。

表 3.2 N=256 时每个输入采样 n 的运算次数

算法	实际增加/减少	实际读法
S&C	7	6
Ziabari	$16N+11=4107$	$16N+22=4118$
LUISA	$2N+6(2\lceil \nu_M \rceil+1)+3N\log_2 N=6902$	$4N+8(2\lceil \nu_M \rceil+1)+2N\log_2 N=5448$
LUISA（优化的，近似）	$3N+3N\log_2(2\lceil \nu_M \rceil+2)+4(2\lceil \nu_M \rceil+1)\approx 5073$	$2N+2N\log_2(2\lceil \nu_M \rceil+2)+8(2\lceil \nu_M \rceil+1)\approx 3601$

但是，假设处理器的速度每 18 个月翻一番，自从 1997 年提出 S&C 算法以来，处理能力的提高应该能够弥补 LUISA 算法比 S&C 算法的计算复杂度高的缺陷。而且，当比较 LUISA 和 Ziabari 算法时，复杂度的增加是可以接受的。

通过利用 FFT Pruning 算法可以进一步降低 LUISA 的复杂度（因为对于给定的 m 只需要 $2\lceil \nu_M \rceil + 2Y(m,n)$ 个样本）。可以应用斯金纳方法（频率抽取[235]），该方法允许将相关乘法的一半嵌入 FFT 块中以应用 S&C 前导码。与基本 LUISA 相比，实际加法和乘法的近似节省分别约为 26%和 34%。

总之，NC-OFDM 的同步算法 LUISA，能够在受 LU 产生的强烈带内干扰影响的辅助 CR 系统中高效地工作。与 S&C 算法相比，这种方法的有效性增加了计算复杂度。

3.6 NC-OFDM 的潜力和挑战

NC-OFDM 被认为是面向未来应用的调制/复用技术，允许高传输灵活性和频谱效率，同时保持相对低的计算复杂度。此外，它可以适应大多数以 OFDM 为标准设计的算法，并进一步利用这些成熟的算法。因此，NC-OFDM 具有很大的潜力作为未来通信机会频谱共享的无线接口[36, 38]。接下来我们总结 NC-OFDM 对于未来通信的价值和挑战。

1. **环保意识**

具有高可靠性的可用频谱的识别是机会性地使用频率资源的问题之一。NC-OFDM 系统中，在 FFT 块的输出端进行频域符号检测。因此，相同的接收设置可以用于检测具有适当的高频率分辨率的 PU 信号。为了达到检测目的，射频前端应该覆盖很宽的带宽并且具有高动态范围（受 A/D 转换器的分辨率限制），以便能够检测具有可变功率的 PU 发射。文献[212]中提出了一些减小所需动态范围的改进方案。第一个概念是在 A/D 转换器之前使用陷波滤波器来降低强信号功率。但是，这需要可调整的过滤器，因此，可能太复杂而无法实施。为了解决这个问题，提出了空间滤波。基于多天线接收机，其形成的波束的天线阵列特性最小值作为接收强信号的方向。重要的是，在 NC-OFDM 中可以很容易地使用多输入多输出（MIMO）技术，类似于标准 OFDM。MIMO 的缺点是在开始时需要在很多方向进行多次扫描来估计强信号的方向。

随着基于位置的服务数量的增加，位置感知也至关重要[38]。它可用于优化网络流量，尤其是当信道信息被发送到标有测量位置的基站时。文献[38]给出了一个基于导频子载波定位自己的 OFDM 系统的例子，无须使用全球定位系统（GPS）接收机，结果可以通过时域或频域计算获得。

2. **灵活性**

在 CR 系统中采用 NC-OFDM，其最有利的特性之一是适应性[38]。NC-OFDM 系统可以是高度灵活的，并且可以适应所使用的子载波集合和分配的功率，以便限制在 PU 接收机端观察到的干扰（细节将在第 6 章中讨论）。诸如调制星座图阶数或编码增益之类的参数可以灵活地分别分配给每个子载波或子载波块，以最大化吞吐量和性能质量，从而根据系统目标和约束增加能量效率。此外，NC-OFDM 系统可以配置为使用可变数量的子载波（包括 DC、GS、CC、EC）来控制 OOB 发射功率。重要的是，在使用的子载波数量较少的情况下，可以通过 Pruning 来优化 FFT 和 IFFT 运算[236]。

NC-OFDM 相对于 OFDM 的一大优势在于它能够在整个考虑的发射机带宽上聚合可用频谱。频谱聚合以增加系统吞吐量已被应用于 CA 技术的高级长期演进（LTE-A）系统中。然而，聚合任何类型的频谱片段（可用频带）的灵活性是有限的，因为只有有限的整数个资源块可用于数据通信。此外，所提议的协议不允许高度动态的频谱访问和聚合。与此相反，在基于 NC-OFDM 的 CR 中设想了小规模且更灵活的频谱聚合，其中聚合的频谱片段与其他系统的频谱交织。

3. **频谱整形**

正如本章前面所强调的，在未来的系统共存场景中，必须保护传统的许可 PU 系统免受来自 SU 系统的干扰。在 NC-OFDM 中，与 PU 频带重合的子载波由零调制，其他子载波可以用于携带数据符号。然而简单地关闭给定频带内的子载波会导致在这个频带内产生 −20～−30 dB 的 PSD 级别的干扰（相对于带内 PSD），这对于保护在该频段中工作的并存系统可能不够有效。有许多技术可以解决这个问题，有些方法利用不同子载波旁瓣之间的相关性，以便消除 PU 频带中的频谱成分[43, 200]；还有一些方法专注于时域处理，保持连续符号之间的平滑过渡[161, 182]。本章提供了这个问题和相关技术的详细介绍。一种非常有潜力的降低 OOB 功率的方法是 OCCS 和 EC 方法，它们同时考虑了 HPA 的非线性失真。

4. 多重访问

NC-OFDM 应用于未来无线通信系统的另外一个优点是其与媒体接入方法相结合的能力，与 OFDM 考虑的相同[38]。最简单的服务协议是时分多址（TDMA）和频分多址（FDMA）。在无线局域网（IEEE 802.11a/g）中，使用称为载波侦听多路访问（CSMA）协议，而物理层（PHY）基于 OFDM。还有一些关于 CDMA 与 OFDM 相结合的研究。此外，也可以考虑使用基于 OFDM 固有特征的正交频分多址（OFDMA）。这种方法的主要原理是不同的用户有不同的子载波集分配它们的传输，另外，通过保持时间和频率同步，可以确保不同用户信号之间的正交性。

5. 对 PU 起始干扰的硕健性

NC-OFDM 的性质允许将 PU 和 SU 信号频率分量分离。PU 的保护是通过一些频谱整形算法和功率控制机制来实现的。然而，对于要在服务质量（QoS）性能方面有效的 NC-OFDM 次级系统，NC-OFDM SU 接收机必须能够消除由 PU 传输产生的干扰，这是通过基于 FFT 的 NC-OFDM 接收机的特性实现的。然而由于干扰信号可能与接收机 FFT 中使用的复数正弦曲线不正交，所以在 SU 频带中会发生干扰泄漏。

而且，在执行频域中的数据符号检测之前，必须实现时间和频率同步。尽管 PU 和 SU 信号在频率上是分开的，但通常时间和频率同步是通过时域处理实现的，其中 SU 接收机端的 PU 信号整体构成干扰，即它在时域中与 SU 有用信号重叠。这是一个重要的问题，因为 NC-OFDM 传输对 CFO 非常敏感，并且对时间偏移也相对敏感。如果未实现同步，则会产生 ICI 和 ISI。基于 NC-OFDM 的 CR 的主要问题是 SU 接收机的大功率 LU 起始带内干扰。在这里，已经提出了一种用于这种类型的 NC-OFDM 系统的有前景的同步算法，即 LUISA 对于 IU 起始的窄带和宽带干扰是鲁棒的。通常在 OFDM 系统中使用的其他众所周知的同步算法也可以在 NC-OFDM 接收机中出现其他要求较低的干扰情况下应用。大多数针对 OFDM 开发的其他标准信道估计、均衡和检测方法可以高效地应用于未来的 NC-OFDM 系统。

第 4 章

5G 无线通信的广义多载波技术

正如前面章节提到的，增强型正交频分复用（OFDM）和非连续正交频分复用（NC-OFDM）技术有明显的优势，它们更加适合未来的无线通信系统，但依然存在一些缺陷，比如，峰均比高且频率偏移对接收机端观察到的误比特率（BER）有较大影响。另外，考虑到频谱利用率，基于循环前缀的多载波技术也有其局限性。为了避免存在符号间干扰（ISI），必须使用循环前缀，调制子载波的频域符号的矩形脉冲波形和严格定义的子载波间隔（相当于一个单独OFDM符号的正交性时间的倒数）的使用使只能通过增加子信道中发送的比特数提高频谱效率。这进而提出了使用高阶数字调制星座图的要求并且对误比特率性能产生负面影响。值得一提的是这样的限制未出现在一般的使用非正交子载波的多载波系统中。在多载波系统的另一个子类中，例如，在滤波器组多载波系统（FBMC）中，循环前缀不再被要求。与OFDM、NC-OFDM、滤波多音调制（FMT）等技术相比，非正交多载波系统有更高的自由度[237, 238]。在这些系统中，脉冲形状可以被灵活地定义，并且脉冲持续时间与频率间隔无关。另外，允许相邻脉冲在时域和频域重叠。因此，提高非正交子载波的多载波系统的频谱效率不仅可以依靠增加分配到特定子信道的比特数，还可以通过丢弃部分循环前缀和缩小相邻波形在时频平面的距离。在时频平面上，脉冲的分配密度越大，理论上的频谱效率和可能的信道容量越高。

多载波信号可能被分为两类：正交子载波和非正交子载波。然而，正如文献[51,84]中提到的，每一种多载波信号都可以被归类到一个广义多载波（GMC）信号的大类中。正交和非正交信号的集合既相互排斥，又相互补充，构成了前面提到的广义多载波信号的集合（然而，正如在本章后面提到的那样，单载波信号也可以被理解为GMC信号的一种特殊情况，因此，可以被认为属于这个集合）。“广义”这个术语表明任何种类的信号都可以通过一系列参数定义（比如脉冲波形、TF 网格密度）。换句话说，为了保证服务质量（QoS），GMC 系统接收机必须能够在任何给定的误比特率条件下恢复传输的数据，除此之外，设计一个 GMC 系统没有任何的限制。本章提供了 GMC 系统的理论背景，重点介绍子载波正交性和在多载波系统中缺乏正交性的情况。

4.1 GMC 原理

接下来的讨论会使用表示自然数、整数、实数和复数集合的典型的符号，自然数集合表示为 $\mathbb{N}$，整数的集合表示为 $\mathbb{Z}$，实数和复数的集合表示为 $\mathbb{R}$ 和 $\mathbb{C}$。勒贝格空间 $\boldsymbol{L}^{\rho}(\mathbb{R})$[239]包含了所有可测量的函数 f，函数 f 的 ρ 范式 $\|f\|_{\rho}$ 在 $\rho\in\langle 1,\infty\rangle$ 上是有限的，$\|f\|_{\rho}=\left(\int_{-\infty}^{\infty}|f(x)|^{\rho}\,\mathrm{d}x\right)^{\frac{1}{\rho}}<\infty$。我们假设连续信号 $s(t)$ 属于 $\boldsymbol{L}^2$，即 $\mathrm{s}(t)\in\boldsymbol{L}^2(\mathbb{R})$。同时，这意味着信号属于希尔伯特空间 S（一个严格定义内积的空间[239]），$s(t)$ 绝对值的平方在空间 S 上的积分是有限值，即 $\int_S|s(t)|^2\mathrm{d}t<\infty$。换句话说，信号 $s(t)$ 是平方可积的。实际上，它通常指能量有限的信号。在离散信号 $s[k]$ 的情况下，假设它属于序列空间 $s[k]\in l^2(\mathbb{Z})$，并且这个序列绝对值的平方和是有限值，即 $\sum_S|s[k]|<\infty$，换句话说，$s[k]$ 是平方可求和信号。

可以用级数的形式表示任何信号 $s(t)$[51,81,82,239,240]：

$$s(t)=\sum_{n,m\in\mathbb{Z}}d_{n,m}g_{n,m}(t)=\sum_{n,m\in\mathbb{Z}}d_{n,m}g(t-mT)\mathrm{e}^{\mathrm{j}2\pi nFt} \tag{4.1}$$

j 是一个虚数单位（$\mathrm{j}^2=-1$），n、m 是整数 $(n,m\in\mathbb{Z})$，$\{d_{m,n}\}$ 是级数系数，$\{g_{n,m}(t)\}$ 创建了一系列用于信号展开的基本的方程（比如原子[84,241]）。注意，$s(t)$ 的相位值 $\mathrm{e}^{-\mathrm{j}2\pi nFmT}$ 通常被忽视，$g_{n,m}(t)=g(t-mT)\mathrm{e}^{\mathrm{j}2\pi nFt}$ 而不是 $g_{n,m}(t)=g(t-mT)\mathrm{e}^{\mathrm{j}2\pi nF(t-mT)}$[242]，由于考虑到信号的 TF 表示，因此，函数的集合通常被称为伽柏集合[239]（如图 4.1 所示）。这个集合是通过转换［将脉冲 $g(t)$ 在时域平移一个周期 T］调制［将信号 $g(t)$ 在频域平移频率距离 F］和在假设时间单位的持续时间 L_g 的基本伽柏函数 $g(t)$ 信号创建的。使用算子记号，可以将前面的表述表示为

$$g_{n,m}(t)=\dot{T}_{mT}\dot{F}_{nF}g(t)=\dot{T}_{ma}\dot{F}_{nb}g(t) \tag{4.2}$$

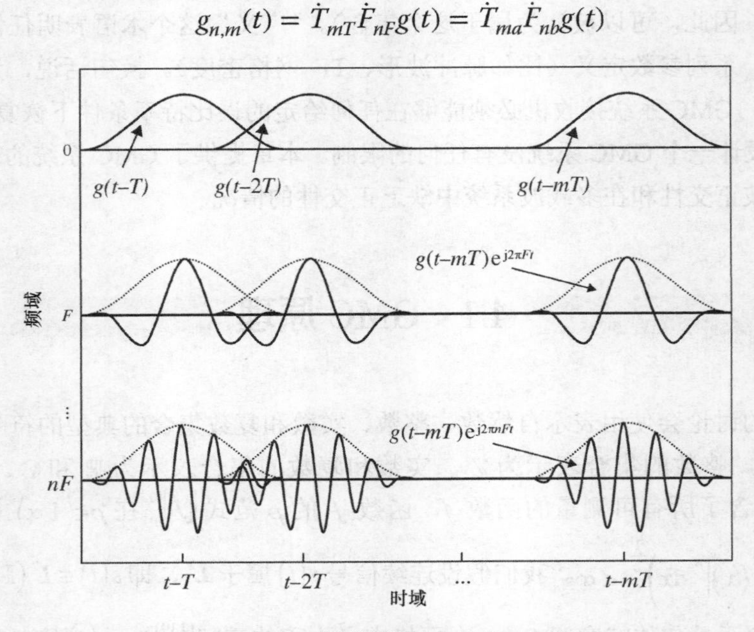

图 4.1 时—频域平面的伽柏基本函数

$\dot{T}_{ma}$ 和 $\dot{F}_{nb}$ 分别表示通过周期为 ma 和频率距离为 nb 的转化，换句话说，基本函数 $g(t)$ 在时频域沿着具体的格 $\Lambda=a\mathbb{Z}\times b\mathbb{Z}=T\mathbb{Z}\times F\mathbb{Z}$ 移动。相应地，参数 $(a,b)=(T,F)$ 被称为时频转移参数并且定义时域和频域连续波形间的距离。因此，可以说波形 $g_{n,m}(t)$ 定位在 TF 域一个具体的点（mT, nT）。典型的函数集合和基本函数 $\{g_{n,m}(t)\}$ 集合的图形表示如图 4.1 所示。在离散时间的形式中，公式（4.1）可以写作如下形式。

$$s[k]=\sum_{n,m\in\mathbb{Z}}d_{n,m}g_{n,m}[k]=\sum_{n,m\in\mathbb{Z}}d_{n,m}g[k-mM_{\Delta}]\exp[\mathrm{j}2\pi nN_{\Delta}k] \tag{4.3}$$

k 表示时域的样本索引。在这种情况下，两个相邻脉冲的距离根据样本去表示，即时域两个连续脉冲被分割成 $M_{\Delta}[samples]$，并且频域两个相邻脉冲在频域被分割成 $N_{\Delta}[samples^{-1}]$。最后，脉冲 $g[k]$ 的持续时间与 L_g 样本相同。

由于在多载波信号的实际实现中，发射信号是以大小为 $N\times M$ 的传输帧（或突发）的形式组织的（一个突发脉冲由 $N\times M$ 个子载波块组成，因此，在一帧中共提供 $N\times M$ 个脉冲），则公式（4.1）和公式（4.3）可以被写为下面的形式[237,239]。

$$s(t)=\sum_{m=0}^{M-1}\sum_{n=0}^{N-1}d_{n,m}g_{n,m}(t)=\sum_{m=0}^{M-1}\sum_{n=0}^{N-1}d_{n,m}g(t-mT)\exp(\mathrm{j}2\pi nFt) \tag{4.4}$$

$$s[k]=\sum_{n=0}^{N-1}\sum_{m=0}^{M-1}d_{n,m}g_{n,m}[k]=\sum_{n=0}^{N-1}\sum_{m=0}^{M-1}d_{n,m}g[k-mM_{\Delta}]\exp[\mathrm{j}2\pi nN_{\Delta}k] \quad (4.5)$$

T_{GMC} 持续时间内的 GMC 帧占据的频带带宽与 F_{GMC} 相等。

一个典型的 GMC 帧在时—频平面表示如图 4.2 所示，在图中阐明了本章使用的所有重要变量的意义。注意，我们稍微改变一些在第 3 章中使用的变量的意义是为了更好地在 TF 平面上反映传输脉冲时间和频率的关系。

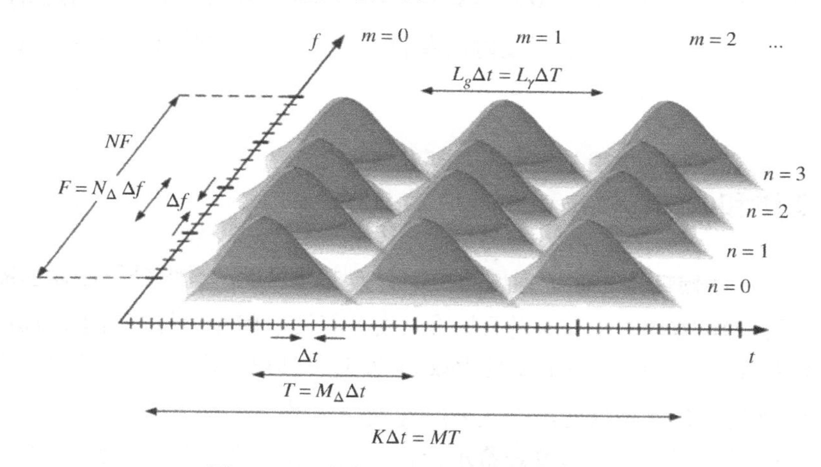

图 4.2　一个典型的 GMC 帧时—频示例

（1）M 定义了在时域一个 GMC 帧的 N 个平行脉冲块的数量；

（2）N 定义了在频域传输的 GMC 帧的一个块的平行脉冲的数量，它等于子载波的数量，通常与（I）FFT 的大小相等；

（3）$N\times M$ 定义了在一个 GMC 帧中的脉冲总数；

（4）T 是连续脉冲的时间距离；

（5）F 是相邻脉冲在频域的频率距离（子载波距离，在第 3 章中被定义为 Δf ）；

（6） M_{Δ} 是连续时间脉冲的频率距离（在信号频谱的离散表示）；

（7） N_{Δ} 是相邻脉冲的频率距离（在信号频谱的离散表示）；

（8） Δt 是时域连续样本的时间距离；

（9） Δf 是频域连续频谱样本的频率距离；

（10） L_g、L_γ 定义了脉冲 g、γ 的持续时间（在后面介绍）和在样本中的表示；

（11） T_{GMC} 定义了一个 GMC 帧的持续时间；

（12） F_{GMC} 定义了一个 GMC 帧占用的频带带宽。

级数系数 $d_{n,m} \in l^2(\mathbb{Z}\times\mathbb{Z})$ 是通过时域信号在二维（时—频）平面的投影得到的，或者更准确地说是在基本函数集合 $\{g_{n,m}\}$ 上投影得到的。这样的操作可以通过伽柏转换或者短时傅里叶变换（STFT）得到[238, 239, 241]。在数字通信中，这些系数可以被理解为数据符号（如 QAM、PSK 符号）。在这种情况下，基本函数集合含有 $N\times M$ 个分布在时域的信息承载脉冲。因此，$s(t)$（或它的采样 $s[k]$）是表示一组数据符号的发送信号。为了恢复传输数据 $d_{n,m}$，接收信号 $r(t)$（或 $r[k]$）必须在一组分析滤波器 $\{\gamma_{n,m}\}$ 中适当地滤波。脉冲 $\gamma(t)$ 的持续时间等于假设时间单位的 L_γ（或者在脉冲 $\gamma[k]-L_\gamma$ 样本的离散表示的情况下）。

4.1.1 帧理论和伽柏转换

本节将介绍一些帧理论和伽柏转换的理论背景[80~82, 84, 93, 238~240, 243, 244]，在最流行的方法中（在工程应用中），方程的正交（乃至标准正交）基被应用在信号拓展中。基被定义为一个函数的集合 $\{g_i(t)\}$，$i\in\mathbb{I}$，并且 $\mathbb{I}$ 是指数 $\mathbb{I}=\mathbb{Z}$ 的可列集（或在二维 Weyl-Heisenberg 系统的意义上 $\mathbb{I}=\mathbb{Z}^2$），信号拓展的两个主要的性质如下[82]：

（1）信号拓展的可能性（这也是希尔伯特空间中被考虑的基的完整性的充分条件）

$$s(t)=\sum_{i\in\mathbb{I}}\langle s(t),g_i(t)\rangle\cdot g_i(t) \tag{4.6}$$

（2）广义帕塞瓦尔公式的实现表示为

$$\|s(t)\|^2=\sum_{i\in\mathbb{I}}|\langle s(t),g_i(t)\rangle|^2 \tag{4.7}$$

其中，$\langle s(t),g(t)\rangle=\langle s,g\rangle=\int s(t)\overline{g(t)}\mathrm{d}t$ 以及 $\|s\|=\sqrt{\langle s,s\rangle}$ 分别定义了内积和范式。

通常，在大多数的实现过程中，需要基础的完整性，也就是说，基函数的集合产生线性（子）空间，换句话说，在没有任何信息损耗的情况下，恢复被扩展的信号是可能的。虽然从实践的角度来看正交基非常有用，但是，在 GMC 信令的背景下，非正交基、跨度和帧也是非常重要的，解释如下。

（1）通常，非正交基是一组线性相关的函数（所以是非正交的），但仍然张成所考虑的（希尔伯特）空间。

（2）假设 $\boldsymbol{v}^D$ 是 D 维向量空间，并且 $[\boldsymbol{v}_1,\boldsymbol{v}_2,\cdots,\boldsymbol{v}_D]$ 是 $\boldsymbol{v}$ 中元素的集合，且如果 $\boldsymbol{v}$ 中的每一个向量都可以表示为所有向量 $[\boldsymbol{v}_1,\boldsymbol{v}_2,\cdots,\boldsymbol{v}_D]$ 的线性组合，那么 $[\boldsymbol{v}_1,\boldsymbol{v}_2,\cdots\boldsymbol{v}_D]$ 张成为 $\boldsymbol{v}$。

换句话说，$\operatorname{span}(\boldsymbol{v})=\operatorname{span}(\boldsymbol{v}_1,\cdots,\boldsymbol{v}_D)=\{\lambda_1\boldsymbol{v}_1+\cdots+\lambda_D\boldsymbol{v}_D|\lambda_1,\cdots,\lambda_D\in K|\}$，$\lambda_i$ 是被考虑的域 K 的标量，$\boldsymbol{v}$ 的跨度可以被定义为 $\boldsymbol{v}$ 中这样的元素的集合，$\boldsymbol{v}$ 是向量 $[\boldsymbol{v}_1,\boldsymbol{v}_2,\cdots,\boldsymbol{v}_D]$ 的组合。

（3）如果基函数的集合是非线性、过完备的，那么函数 $\{g_i\}_{i\in\mathbb{I}}\subseteq\mathcal{L}^2$ 的过完备集被称为一个帧，当且仅当存在两个常数（被称为帧下界和帧上界）A 和 B，并且 $0<A\leqslant B<\infty$，

$$A\|s\|_{\mathcal{L}^2}^2\leqslant\sum_{i\in\mathbb{I}}|\langle s,g_i\rangle_{\mathcal{L}^2}|^2\leqslant B\|s\|_{\mathcal{L}^2}^2 \tag{4.8}$$

从一个帧的定义可以得出结论：一个帧可以视为基的推广。公式（4.8）的中间部分表示信号的功率，这些信号由帧元素（在本书中，为函数 g_i）表示。因此，用帧元素表示的信号的能量比 $A(A>0)$高，比 $B(B<\infty)$低。这个公式也可以看作一般帕塞瓦尔公式[241]的一种特殊形式。如果帧上界和帧下界相等，则帧具有紧界性[239, 241, 245]。另外，如果 $A=B=1$，那么帧被称为标准化帧并且构成了一个正交系统。在无线通信背景下有关帧的详细信息可以参考文献[239, 241, 245, 246]。文献[247]中介绍了帧理论。

典型地，术语“基”指的是函数的线性无关完备集。如果从这样一个集合中去除一些元素，完整性便消失了。另外，如果增加一些元素到这样一个集合中，它的线性无关性就会消失。

在非正交信号的情况下，一个所谓的对偶帧被要求用原始帧函数从扩展信号中恢复原始信号。如果满足下面的关系，则函数集 $\{\gamma_i\}_{i\in\mathbb{I}}$ 构成对偶帧。

$$s(t)=\sum_{i\in\mathbb{I}}\langle s(t),g_i(t)\rangle\gamma_i(t) \tag{4.9}$$

我们可以证明公式（4.9）包含公式（4.6）。

通常，在时域离散信号的情况下，我们需要考虑形式为 $\{d_i\}_{i\in\mathbb{I}}$ 的数据符号的平方可求和序列。因此，下面需要介绍 Riesz 基。Riesz 基的正式定义为：如果对于任何序列 d_i，存在两个正常数 A 和 B 且满足 $A\sum_{i\in\mathbb{I}}|d_i|^2\leqslant\left\|\sum_{i\in\mathbb{I}}d_i\cdot g_i(t)\right\|^2\leqslant B\sum_{i\in\mathbb{I}}|d_i|^2$，那么向量 $\{\boldsymbol{g}_i\}$ 的一个序列构成了 Riesz 基。这表示如果只有系数 d_i 是能量有限的，则由基向量获得的所有可能的向量是能量有限的。因此，Riesz 基有时候被称为一个稳定基。更多关于 Riesz 基的信息参考文献[248]。

在使用非正交基函数表示信号的情况下，需要介绍两个额外的术语。第一个是 Weyl-Heisenberg 帧的定义。基于公式（4.2），可以通过函数 $g(t)$ 明确地定义转换 $\dot{T}_m a$ 和调制 $\dot{F}_n b$ 运算符。

$$\dot{T}_{ma}g(t)=g(t-ma),\ a\in\mathbb{R} \tag{4.10}$$

$$\dot{F}_{nb}g(t)=\mathrm{e}^{\mathrm{j}2\pi tnb}g(t),\ b\in\mathbb{R} \tag{4.11}$$

在前面章节介绍的 GMC 系统的情况下，$a=T$，$b=F$。因此，如果两个常数 A 和 B 存在 $0<A\leqslant B<\infty$ 并且

$$A\|s\|^2\leqslant\left\|\sum_{(m,n)\in\mathbb{Z}^2}\langle s,g_{n,m}\rangle\right\|^2\leqslant B\|s\|^2 \tag{4.12}$$

函数集 $\left\{\dot{T}_{ma}\dot{F}_{nF}g(t)\right\}=\left\{g_{n,m}(t)\right\}$（并且在相应的离散形式中）产生了 Weyl-Heisenberg 帧（也被称为 Gabor 帧）。可以发现，公式（4.12）是公式（4.8）的一种特殊形式。关于 Weyl-Heisenberg 帧的综合教程参考文献[249, 250]。

下一个必须定义的术语是两个基的双正交性关系。令 $\{g_i\}_{i\in\mathbb{I}}$ 和 $\{\gamma_i\}_{i\in\mathbb{I}}$ 为一个希尔伯特空间的基。当且仅当 $\forall_{i,j\in\mathbb{Z}}\langle g_i,\gamma_j\rangle=\delta[i-j]$ 时，序列（向量）的两个集合是双线性关系。$\delta(\cdot)$ 是克罗内克函数。可以证明，与 Riesz 基对偶的基仍是一个具有逆帧边界的 Riesz 基。两个函数集间存在（双）正交性的必要条件是采样网格不能“太密集”，即 TF≥1[82,239]。

在多载波系统（如 OFDM）的实际实现过程中，应用了矩形晶格，这意味着在传输脉冲的中心（nF, mT）［或者 (nN_Δ, mM_Δ) 在信号离散表示的情况下］构建了一个如图 4.3（a）所示的矩形网格。换句话说，这意味着脉冲在时—频平面的定位在每一个时隙是相同的。然而，正如后面将要讲述的那样，矩形晶格产生了对总体系统容量的限制。

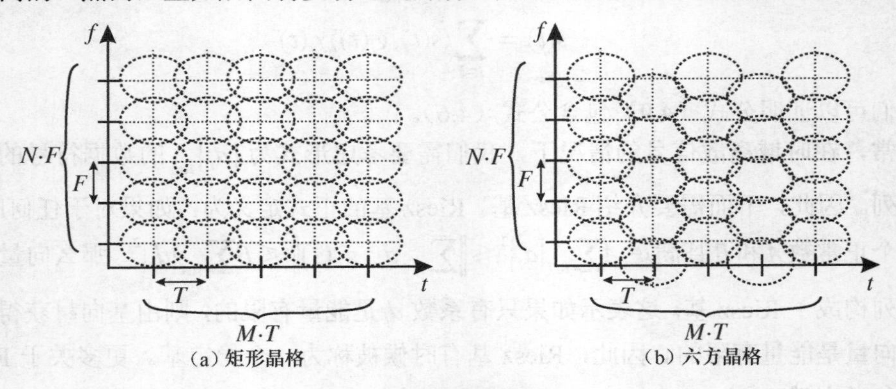

图 4.3　创建的矩形网格

每一个晶格用 Λ 表示，由它的生成矩阵 $\boldsymbol{L}_\mathrm{R}$ 定义[244, 251]。

$$\boldsymbol{L}_\mathrm{R}=\begin{pmatrix}a_{11} & a_{12}\\ a_{21} & a_{22}\end{pmatrix} \tag{4.13}$$

a_{11}、a_{12}、a_{21}、a_{22} 表示晶格相邻点（波中心）的距离。比如，时间距离为 T、频率间

隔为 F 的矩形晶格的生成矩阵定义为

$$\boldsymbol{L}_{\mathrm{R}}=\begin{pmatrix}F & 0\\0 & T\end{pmatrix} \tag{4.14}$$

然而六方晶格［如图 4.3（b）所示］被定义为

$$\boldsymbol{L}_{\mathrm{R}}=\begin{pmatrix}\rho F & 0.5\rho F\\0 & \rho^{-1}T\end{pmatrix} \tag{4.15}$$

其中，$\rho=\sqrt{2}/\sqrt[4]{3}$。晶格也可以由它的密度定义 $\delta(\Lambda)$

$$\delta(\Lambda)=\frac{1}{\det(\boldsymbol{L}_{\mathrm{R}})} \tag{4.16}$$

因此，矩形晶格的密度（用于 OFDM）为

$$\delta(\Lambda)=\frac{1}{TF} \tag{4.17}$$

正如前面所述，由函数集 $\left\{\dot{T}_{mT}\dot{F}_{nF}g(t)\right\}=g_{n,m}(t)$（$T=M_{\Delta}\Delta t$，$F=N_{\Delta}\Delta f$）构成了 Weyl-Heisenberg 帧（或者 Gabor 帧），可以观察到，时频网格（M_{Δ} 和 N_{Δ}）上的距离间的关系定义了晶格的大小。换言之，晶格大小可以由这些数字的乘积来表征，即 $N_{\Delta}\cdot M_{\Delta}$。这个乘积值是被考虑的函数集 $g_{n,m}(t)$ 的一个基本性质，因为它定义了元素的完备性和线性相关性。可以区分这些函数的 3 个不同的类别[80~82,239]。

（1）当 T 和 F 的乘积大于 1（$TF=N_{\Delta}\Delta t\cdot M_{\Delta}\Delta f>1$）时，网格被称为次临界网格，这意味着对于平方可积函数不存在完备的 Riesz 基。在这种情况下，可以保证基函数的线性无关性。

（2）当 T 和 F 的乘积小于 1（$TF=N_{\Delta}\Delta t\cdot M_{\Delta}\Delta f<1$）时，网格被称为超临界网格，这意味着平方可积函数不存在 Riesz 基；然而，帧（非正交过完备函数集）是可能存在的。另外，存在时频定位非常好的帧，这意味着 $g_{n,m}(t)$ 在时—频平面上有集中的能量。

（3）当 T 和 F 的乘积等于 1（$TF=N_{\Delta}\Delta t\cdot M_{\Delta}\Delta f=1$）时，帧被称为临界网格，这意味着对于平方可积函数来说，存在完整的 Weyl-Heisenberg 帧；然而，脉冲的定位是很差的（参考 Balian-Low 原理[82, 238, 239, 241]），典型的正交基 $g_{n,m}(t)$ 的例子是矩形函数集和在 OFDM 中使用的 Sinc 函数集。在频率定位（通过一个信号的频域表示 $G_{n,m}(f)$ 的二阶矩来表达，即 $\int_{-\infty}^{\infty}f^{2}\left|G_{n,m}(f)\right|^{2}\mathrm{d}f=\infty$）在矩形函数）和时间定位（通过一个信号时域形式 $g_{n,m}(t)$ 的二阶矩来表达，即 $\int_{-\infty}^{\infty}t^{2}\left|g_{n,m}(t)\right|^{2}\mathrm{d}t=\infty$）的情况下以及在 Sinc 函数的情况下是极差的。不良的时频定位意味着在时—频平面上的能量不够集中。

众所周知，对于大量的子载波来说，多载波系统的频谱效率可以近似为$\eta=\frac{\beta}{TF}$[252]，β表示每个数据符号的比特数。假设β是一个常数，可以说频谱效率取决于时频网格的参数，即不同脉冲在时域T和频域F间的距离，即矩形网格的频谱效率可以被定义为晶格的密度，即$\eta=\beta\delta(\Lambda)$。另外，可以根据晶格类型对 Gabor 系统分类。

在所有现有的多载波系统中，必须确保时—频平面上的脉冲的线性独立性（考虑到正交性）。即 TF 值不能小于 1。这意味着这些多载波系统的频谱效率不能比β（bit/s • Hz^{-1}）高，并且只有在临界采样的情况下才能达到。在这个背景下，当 $TF=1$ 时，标准 OFDM 传输实现了最大频谱效率。然而，为了限制符号间干扰（ISI）的影响，每个传输帧增加了循环前缀，因而增加了 TF 乘积且降低了效率。

另一个方法是增加脉冲间距离使其正交，以保证接收端信号的完美重建。在这种情况下，无须发送循环前缀。另外，已经考虑了非正交和双正交脉冲（只要在时频平面上相邻脉冲的距离足够大，以能限制自干扰）传输的方案[82]。

在前面提到的所有例子中，主要假设使用线性无关的基函数集转化成关系 $TF\geqslant 1$。然而，正如一些文献中提到的，这个约束可以放宽[81, 84, 85, 240]。因此，频谱效率可以通过合适的脉冲成形（和晶格成形）来提高，TF 可以小于 1。相应地，传输可以通过使用构成 Weyl-Heisenberg 帧的过完备的线性相关函数集来组织传输。

4.1.2 短时傅里叶变换和 Gabor 变换

从公式（4.3）和公式（4.6）可以得出结论，展开系数$\{d_{n,m}\}$（或者从无线通信的角度——用户数据符号）可以通过函数（信号）$s(t)$的短时傅里叶变换计算。如果为连续信号，$s(t)$的短时傅里叶变换为

$$\mathrm{d}(f,t)=\int_{-\infty}^{\infty}s(\tau)\gamma^*(\tau-t)\mathrm{e}^{-\mathrm{j}2\pi f\tau}\mathrm{d}\tau \tag{4.18}$$

相应地，在离散信号的情况下：

$$\mathrm{d}[f_n,m]=\sum_k s[k]\gamma^*[k-mM_\Delta]\mathrm{e}^{-\mathrm{j}2\pi f_n k} \tag{4.19}$$

其中，$(\cdot)^*$表示复共轭。抽样信号的短时傅里叶变换（时间和频率的大幅度下降）即所谓的 Gabor 变换，定义如下。

$$d_{n,m}=\int_{-\infty}^{\infty}s(\tau)\gamma^*(\tau-mT)\mathrm{e}^{-\mathrm{j}2\pi nF\tau}\mathrm{d}\tau \tag{4.20}$$

相应地，在信号的表示中

$$d_{n,m}=\sum_k s[k]\gamma^*[k-mM_\Delta]\mathrm{e}^{-\mathrm{j}2\pi nN_\Delta k} \tag{4.21}$$

4.1.3 对偶脉冲的计算

正如前面提到的，为了从发送信号中恢复用户数据（由帧$\{g_{n,m}(t)\}$表示），必须使用对偶帧$\{\gamma_{n,m}(t)\}$。当对偶脉冲模型满足双正交条件时，在非离散无噪声信道[64,82]的条件下，可以实现完美恢复系数$d_{n,m}$的假设。在这种情况下，产生了一个对偶脉冲的高效计算问题。显然，当且仅当下面的关系成立，Gabor 展开才存在。

$$\sum_n\sum_m \gamma_{n,m}^*(t')g_{n,m}(t)=\delta(t-t') \tag{4.22}$$

或者在使用泊松求和公式[253]之后，

$$\frac{2\pi}{TF}\int_{\mathbb{R}}g(t)\gamma^*\left(t-m\frac{2\pi}{T}\right)\mathrm{e}^{\frac{-\mathrm{j}2\pi n}{F}}\mathrm{d}t=\delta(n)\delta(m) \tag{4.23}$$

考虑离散信号，前面的关系应该被重写成下面的形式。

$$\sum_n\sum_m \gamma^*[k'-mM_\Delta]g[k-mM_\Delta]\mathrm{e}^{\frac{\mathrm{j}2\pi(k-k')}{N}}=\delta[k-k'] \tag{4.24}$$

相当于在使用了泊松求和公式之后，

$$\sum_{k=0}^{K-1}g[k+qN]\gamma^*[k]\mathrm{e}^{\frac{-\mathrm{j}2\pi pk}{M_\Delta}}=\frac{M_\Delta}{N}\delta[p]\delta[q] \tag{4.25}$$

其中，$0\leqslant p\leqslant M_\Delta-1$，$0\leqslant q\leqslant N_\Delta-1$，并且$K$表示信号周期（在采样信号中）。公式（4.23）和公式（4.25）的关系就是著名的 Wexler-Razidentity[82,238,239]。Wexler-Razidentity 假设选择过采样速率$\tilde{\alpha}=\frac{K}{N_\Delta M_\Delta}$保证信号完美重建，即$\tilde{\alpha}\geqslant 1$，它也要求$N_\Delta\cdot N=M_\Delta\cdot M=K$。公式（4.24）可以被重写成矩阵形式，从而可以实现对偶脉冲的高效计算。

$$\boldsymbol{U}\overline{\gamma}^*=\overline{\mu} \tag{4.26}$$

$<\overrightarrow{\gamma}^*>$为一个向量，它的元素为对偶脉冲$\gamma[k]$的共轭样本，$\boldsymbol{U}$ 是$N_\Delta M_\Delta\times K$矩阵，它

的元素被定义为$u_{pM_\Delta+q,k}\equiv g[k+qN]\exp\left[\dfrac{-\mathrm{j}2\pi pk}{M_\Delta}\right]$，并且$\boldsymbol{\mu}$是由$\overline{\boldsymbol{\mu}}=\left[\dfrac{M_\Delta}{N},0,0,\cdots,0\right]^{\mathrm{T}}$决定的$N_\Delta M_\Delta$维向量。

然而，必须强调的是，如一对函数$g[k]$和$\gamma[k]$在时域或频域并非时频能量聚集（二阶矩比较小），则Gabor系数（$s[k]$和$\gamma[k]$的内积）不具有描述信号后部变化的性质。另外，对于选择的脉冲形状和某种时频采样网格，对偶脉冲将不再是唯一的。因此，应该如何选择最好的对偶脉冲形状。（在文献中）流行的方法是在最小二乘法误差$\epsilon_{\min}$的意义上选择一个最接近$g[k]$的对偶脉冲，即

$$\epsilon_{\min}=\min_{U\overline{\gamma}^*=\overline{\mu}}\sum_{k=0}^{K-1}\left|\frac{\gamma[k]}{\|\gamma\|-g[k]}\right|^2=\min_{U\overline{\gamma}^*=\overline{\mu}}\left(1+\frac{M_\Delta}{\|\gamma\|N}\right)\tag{4.27}$$

其中，

$$\|\gamma\|=\sqrt{\sum_{k=0}^{K-1}|\gamma[k]|^2}\tag{4.28}$$

如果矩阵$\boldsymbol{U}$满秩，则能量最小的脉冲定义为

$$\overline{\gamma}=\boldsymbol{U}^{\mathrm{T}}(\boldsymbol{U}\boldsymbol{U}^{\mathrm{T}})^{-1}\overline{\mu}\tag{4.29}$$

直接应用伪逆运算似乎是不切实际的，应该使用高效算法（这样可以实时应用）而不是直接应用公式（4.29）。一些计算对偶脉冲的高效算法可以在文献中找到。下面提及了4种计算对偶脉冲的算法：第1种是使用前面描述的简单的公式；第2种是在文献[254]中描述的最快的算法（应用了QR分解）；第3种是文献[255]中描述的算法（考虑了矩阵$\boldsymbol{U}$的特殊性质）；第4种是文献[256]中提到的算法。

必须要提及的是文献[81,85]中提到的对偶脉冲计算的几个程序，它们专用于$N_\Delta M_\Delta<1$的情况，并且有些将信道特性考虑在内。

4.1.4 使用多相滤波器的GMC收发机设计

众所周知，如图4.4所示，多载波系统的一般收发机可以通过复用转换器来实现[82, 239]。根据文献[49，64，84，257，258]，人们可以想到，通过离散傅里叶变换（DFT）完美重构滤波器组来有效地实现用于产生GMC信号的Gabor变换（如图4.5所示）[64]。在这种情况下，一组用户数据（产生Gabor系数）$\{d_{n,m}\}$是子带合成滤波器（由$G_n[z]$定义的N

个滤波器，即函数 $g_n[k]$ 的 Z 变换）的输入。然后，信号经过信道后，并在分析滤波器中（$\varGamma_n[z]$ 表示对偶脉冲 $\gamma_n[k]$ 的 Z 变换）分析接收到的信号 $r[k]$。通过改变过采样因子 M_Δ，可以定义时域连续波形的相应样本间的距离。

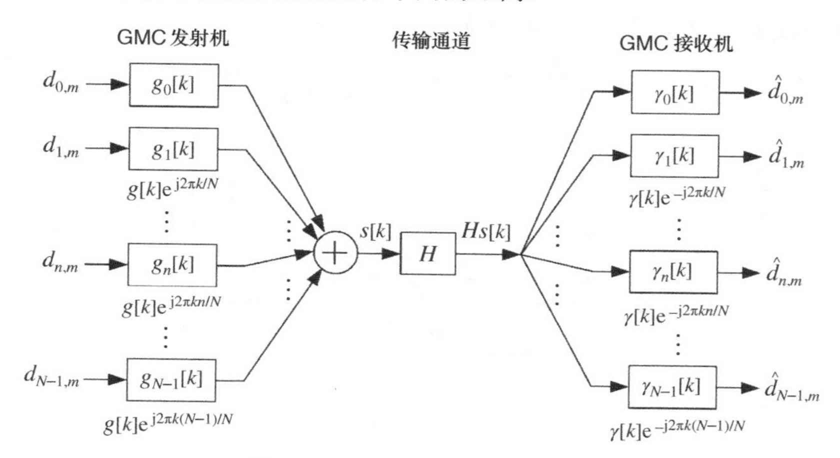

图 4.4 GMC 复用转换器的结构

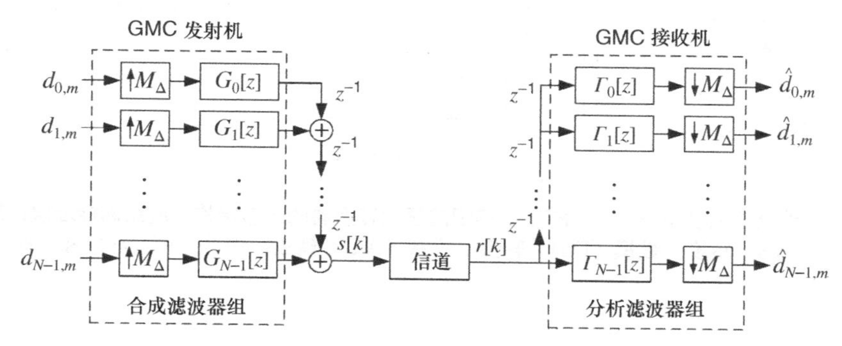

图 4.5 通过 DFT 完美重构滤波器实现的 GMC 收发机的结构

另外，为了更高效地实现 DFT 滤波器组（就结构复杂度和每个采样周期需要的操作数量而言），可以应用多相分解的想法[64]。在这种情况下，分析和子带合成滤波器（或简单的原型）可以通过多相滤波器表示。

$$G[z]=\sum_{n=0}^{N-1} z^{-(N-1-n)}\tilde{G}_n[z^N] \tag{4.30}$$

$$\varGamma[z]=\sum_{n=0}^{N-1} z^{-n}\tilde{\varGamma}_n[z^N] \tag{4.31}$$

其中，$\tilde{G}_n[z]$ 和 $\tilde{\Gamma}_n[z]$ 是合成脉冲和分析脉冲多相成分的 Z 变换。多相滤波器组以及由 IFFT 和 FFT 块实现的复用转换器的一般结构如图 4.6 所示。图 4.6 中，$\tilde{g}_n[k]$ 和 $\tilde{\gamma}_n[k]$ 分别表示合成和分析多相滤波器的脉冲响应。

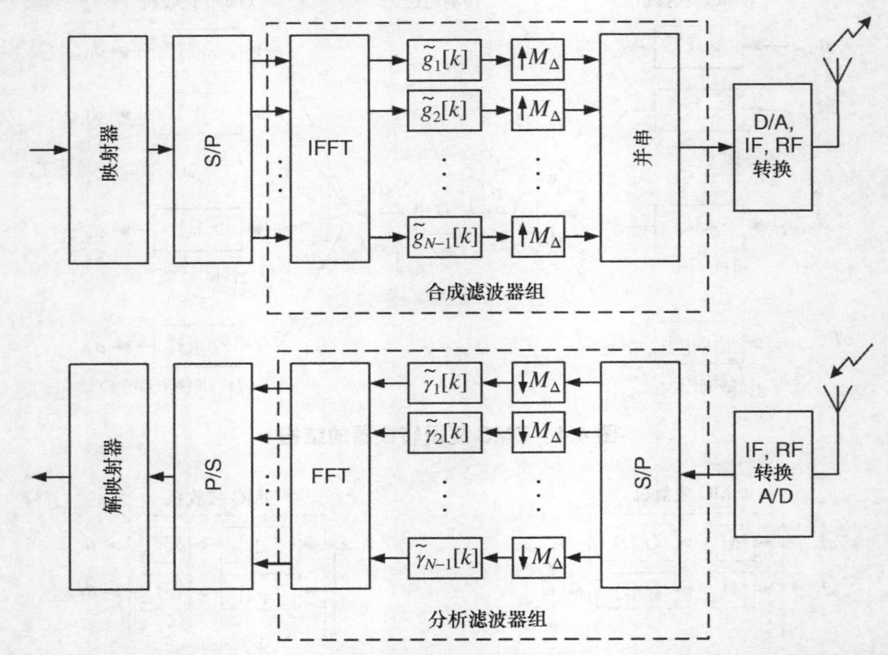

图 4.6　多相滤波器组以及由 IFFT 和 FFT 块实现的复用转换器的一般结构［应用的标准块：串并（S/P）转换、并串（P/S）转换、数模（D/A）转换、模数（A/D）转换、中频（IF）和射频（RF）转换］

4.2　GMC 发射机功率峰均比抑制

本节分析 GMC 系统中高峰均比的问题[130]。正如在第 2 章和第 3 章讨论的，峰均比问题是包括 OFDM 和 NC-OFDM 传输系统在内的所有 MC 系统的典型问题。在其他 MC 技术中也有类似问题出现，比如在使用非正交子载波或被过滤的子载波信号的技术中。峰均比指标，或者它的平方根（CF）和 CM 通常用于反映非线性元素对传输信号的影响。这些指标的值较高表明当传输链路中有非线性元素，比如功率放大器（PA）或高功率放大器（HPA），发送信号中的非线性失真的可能性也很高。这些非线性失真通常源于 HPA

中的高幅度样本的限幅，并且会对发射（被放大）信号产生影响，比如带内（其本身）干扰和带外辐射。它们导致接收端误比特率性能下降，并且事实上频谱屏蔽[特别是动态频谱屏蔽（SEM）]不如预期明确。

4.2.1 非线性失真最小的合成脉冲优化

让我们思考一下是否可以通过寻找最佳的脉冲形状以降低 GMC 系统的峰均比。优化的目的是寻找能够最小化最大峰均比值（用 $PAPR_{\max}$ 表示）的脉冲形状 $g(t)$（注意，每一个 OFDM 符号的实际峰均比值可能不同，并且取决于数据符号调制的子载波和脉冲形状，然而 $PAPR_{\max}$ 是不能超越的最大值）。根据文献[259]，可以定义基于帧传输的 $PAPR_{\max}$。

$$PAPR_{\max} = \frac{1}{N} \max_{0 \leqslant k \leqslant L_g - 1} \left(\sum_{n=0}^{N-1} |g_n[k]| \right)^2 \tag{4.32}$$

优化考虑应该在能量有限的情况下进行——脉冲 $g[k]$ 的能量应该归一化。因此，考虑两个理论上完全不同但承载相同能量的脉冲形状——矩形脉冲［定义如公式（4.33）］和Δ脉冲［或者公式（4.34）中的离散信号的单位脉冲，类似于连续信号的狄拉克函数］，它携带相同的能量。

$$g_a[k] = A\Pi\left(\frac{k}{N}\right) \tag{4.33}$$

$$g_b[k] = \sqrt{N} \cdot A\delta[k] \tag{4.34}$$

在公式（4.33）中，A 是矩形脉冲的幅度，N 表示 IFFT 的大小，$\Pi\left(\frac{k}{N}\right)$ 是 N 个样本持续时间内采样的矩形函数，$\delta[k]$ 是 δ 函数（单位脉冲）。事实上，峰均比并非取决于脉冲的幅度，所以 A 可以省略。在多载波信号没有过临界采样且持续时间 L_g（在样本中）等于 IFFT 的大小的情况下，矩形脉冲的最大峰均比为 $PAPR_{\max}=N$，然而对于 δ 脉冲，$PAPR_{\max}$ 满足 $PAPR_{\max}=\sum_{k=0}^{N-1} N = N^2$。任何在 δ 脉冲和矩形脉冲之间的脉冲形状都可能致使 $N \leqslant PAPR_{\max} \leqslant N^2$，并且会降低峰均比。

现在，考虑过临界采样的情况。与没有后续数据块重叠（$N = M_\Delta$，其中，M_Δ 是样本连续脉冲间的距离）的 OFDM 情况相比，任意两个原子都会在时域重叠。当 $M_\Delta=1$ 时，

在调制器的输出端有 N 个重叠的数据库块。矩形脉冲的峰均比最大值为

$$PAPR_{\max} = \left\lceil \frac{N}{M_{\Delta}} \right\rceil \cdot N \tag{4.35}$$

$\lceil\cdot\rceil$ 是高斯符号，即不小于参数的最接近的整数。对于 δ 脉冲，峰均比指标的最大值与临界采样的情况相同。可以观察到，仅仅对于时域相邻原子的最小距离 M_{Δ}（用样本的数量表示），所考虑的两个脉冲形状的最大峰均比才是可比较的，如图 4.7 所示。对于矩形脉冲，M_{Δ} 更高、$PAPR_{\max}$ 更低。

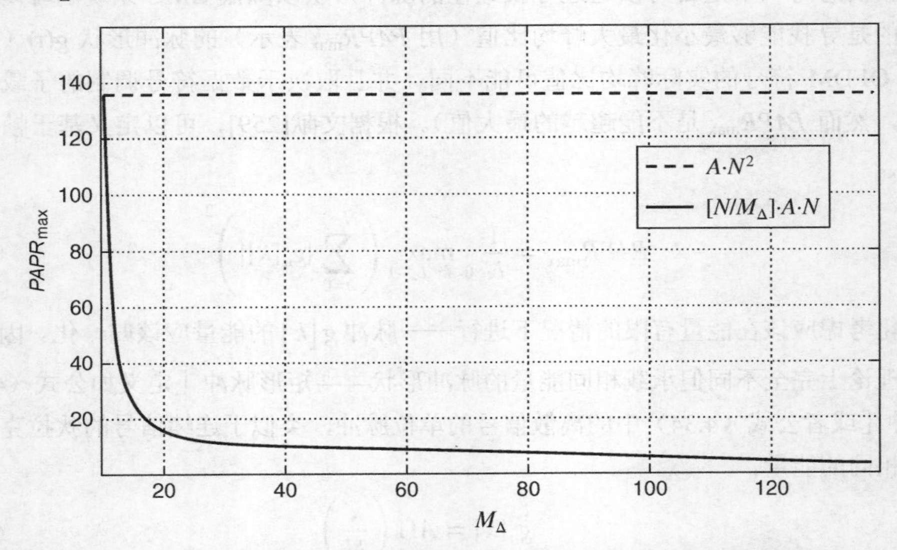

图 4.7　两个不同脉冲形状的最大峰均比比较［矩形（实线）和 δ 脉冲（虚线）与时域中 M_{Δ}（在样本中）的距离］

现在考虑持续时间更长的脉冲函数 $g[k]$，即 $L_g>N$。对于这种情况，矩形脉冲的峰均比理论最大值定义为

$$PAPR_{\max} = \left\lceil \frac{N}{M_{\Delta}} \right\rceil \cdot N \cdot \left\lceil \frac{L_g}{N} \right\rceil \tag{4.36}$$

为了公平比较，δ 脉冲的幅度必须增加以保持脉冲函数的能量。

$$g_b[k] = \sqrt{L_g} \cdot g_b[k] = \sqrt{L_g N} \cdot A\delta[k] \tag{4.37}$$

因此，

$$PAPR_{\max} = L_g \cdot N \tag{4.38}$$

正如前面讨论的那样，矩形脉冲的峰均比理论最大值在大多数情况下（除了 M_Δ 较小的情况）比 δ 脉冲的峰均比理论最大值小。这种影响可以在图 4.8 中观察到。仅当脉冲函数样本的数量略高于 IFFT 的大小时，对于 N 较小的情况，矩形脉冲的峰均比理论最大值才与 δ 脉冲的峰均比理论最大值相等。

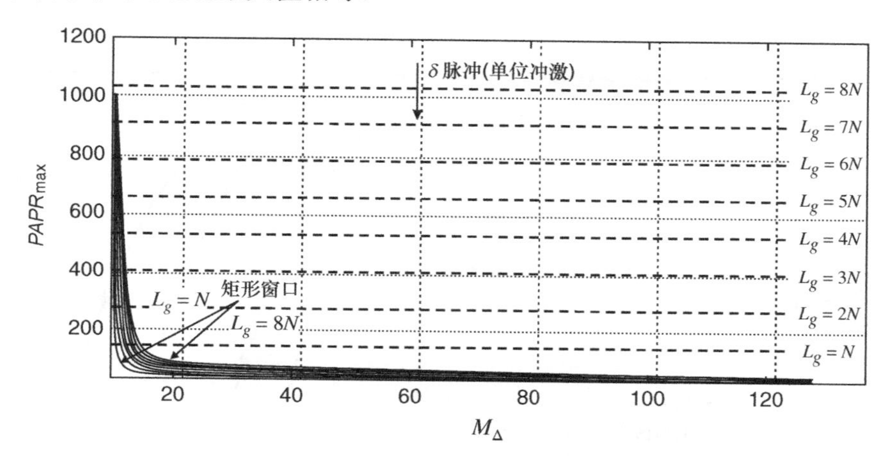

图 4.8　两个长持续时间的脉冲形状的最大峰均比比较［矩形脉冲（实线）和 δ 脉冲（虚线）对时域中的 M_Δ 的距离（在样本中）］

仿真结果

现在分析一下前面的计算机仿真的情况。为了找到使峰均比和 CM 指标最小的最佳脉冲波形，该仿真采用了遗传算法。每一个脉冲样本由一个 8 bit 基因表示。仿真使用赌轮选择法对 200 个不同的随机染色体进行至少 10000 次的繁衍迭代，得到的结果显示，无论 N（IFFT 的大小）、M_Δ（两个在时域相邻的脉冲间的距离）和 L_g（脉冲成形滤波器脉冲响应的样本数量）之间的关系如何，导致峰均比值最小的最佳脉冲形状始终是矩形脉冲。对于 CM 有相同的结果。

另一组寻找高斯脉冲形状的最佳 N 和 M_Δ 参数的仿真实验如下。

$$g[k] = \exp\left(-\frac{\pi k^2}{NM_\Delta}\right) \tag{4.39}$$

在仿真中，应用了与前面描述的相同的遗传算法。对 0 ~ 1023 对参数 N 和 M_Δ 进行优化，得到的结果显示，最佳脉冲波形是 $N = M_\Delta = 1023$，即考虑范围内的最高值。可以预测，最佳脉冲波形应该由关系 $g[k] \to \exp(0) = \Pi\left[\frac{k}{M}\right]$ 描述，即矩形脉冲。

最后，针对一些选择的典型波形，可获得峰均比的 CCDF，如图 4.9 所示。通过观察用于合成不同脉冲形状的 GMC 信号的图形，可以得知，对于矩形脉冲，即对于没有子带滤波的传统 OFDM 传输，可以获得最小的 CCDF（$PAPR_0$）值。对于 CM，也得到了相同的结果。

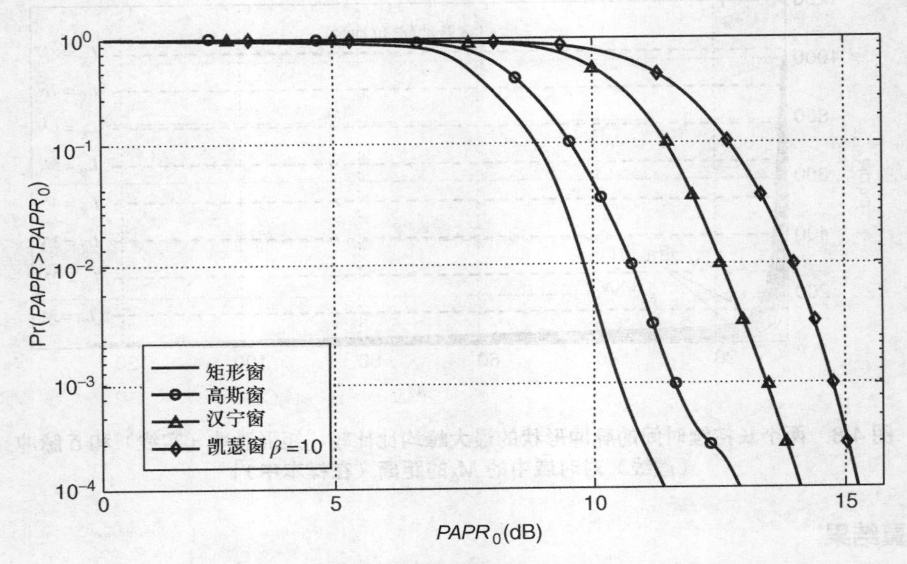

图 4.9　不同脉冲形状的 CCDF（$PAPR_0$）
（矩形、高斯、汉宁、凯瑟窗 β=10）

让我们来阐释一下脉冲形状和它的持续时间对峰均比的影响（如图 4.10 所示提供了长持续时间的脉冲和 N=256 时的峰均比的 CCDF）。很容易观察到，当样本 L_g 中的脉冲持续时间高于 IFFT 阶数 N 时，峰均比的 CCDF 高于 L_g=N 的情况。图 4.10 中三角形的线代表矩形脉冲的峰均比特性，并且 L_g>N（注意，这不是 OFDM 的例子）。注意到当 L_g=N 时，这条曲线与 OFDM 曲线相比被右移了。对于高斯脉冲（实线）和双向高斯脉冲（带圆圈的线），峰均比的 CCDF 表明将脉冲形状从矩形改为高斯导致了峰均比性能降低。因此，不管 L_g、N 和 M_Δ 间的关系是什么，就获得峰均比而言，最好的脉冲形状是矩形。

分析图 4.11 提供的结果可以得出相似的结论，图 4.11 中提供了相同的持续时间、不同脉冲形状的峰均比的 CCDF，即 L_g=N= M_Δ =128，可以观察到，将脉冲形状从矩形脉冲改为其他任何脉冲（携带相同能量）都会导致峰均比的升高。

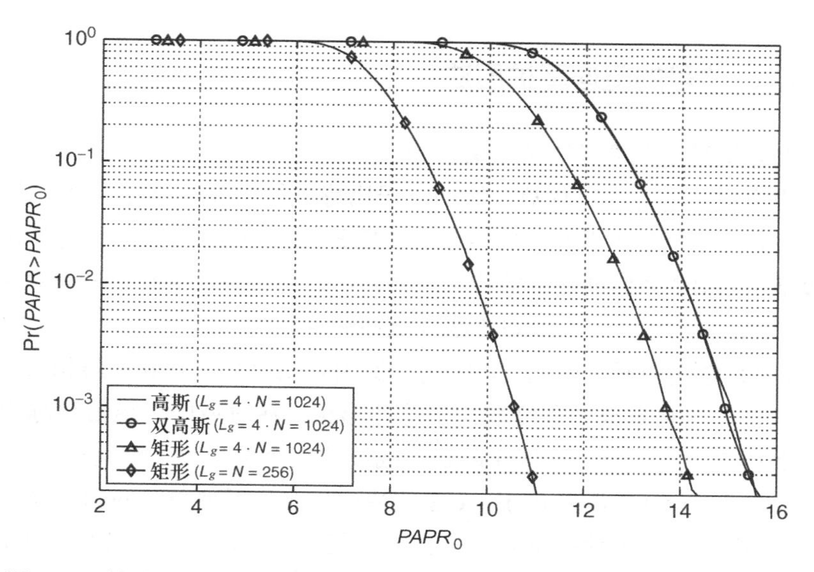

图 4.10　针对不同的脉冲波形，在长时间持续脉冲作用下的峰均比的 CCDF（L_g=4・N=M_Δ=1024；没有应用峰均比抑制法）

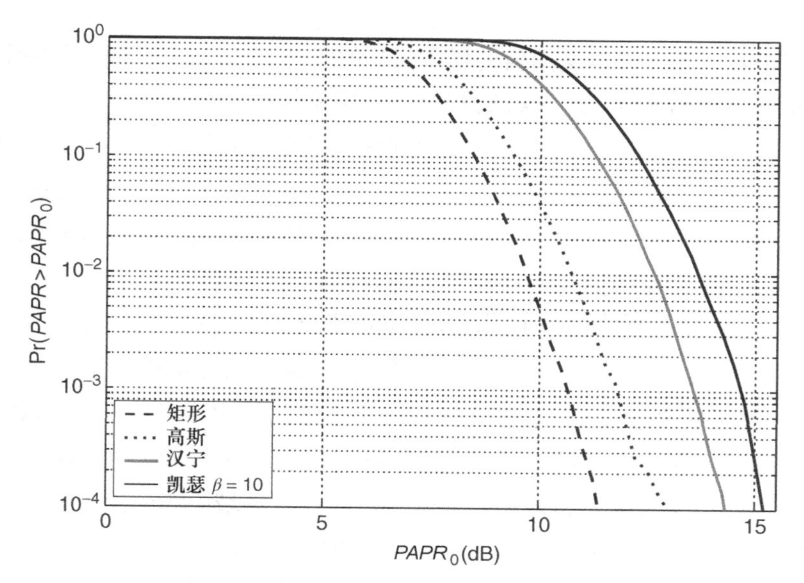

图 4.11　不同的脉冲波形的峰均比的 CCDF（L_g=N=M_Δ=128；没有应用峰均比抑制法）

4.2.2 GMC 信号的星座图扩展法

本节主要介绍星座图扩展法（ACE）。该方法特别适合应用于未来基于 GMC 的多标准终端，因为它比其他方法有优势，比如，误比特率得到改善或者至少误比特率性能没有因为符号失真而下降，以及在接收端没有传输开销（辅助信息），也没有额外的操作。考虑到一般基于 GMC 多标准终端的特殊性质，可以对该方法进行一些有意义的改进。

ACE 在 GMC 信号上的应用需要结合脉冲波形、持续时间 L_g（在样本中）和指标（峰均比和其他）定义中原子间的 TF 距离，原因是 GMC 调制脉冲与相邻脉冲（在 TF 平面）存在干扰。这种重叠的程度取决于脉冲形状，在时域中，通常被称为重叠因子。对于连续达到所考虑的 GMC 符号并调制子载波的整个符号块，应做出关于数据符号须失真的决定（不同于 OFDM 和传统 ACE 的情况，这里需要单独对每一个 OFDM 符号做出决策），从而制订关于数据符号预失真的决策。因此，在考虑的情况中，ACE 指标定义如下[79]。

$$\mu_{n,m} = -\sum_{k\in I} \cos(\phi_{n,m,k}) \cdot |s_k|^{p_{\mathrm{ACE}}} \tag{4.40}$$

I 是峰值指数（超出预定义阈值的样本 s_k）的集合，p_{ACE} 是该方法的参数，ϕ_{mnk} 是第 k 个输出峰值样本 $s[k]$ 和 $d_{n,m}g_{n,m}[k]$ 的相位差，即输入的数据符号 $d_{n,m}$ 对这个峰值的贡献。$\mu_{n,m}$ 的值表明符号 $d_{n,m}$ 的修正在多大程度上使峰值减小。注意，理论上在前面提到的求和中可能有无数个元素（通常 $k\in\mathbb{Z}$），然而，在基于帧的传输中考虑了时间样本（$k\in I\subset 0,\cdots,K-1$）的有限范围。不同于标准 OFDM 的情况，ACE 可以针对不同的 OFDM 符号实现，在 GMC 和重叠原子的情况下，针对在 GMC 时频块（或帧）中传输的所有符号计算指标 $\mu_{n,m,k}$，即所有的 (n,m)[79]。实际上，脉冲形状 $g[k]$ 和原子 $g_{n,m}[k]$ 的持续时间可能是有限的，并且在基于符号的传输中，公式（4.40）可以被应用于一个 GMC 时域符号[51]。另外，如果假设连续 GMC 帧之间有一个合适的间隙，类似于 OFDM 方案中符号的保护间隔，那么 GMC 时域符号的重叠可以被忽视。通过在连续的 GMC 符号间插入一个间隔，我们不会破坏 GMC 传输的主要优势，即在时频域中相邻原子的重叠。实际上，TF 平面的相邻脉冲互相重叠，在两个连续的 GMC 帧的边界脉冲未重叠[79]。

文献[79]提出了针对 ACE 进一步的修正，对于 GMC 信号，这种修正明显提高了峰均比并改善了 CM 抑制效果。其中一个基于自由参数 α 的应用，该参数根据公式（4.40）定义的指标 $\mu_{n,m}$ 度量的值缩放星座图外部符号。为了避免由星座图符号的修正引起的峰值再增长，另一个修正在 $\mu_{n,m}$ 指标定义中结合了所谓的近门阈值符号，即有重叠符号的 GMC 发射机的情况。另外，文献[79]中提出并评估了应用于发射机中的降低 ACE 方法计算复杂度的方法。对于 $\mu_{n,m}$ 的计算，其中一个使用了逆离散 Gabor 变换，由于它使用带有多相滤波器组的 FFT，所以复杂度相对较低。

接下来，分析其他峰均比抑制方法在 GMC 发射信号中的应用，例如，表 2.1 中列出的方法。为了评估每一种峰均比抑制方法的效果，我们也介绍一个新的峰均比抑制增益参数，如下。

$$G_{\mathrm{PAPR}}^{\mathrm{prob\_level}} = PAPR_{\mathrm{unreduced}}^{\mathrm{prob\_level}} - PAPR_{\mathrm{reduced}}^{\mathrm{prob\_level}} \tag{4.41}$$

$G_{\mathrm{PAPR}}^{\mathrm{prob\_level}}$ 是定义概率水平的峰均比抑制增益，用 dB 表示，$PAPR_{\mathrm{unreduced}}^{\mathrm{prob\_level}}$ 是没有应用峰均比抑制方法的系统在给定概率水平下的峰均比值，$PAPR_{\mathrm{reduced}}^{\mathrm{prob\_level}}$ 是应用了所选择的峰均比抑制方法的系统在给定概率水平下的峰均比。

仿真结果

将公式（4.40）中改进的 ACE 用于上述 GMC 信号，产生的峰均比抑制增益与应用于 OFDM 系统的传统 ACE 的效果相同。图 4.12 展示了对于最长持续时间的脉冲，可以实现的最高峰均抑制增益（L=4 · N=128），同时，$g[k]$ 的样本数量越多，峰均比越高。

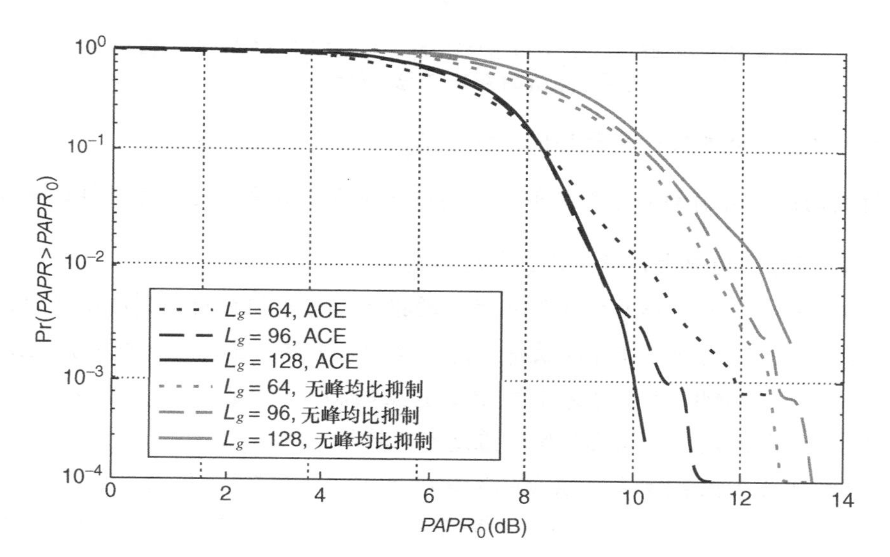

图 4.12　长持续时间（L_g>N）的矩形脉冲的 CCDF（$PAPR_0$）值——应用了改进的 ACE 方法（N=M_Δ=32）

对于长持续时间的高斯脉冲会得到如图 4.13 所示的不同的结果。从图中可以看出，对于具有最短脉冲响应（L_g）的脉冲得到了最明显的改善。另外，矩形脉冲的峰均比抑制增益一直比其他脉冲低，如图 4.12 所示。在矩形脉冲和高斯脉冲两种情况下，20%的输入符号已经预失真。

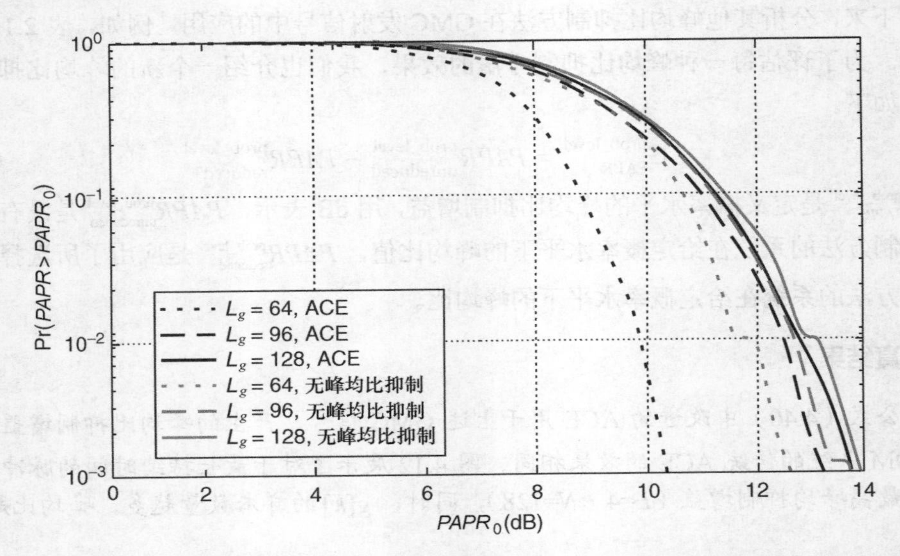

图 4.13 持续时间（L_g>N）的高斯脉冲的 CCDF（$PAPR_0$）值——应用了改进的 ACE 方法（$N=M_\Delta=32$）

对于脉冲 $g[k]$ 样本数目等于 IFFT 大小（$L_g=N=32$）的超临界采样的情况，图 4.14 和图 4.15 得到的结果与前面的结果类似。峰均比抑制增益取决于过临界采样比率 $\frac{N}{M_\Delta}$。对于固定的 N，M_Δ 的值越大，峰均比抑制增益越高。

这些结果符合前面介绍的脉冲形状优化的推导。当我们分析得到的结果时，可以再次说明，矩形脉冲比高斯脉冲可以获得更高的峰均比增益。图 4.12～图 4.15 呈现的仿真结果显示，应用于 GMC 信号的改进的 ACE 产生的影响与未改进的 ACE 对 OFDM 产生的影响相同，也就是说，峰均比抑制增益是可比较的。

为了比较第 2 章表 2.1 列举的其他峰均比抑制方法的效果，我们进行了进一步的仿真。因此，我们考虑了仅一次迭代的 ACE，并在 1 次迭代和 5 次连续迭代两种情况下测试了限幅和滤波（C-F）方法。在参考信号削减法（RSS）中，应用了升余弦函数乘 sinc 函数。削减的参考函数的幅度被任意选择为等于某个峰值的一半。对于峰值窗（PW）方法，选择了高斯脉冲。对于选择性映射（SLM）的情况，为了选择最低峰均比的 GMC 信号，产生了发射信号的 4 种不同的表示（除了最初的那个）。

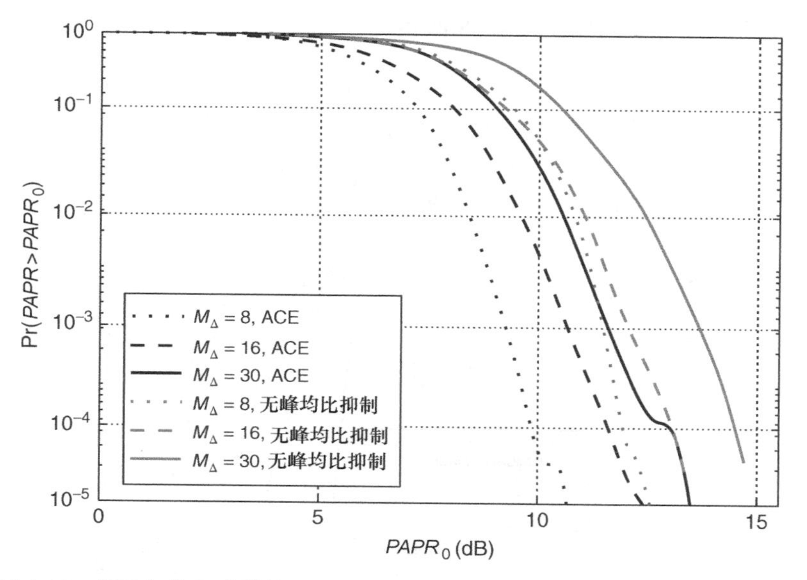

图 4.14　用于超临界采样情况的 CCDF（$PAPR_0$）——矩形脉冲 $L_g = N = 32$

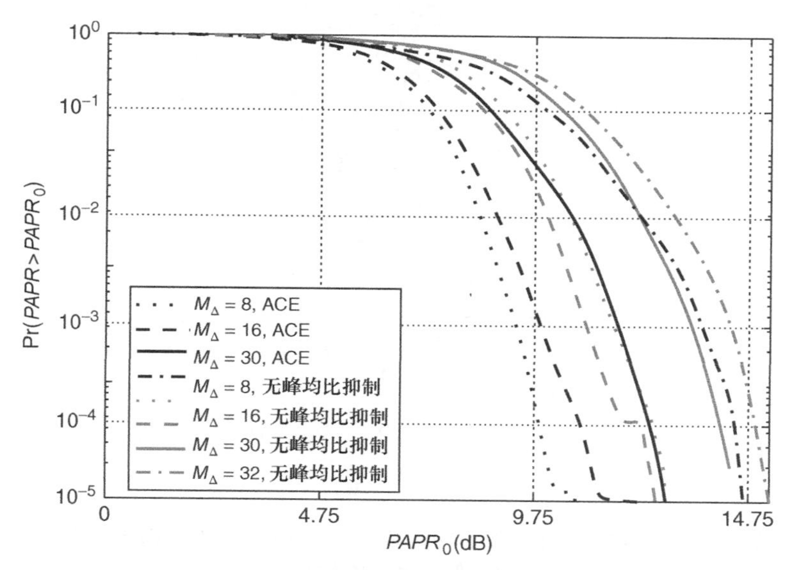

图 4.15　用于超临界采样情况的 CCDF（$PAPR_0$）——高斯脉冲 $L_g = N = 32$

仿真结果显示了过临界采样 $L_g=N$（如图 4.16 所示）；长持续时间的矩形脉冲 $L_g>N$（如图 4.17 所示）和临界采样 $L_g=N$ 的高斯（非矩形）脉冲（如图 4.18 所示）3 种情形下峰均比的 CCDF 值，如图 4.16～图 4.18 所示。

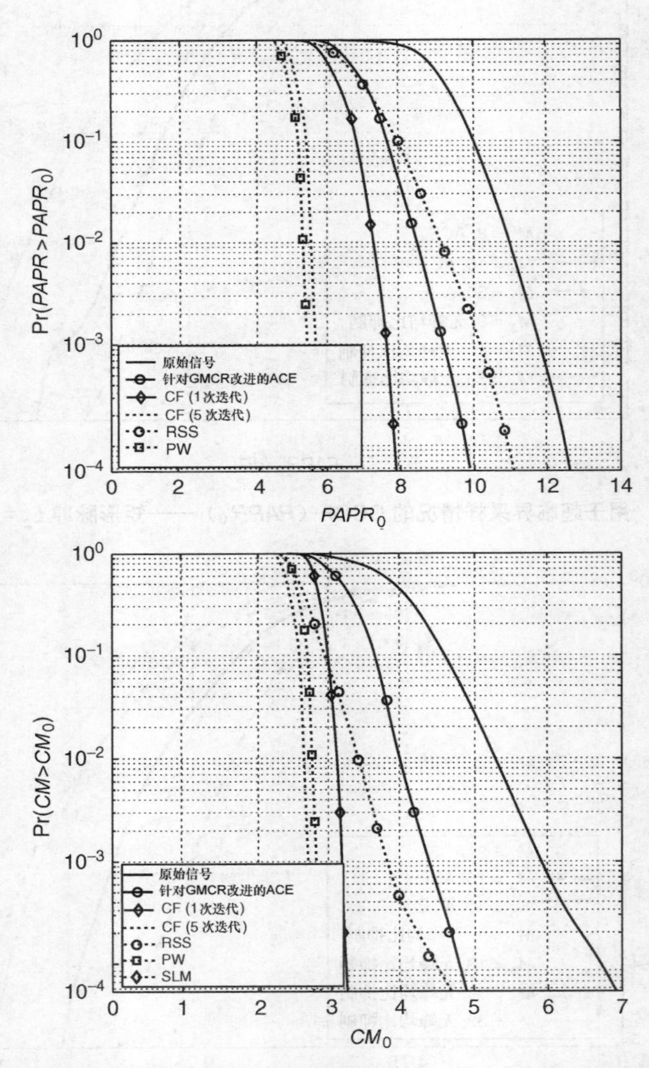

图 4.16　过临界采样和矩形脉冲的 CCDF（$PAPR_0$）和 CCDF（CM_0）
（$L_g=N=128$，$M_\Delta=64$）

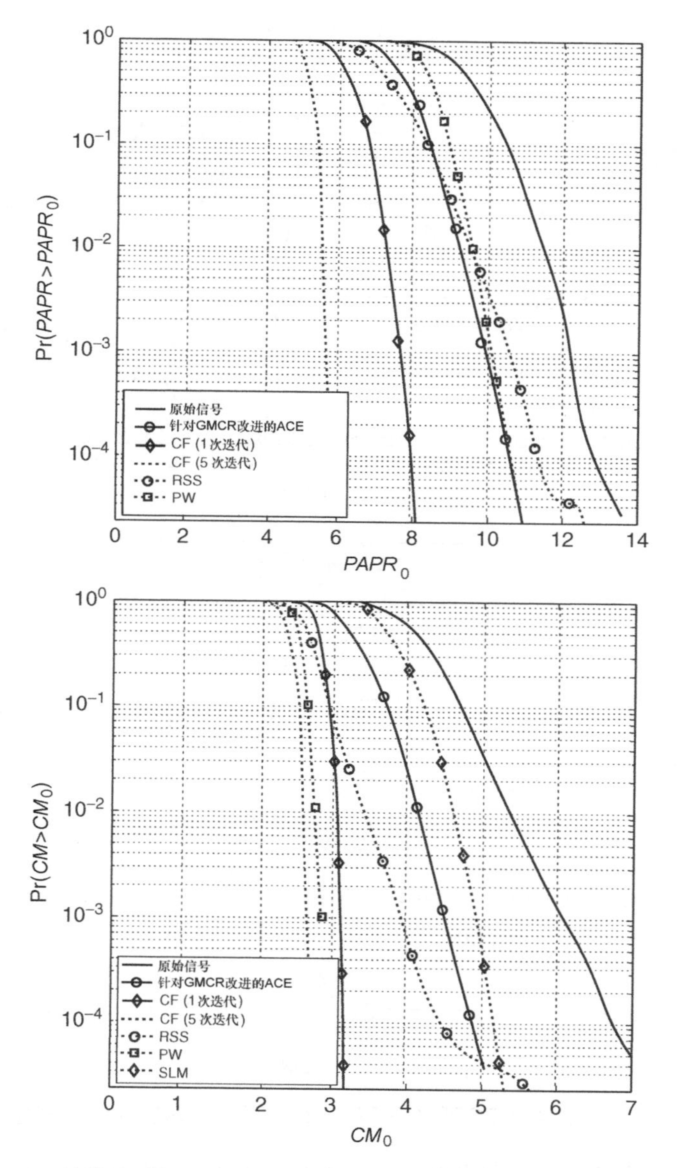

图 4.17　长持续时间的矩形脉冲的 CCDF（$PAPR_0$）和 CCDF（CM_0）（$N=M_\Delta=128$，$L_g=192$）

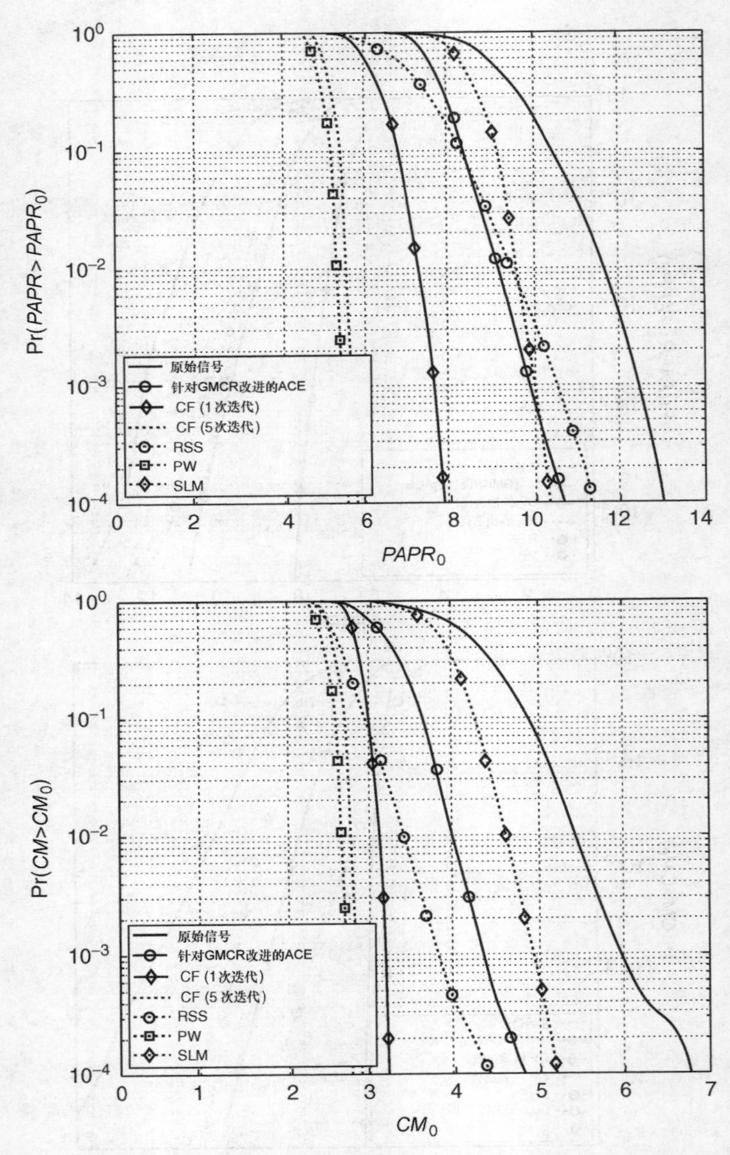

图 4.18 高斯脉冲的 CCDF（$PAPR_0$）和 CCDF（CM_0）（L_g=N=M_Δ=128）

结果证实，就峰均比和 CM 抑制而言，PW 和 C-F（5 次迭代）性能最好。然而，这些方法导致了带内信号失真和额外的带外辐射。仅用 1 次迭代应用于 GMC 发射机的 ACE 方法实现的峰均比抑制增益与 OFDM 文献中已知的结果相似。ACE 算法进行多次迭代将提高峰均比抑制增益。

另外，我们应该考虑这些方法的误比特率性能。仅ACE和SLM不会在发射信号中引入失真。因此，就误比特率与*IBO*的角度而言，表征峰均比抑制方法的有效性是很重要的，如图4.19所示。通过SSPA的Rapp模型和硬判决接收机的16QAM传输，已经获得了这些结果。为了观察误比特率特性的PA的影响，设置*SNR*⩾30 dB，可以得出结论，改进后的ACE不仅可以降低先前描述的峰均比和CM，还可以提高误比特率性能。很明显，当一些符号在星座图上移动时，功率略微增大。另外，最有效的峰均比抑制方法（C-F和PW）极大地降低了误比特率。

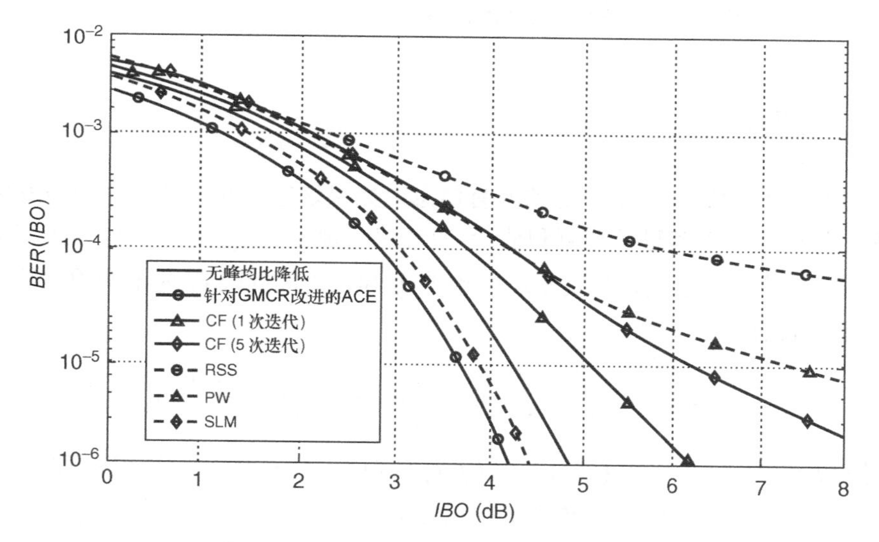

图4.19 16QAM的误比特率和*IBO*对比
（AWGN信道*SNR*=30 dB，SSPA，硬判决接收机）

当SNR一定时，比较不同峰均比抑制方法得到的误比特率，实际上是比较星座点间具有最小距离的不同的系统。这是因为在ACE方法中，星座图的外部符号偶尔会被放大，因此，为了保持平均信号能量，整个星座图应该按比例缩小，这也缩小了最小距离。如果我们比较星座点间最小距离相同的系统，由于功率稍微增大，ACE将比其他方法更好。

ACE及其改进方法可应用于具有各种脉冲形状的任何脉冲形非正交多载波信号。随着ACE的改进，对于未来现代通信系统，GMC传输变得越来越引人注目，比如机会性无线电，因为它的主要劣势（高峰均比）被削弱了。

4.3 GMC 系统的链路自适应

正如在 2.4 节讨论的那样，链路自适应、自适应调制和编码技术有利于最大化比特速率。这些技术成功应用于很多当代无线子载波系统中，特别是 OFDM 系统。对于 GMC 传输和信号的时频表示的情况，自适应功率负载（PL）的问题变成了二维。在时频平面上准确表示信号 $s(t)$ 的功率分配是最重要的。本节基于信号 $s(t)$ 的时频功率分配的不同计算方式，研究了注水原理在二维情况下的应用。

4.3.1 二维注水

假设在时域和频域获得了信道的所有信息，如果这些值在帧持续时间是变化的，则使用一个合适的方法对其进行预测和估计。首先将信道带宽 $F_{\mathrm{GMC}}=NF$ 分成无穷小的子带 $\mathrm{d}f$，这样，信号特性可以被认为是平坦的频带 $\mathrm{d}f$ 和在时间间隔 $\mathrm{d}t$ 内不变的常数。信道容量可以使用香农公式[66]计算。

$$C=\frac{1}{T_{\mathrm{GMC}}}\int_{F_{\mathrm{GMC}}}\int_{T_{\mathrm{GMC}}}\log_2\left[1+\frac{P(f,t)|H(f,t)|^2}{\mathcal{N}(f,t)}\right]\mathrm{d}t\mathrm{d}f \tag{4.42}$$

在时刻 t 和频率 f 下，$\mathcal{N}(f,t)$、$H(f,t)$ 分别表示 TF 噪声功率谱密度和信道特性，$P(f,t)$ 表示分配给位于时刻 t、频率 f 的信号的功率。另外，T_{GMC} 和 F_{GMC} 分别表示帧持续时间和 GMC 信号占据频带带宽（根据上述符号表示，有 $T_{\mathrm{GMC}}=MT$ 和 $F_{\mathrm{GMC}}=NF$）。

利用拉格朗日乘数法使 C 最大化。

$$P(f,t)=\begin{cases}W_{\mathrm{level}}-\dfrac{\mathcal{N}(f,t)}{|H(f,t)|^2}, & \dfrac{\mathcal{N}(f,t)}{|H(f,t)|^2}\leqslant W_{\mathrm{level}}\\[2ex] 0, & \dfrac{\mathcal{N}(f,t)}{|H(f,t)|^2}>W_{\mathrm{level}}\end{cases} \tag{4.43}$$

二维水面（water-surface）W_{level}（为了区分一维和二维注水方案，这里用水面的概念代替水线（water-line）；术语“水位”（water-level）在两种情况中均被使用）可以通过功率受限计算，有如下形式。

$$W_{\text{level}} \cdot F_{\text{GMC}} \cdot T_{\text{GMC}} = P_{\text{tot}} + \int_{F_{\text{GMC}}} \int_{T_{\text{GMC}}} \frac{\mathcal{N}(f,t)}{|H(f,t)|^2} \mathrm{d}t\mathrm{d}f \tag{4.44}$$

接下来分析二维注水原理是如何与 GMC 信号和信道模型联系起来的。正如前面所述，连续的 GMC 信号的脉冲可以与相邻的脉冲在时域和频域重叠。因此，分配给脉冲的功率的任何变化都会对相邻脉冲的功率有影响，这可以理解为时频自干扰。为了将脉冲形状和这个重叠现象归为最佳功率分配的计算问题，将发送信号功率表示为分配给时移和频移合成脉冲 $g_{n,m}(t)$ 的功率和分配给所有单独的数据符号 $d_{n,m}$ 的功率的函数。基于 STFT 的发送信号 $s(t)$ 的时频分配 $S(f,t)$ 定义如下。

$$\begin{aligned} S(f,t) &= \int_{-\infty}^{\infty} \sum_{n=0}^{N-1} \sum_{m=0}^{M-1} d_{n,m} g_{n,m}(\tau) \gamma^*(\tau - t)\, \mathrm{e}^{-\mathrm{j}2\pi f\tau} \mathrm{d}\tau \\ &= \int_{-\infty}^{\infty} \sum_{n=0}^{N-1} \sum_{m=0}^{M-1} d_{n,m} g(\tau - mT) \mathrm{e}^{\mathrm{j}2\pi nF\tau} \gamma^*(\tau - t) \mathrm{e}^{-\mathrm{j}2\pi f\tau} \mathrm{d}\tau \\ &= \sum_{n=0}^{N-1} \sum_{m=0}^{M-1} d_{n,m} \int_{-\infty}^{\infty} g(\tau - mT) \mathrm{e}^{\mathrm{j}2\pi nF\tau} \gamma^*(\tau - t) \mathrm{e}^{-\mathrm{j}2\pi f\tau} \mathrm{d}\tau \\ &= \sum_{n=0}^{N-1} \sum_{m=0}^{M-1} d_{n,m} \mathrm{STFT}[g_{n,m}(t)] = \sum_{n=0}^{N-1} \sum_{m=0}^{M-1} d_{n,m} G_{n,m}(f,t) \end{aligned} \tag{4.45}$$

在公式（4.45）中，$(\cdot)^*$ 表示复共轭（与前面一样），γ 表示时频平面用于表示信号 $s(t)$ 的解析函数，STFT 表示短时傅里叶变换。我们可以观察到，信号 $s(t)$ 的时频表示与原始合成脉冲 $g(t)$ 的加权时频表示的和相等，表示为 $G(f,t)$，即 $G(f,t)=\mathrm{STFT}\left(g(t)\right)$，因此，$G(f,t)=\mathrm{STFT}\left(g_{n,m}(t)\right)$。信号 $s(t)$ 在时频平面的功率分配可用公式（4.46）计算。

$$\begin{aligned} P(f,t) &= \mathbb{E}\{|S(f,t)|^2\} = \mathbb{E}\left\{ \left| \sum_{n=0}^{N-1} \sum_{m=0}^{M-1} d_{n,m} \mathrm{STFT}(g_{n,m}(t)) \right|^2 \right\} \\ &= \sum_{n=0}^{N-1} \sum_{m=0}^{M-1} \mathbb{E}\{|d_{n,m}|^2 |\mathrm{STFT}(g_{n,m}(t))|^2\} \\ &= \sum_{n=0}^{N-1} \sum_{m=0}^{M-1} \mathbb{E}\{|d_{n,m}|^2\} |G_{n,m}(f,t)|^2 \end{aligned} \tag{4.46}$$

其中，$\mathbb{E}(\cdot)$ 是期望值。为了得到公式（4.46）的最终表达式，我们依据这样的事实：虽然脉冲 $g_{n,m}(t)$ 和其 STFT 不是正交的，但是数据符号 $d_{n,m}$ 是相互独立且期望值为 0 的随机变量。另外，前面的关系表明，基于用户数据 $d_{n,m}$ 的统计独立性，时频平面的功率分配可以用合成脉冲 $g(t)$ 的频谱的加权和进行计算，并在时间和频率上进行移位。换句话说，公式（4.46）可以重写为

$$P(f,t)=\sum_{n=0}^{N-1}\sum_{m=0}^{M-1}P_{d_{n,m}}\cdot P_{g_{n,m}}(f,t) \tag{4.47}$$

$P_{d_{n,m}}$ 是分配给数据符号 $d_{n,m}$ 的功率，并且 $P_{g_{n,m}}(f,t)=\left|G_{n,m}(f,t)\right|^2$ 是脉冲 $g_{n,m}(t)$［移到时频平面的 (n,m) 点的 $g(t)$］的基于 STFT 的功率密度。我们注意到

$$\begin{aligned}G_{n,m}(f,t)&=\mathrm{STFT}(g_{n,m}(f,t))\\&=\int_{-\infty}^{\infty}g(\tau-mT)\mathrm{e}^{\mathrm{j}2\pi nF\tau}\gamma^*(\tau-t)\mathrm{e}^{-\mathrm{j}2\pi f\tau}\,\mathrm{d}\tau\\&=\int_{-\infty}^{\infty}g(\tau-mT)\gamma^*(\tau-t)\mathrm{e}^{-\mathrm{j}2\pi(f-nF)\tau}\,\mathrm{d}\tau\end{aligned} \tag{4.48}$$

通过替换 $\tau'=\tau-mT$，我们得到

$$\begin{aligned}G_{n,m}(f,t)&=\int_{-\infty}^{\infty}g(\tau')\gamma^*(\tau'-(t-mT))\mathrm{e}^{-\mathrm{j}2\pi(f-nF)(\tau'+mT)}\,\mathrm{d}\tau'\\&=\mathrm{e}^{-\mathrm{j}2\pi(f-nF)mT}G_{0,0}(f-nF,t-mT)\end{aligned} \tag{4.49}$$

因此，

$$|G_{n,m}(f,t)|^2=|G_{0,0}(f-nF,t-mT)|^2 \tag{4.50}$$

最后，

$$\begin{aligned}P(f,t)&=\sum_{n=0}^{N-1}\sum_{m=0}^{M-1}P_{d_{n,m}}\cdot P_{g_{n,m}}(f,t)\\&=\sum_{n=0}^{N-1}\sum_{m=0}^{M-1}P_{d_{n,m}}\cdot P_{g_{0,0}}(f-nF,t-mT)\end{aligned} \tag{4.51}$$

将下标 n 和 m 改为 n' 和 m'，得

$$P(f,t)=\sum_{n'=0}^{N-1}\sum_{m'=0}^{M-1}P_{d_{n',m'}}\cdot P_{g_{0,0}}(f-n'F,t-m'T) \tag{4.52}$$

代替时间变量 $t=mT+\tau$ 和频率变量 $f=nF+\varphi$，其中 $\varphi\in\left(-\frac{F}{2},\frac{F}{2}\right)$，$\tau\in\left(-\frac{T}{2},\frac{T}{2}\right)$，在这种情况下，

$$\begin{aligned}P(f,t)\Big|_{\substack{t=mT+\tau\\ f=nF+\varphi}} &= P_{n,m}(\varphi,\tau)\\ &=\sum_{n'=0}^{N-1}\sum_{m'=0}^{M-1}P_{d_{n',m'}}P_{g_{0,0}}(nF+\varphi-n'F,mT+\tau-m'T)\\ &=\sum_{n'=0}^{N-1}\sum_{m'=0}^{M-1}P_{d_{n',m'}}P_{g_{0,0}}(\varphi+(n-n')F,\tau+(m-m')T)\end{aligned} \quad (4.53)$$

前面提到的公式可以用公式（4.43）代替：

$$\begin{aligned}P_{n,m}(\varphi,\tau) &=\sum_{n'=0}^{N-1}\sum_{m'=0}^{M-1}P_{d_{n',m'}}P_{g_{0,0}}(\varphi+(n-n')F,\tau+(m-m')T)\\ &=\begin{cases}W_{\text{level}}-\dfrac{\mathcal{N}_{n,m}(\varphi,\tau)}{|H_{n,m}(\varphi,\tau)|^2}, & \dfrac{\mathcal{N}_{n,m}(\varphi,\tau)}{|H_{n,m}(\varphi,\tau)|^2}\leqslant W_{\text{level}}\\ 0, & \dfrac{\mathcal{N}_{n,m}(\varphi,\tau)}{|H_{n,m}(\varphi,\tau)|^2}>W_{\text{level}}\end{cases}\end{aligned} \quad (4.54)$$

$\mathcal{N}_{n,m}(\varphi,\tau)$ 和 $H_{n,m}(\varphi,\tau)$ 分别为噪声功率谱密度和时频信道特性在第 $(mT+\tau)$ 时域和第 $(nF+\varphi)$ 频率位置的时频表示。假设在由 (φ,τ) 决定的矩形区域，即在原子周围 F 乘 T 大小的区域，它们在时频网格中的位置由第 (n,m) 个原子的位置定义，信道时频特性和噪声功率谱密度是常数，即 $\mathcal{N}_{n,m}(\varphi,\tau)=\mathcal{N}_{n,m}$，$H_{n,m}(\varphi,\tau)=H_{n,m}$（同样，对于 OFDM 的情况，我们假设在每个子载波上定义的子信道都是平坦衰减）。

在 GMC 帧中，对函数［公式（4.54）］在涉及的矩形区域（φ 和 τ 可能的值）进行积分得到下面的结果。

$$\begin{aligned}&\frac{1}{TF}\int_{-\frac{F}{2}}^{\frac{F}{2}}\int_{-\frac{T}{2}}^{\frac{T}{2}}P_{n,m}(\varphi,\tau)\mathrm{d}\tau\mathrm{d}\varphi=\sum_{n'=0}^{N-1}\sum_{m'=0}^{M-1}P_{d_{n',m'}}\cdot\\ &\frac{1}{TF}\int_{-\frac{F}{2}}^{\frac{F}{2}}\int_{-\frac{T}{2}}^{\frac{T}{2}}P_{g_{0,0}}(\varphi+(n-n')F,\tau+(m-m')T)\mathrm{d}\tau\mathrm{d}\varphi\end{aligned} \quad (4.55)$$

记

$$\psi_{g_{n,m}} = \frac{1}{TF}\int_{-\frac{F}{2}}^{\frac{F}{2}}\int_{-\frac{T}{2}}^{\frac{T}{2}} P_{g_{0,0}}(\varphi + nF, \tau + mT)\mathrm{d}\tau\mathrm{d}\varphi \tag{4.56}$$

这可以理解为在一个 GMC 帧中，在 TF 网格中的第(n,m)个原子附近的F乘T矩形区域观察到的脉冲$g_{0,0}$的一部分功率，因此

$$\sum_{n'=0}^{N-1}\sum_{m'=0}^{M-1} P_{d_{n',m'}} \cdot \psi_{g_{n-n',m-m'}} = \begin{cases} W_{\text{level}} - \dfrac{\mathcal{N}_{n,m}}{|H_{n,m}|^2}, & \dfrac{\mathcal{N}_{n,m}}{|H_{n,m}|^2} \leqslant W_{\text{level}} \\ 0, & \dfrac{\mathcal{N}_{n,m}}{|H_{n,m}|^2} > W_{\text{level}} \end{cases} \tag{4.57}$$

最后，对于在时域和频域色散（衰落）信道的注水，封闭形式的公式如下。

$$P_{d_{n,m}} = \begin{cases} \dfrac{W_{\text{level}}}{\psi_{g_{0,0}}} - \dfrac{\Upsilon_{n,m}}{\psi_{g_{0,0}}}, & \Upsilon_{n,m} \leqslant W_{\text{level}} \\ 0, & \Upsilon_{n,m} > W_{\text{level}} \end{cases} \tag{4.58}$$

其中，

$$\Upsilon_{n,m} = \frac{\mathcal{N}_{n,m} + |H_{n,m}|^2 \sum_{\substack{(n',m') \in \mathbb{Z}' \\ (n',m') \neq (n,m)}} P_{d_{n',m'}} \cdot \psi_{g_{n-n',m-m'}}}{|H_{n,m}|^2} \tag{4.59}$$

$\mathbb{Z}' = \{(n,m) \in \langle 0,1,\cdots,N-1\rangle \times \langle 0,1,\cdots,M-1\rangle\}$，这里，“×”表示笛卡儿积。值得注意的是，对于脉冲位置(n,m)，$\Psi_{g_{0,0}} P_{d_{n,m}} / \Upsilon_{n,m}$可以理解为信号噪声干扰比（SINR）。另外，这里的干扰表示自干扰，即源于表示相同信号的其他移位脉冲。

$$\mathcal{I}_{n,m} = |H_{n,m}|^2 \sum_{\substack{(n',m') \in \mathbb{Z}' \\ (n',m') \neq (n,m)}} P_{d_{n',m'}} \cdot \psi_{g_{n-n',m-m'}} \tag{4.60}$$

假设一个原子的有用功率在它周围的F乘T的矩形区域，且另一部分功率对其他原子构成了干扰，则$H_{n,m}$和$\mathcal{N}_{n,m}$在这些区域是常数，实际上，我们可以使用另一个比公式（4.42）更原始的公式，并且得到了相同的注水结果。

$$C = \sum_{n=0}^{N-1}\sum_{m=0}^{M-1} \log_2\left[1 + \frac{P_{d_{n,m}}\psi_{g_{0,0}}|H_{n,m}|^2}{\mathcal{N}_{n,m} + \mathcal{I}_{n,m}}\right] \tag{4.61}$$

公式（4.58）和公式（4.59）表明，分配给表示数据符号 $d_{n,m}$ 的矩形脉冲的最佳功率取决于分配到所有其他脉冲的功率。为了找到这个问题的联合解决方案，我们需要解一组含 NM 未知变量的 NM 方程，这些功率被分配给所有的 NM 脉冲和一组表示非负功率分配约束的不等式。为了实现这个目标，公式（4.58）可以重写成如下矩阵形式。

$$\boldsymbol{P}_g \cdot \boldsymbol{P}_d = \boldsymbol{X} \tag{4.62}$$

其中，

$$\boldsymbol{P}_g = \begin{pmatrix} \boldsymbol{\Psi}_{g_{0,0}} & \boldsymbol{\Psi}_{g_{0,1}} & \cdots & \boldsymbol{\Psi}_{g_{0,N-1}} \\ \boldsymbol{\Psi}_{g_{1,0}} & \boldsymbol{\Psi}_{g_{1,1}} & \cdots & \boldsymbol{\Psi}_{g_{1,N-1}} \\ \vdots & \vdots & \vdots & \vdots \\ \boldsymbol{\Psi}_{g_{N-1,0}} & \boldsymbol{\Psi}_{g_{N-1,1}} & \cdots & \boldsymbol{\Psi}_{g_{N-1,N-1}} \end{pmatrix} \tag{4.63}$$

并且，

$$\boldsymbol{\Psi}_{g_{n,n'}} = \begin{pmatrix} \Psi_{g_{n-n',0-0}} & \Psi_{g_{n-n',0-1}} & \cdots & \Psi_{g_{n-n',0-M+1}} \\ \Psi_{g_{n-n',1-0}} & \Psi_{g_{n-n',1-1}} & \cdots & \Psi_{g_{n-n',1-M+1}} \\ \vdots & \vdots & \ddots & \vdots \\ \Psi_{g_{n-n',M-1-0}} & \Psi_{g_{n-n',M-1-1}} & \cdots & \Psi_{g_{n-n',M-1-M+1}} \end{pmatrix} \tag{4.64}$$

$$\boldsymbol{P}_d = (P_{d_{0,0}} \ P_{d_{0,1}} \ \cdots \ P_{d_{0,M-1}} \ \cdots \ P_{d_{N-1,0}} \ P_{d_{N-1,1}} \ \cdots \ P_{d_{N-1,M-1}})^{\mathrm{T}} \tag{4.65}$$

$$\boldsymbol{X} = (X_{0,0} \ \ X_{0,1} \ \cdots \ X_{0,M-1} \ \cdots \ X_{N-1,0} \ \ X_{N-1,1} \ \cdots \ X_{N-1,M-1})^{\mathrm{T}} \tag{4.66}$$

$\boldsymbol{X}$ 向量中的元素被定义为 $X_{n,m} = W_{\mathrm{level}} - \dfrac{\mathcal{N}_{n,m}}{\left|H_{n,m}\right|^2}$。可以通过公式（4.62）得到GMC传输中的时频功率分配问题的解决方案。然而，计算得到的功率值不能为负，因此，除了需要解这组方程外，还需要解下面这组不等式（对功率优化问题构成限制）。

$$\forall d_{n,m} : P_{d_{n,m}} \geqslant 0 \ \wedge \ W_{\mathrm{level}} \geqslant \Upsilon_{n,m} \tag{4.67}$$

参数 W_{level} 必须通过总功率 P_{tot} 受限的初始条件来计算。

$$W_{\mathrm{level}} \cdot N \cdot M = P_{\mathrm{tot}} + \sum_{n=0}^{N-1} \sum_{m=0}^{M-1} \frac{\mathcal{N}_{n,m}}{|H_{n,m}|^2} \tag{4.68}$$

4.3.2 GMC 发射机的自适应调制

为了实现比特和功率加载目标，公式（4.42）必须由 2.4 节中定义的用于解释 BEP 的参数 ρ 来补充。这个目标是为了最大化链路吞吐量——如下面的目标函数。

$$C = \frac{1}{T_{\mathrm{GMC}}} \int_{F_{\mathrm{GMC}}} \int_{T_{\mathrm{GMC}}} \log_2 \left[1 + \frac{\rho \cdot P(f,t)|H(f,t)|^2}{\mathcal{N}(f,t)} \right] \mathrm{d}t\mathrm{d}f \tag{4.69}$$

可以参照前面的方法进行推导，但推导出来的公式应包含参数 ρ。在这种情况下，分配给时频平面上特定脉冲的功率可以用公式（4.70）计算

$$P_{d_{n,m}} = \begin{cases} \dfrac{W_{\mathrm{level}}}{\psi_{g_{0,0}}} - \dfrac{\tilde{\Upsilon}_{n,m}}{\psi_{g_{0,0}}}, & \tilde{\Upsilon}_{n,m} \leqslant W_{\mathrm{level}} \\ 0, & \tilde{\Upsilon}_{n,m} > W_{\mathrm{level}} \end{cases} \tag{4.70}$$

其中，$\tilde{\Upsilon}_{n,m} = \Upsilon_{n,m} / \rho$。$W_{\mathrm{level}}$（或$W_{\mathrm{level}} : \Psi_{g_{0,0}}$）必须通过功率负载方法中的功率约束条件来计算。但是，公式（4.70）在时域和频域的积分产生了下面的关系，与注水中获得的结果稍微不同。

$$W_{\mathrm{level}} \cdot N \cdot M = P_{\mathrm{tot}} + \sum_{n=0}^{N-1} \sum_{m=0}^{M-1} \frac{\mathcal{N}_{n,m} + (1-\rho)|H_{n,m}|^2 \sum_{\substack{(n',m') \in \mathbb{Z}' \\ (n',m') \neq (n,m)}} P_{d_{n',m'}} \psi_{g_{n-n',m-m'}}}{\rho |H_{n,m}|^2} \tag{4.71}$$

可以观察到，W_{level} 取决于分配给所有数据符号 $d_{n',m'}$ 的功率水平 $P_{d_{n',m'}}$。在这种情况下，功率值 $P_{d_{n',m'}}$ 必须与 W_{level} 联合计算，即需要解一组数量为 $N \cdot M + 1$ 的方程。另外，对于所有的 (n,m) 对，必须满足构成非负功率约束的不等式组。

$$\tilde{\Upsilon}_{n,m} = \frac{\mathcal{N}_{n,m} + |H_{n,m}|^2 \sum_{\substack{(n',m') \in \mathbb{Z}' \\ (n',m') \neq (n,m)}} P_{d_{n',m'}} \cdot \psi_{g_{n-n',m-m'}}}{\rho \cdot |H_{n,m}|^2} \leqslant W_{\mathrm{level}} \tag{4.72}$$

方程组也可以用矩阵形式表示，正如 GMC 发射机的功率负载的情况。由于确定的 BEP 和相关参数 ρ，为功率负载问题定义的矩阵必须考虑变化的 W_{level}。因此，我们能够解决联合水面测定和脉冲位置的最佳功率分配的问题。

最后，对于一个给定的目标 BER，一旦确定了功率分配，就可以根据与公式（2.21）相同的公式将比特分配到各自的 TF 位置。

$$\mathcal{M}_{n,m} = 1 + \frac{\rho P_{d_{n,m}} \psi_{g_{0,0}} |H_{n,m}|^2}{\mathcal{N}_{n,m} + \mathcal{I}_{n,m}} \tag{4.73}$$

注意，公式（4.73）的结果完全是理论上的，$\mathcal{M}_{n,m}$ 可以是非整数。前面介绍的理论方法需要解大矩阵方程和不等式组，从实时角度考虑，这是不切实际的。为了降低计算复杂度，必须寻找实用且可行的次优化方案，将在下面进行介绍。

4.3.3　改进的 Hughes-Hartogs 算法在 GMC 系统中的应用

一种著名的具有实际意义的比特与功率加载算法是由 Hughes-Hartogs 提出的[260]。该算法首先根据在子载波上传输一个额外比特所需要的功率，反复地增加分配给每个子载波的比特数。然后，将连续的比特分配给子载波，为此需要最小的功率来发送一个额外的比特。接下来简要介绍针对 TF 表示信号的 Hughes-Hartogs 算法的改进[67, 261]。第一个改进措施是将传统算法扩展到了二维信号（在时间和频率上定义），但仍然是正交的，不影响两个维度。因此，为了直接将 Hughes-Hartogs 算法扩展到二维空间，我们假设原子的能量集中在 TF 网格的 F 乘 T 区域，或者它们是正交的，所以 $\forall(n,m):\mathcal{I}_{n,m}=0$。这个二维 Hughes-Hartogs 算法在考虑到传输脉冲（原子）在时间和频率可能重叠的情况下，以及在这种重叠和脉冲缺乏正交性可能被忽略的情况下，有助于进一步比较比特与功率加载的性能。

首先，在初始化阶段，定义每个时间和频率位置的增量矩阵。在这个矩阵中，行与每个符号（星座图大小）的比特数有关，列与被考虑的这个框架中所有脉冲 TF 的位置有关，如图 4.20 所示。这个矩阵中的每个元素代表从一个可行的星座到下一个星座功率传输的额外比特数的最小值（q）（例如，当考虑 M-QAM 星座时，q=2）：$\Delta P_{i,n,m}=P_{i,n,m}-P_{i-1,n,m}$，其中，$P_{i,n,m}$ 表示在脉冲（n, m）位置用于在一个必要的（预先设计好的）BEP 上传输 $b=iq$ 比特每符号所需要的传输功率，其在一个需要的（或者先确定好的）BEP 中，i 是行索引。下标 j 是由 n 和 m 定义的：$j=m\cdot N+n+1$。注意对于 $\forall(n,m)\in\mathbb{Z}'$，有 $P_{0,n,m}$=0。$P_{i,n,m}$ 的值可以从公式（4.73）中计算得出，假设 $\mathcal{I}_{n,m}$=0：

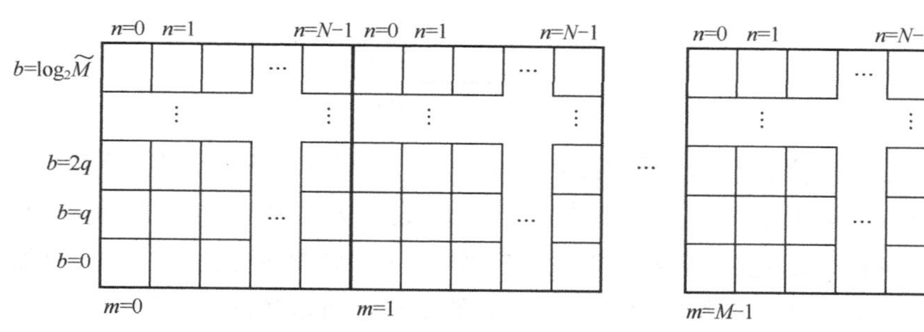

图 4.20　二维 Hughes-Hartogs 算法的增量矩阵（b：比特数）

$$P_{i,n,m} = (\mathcal{M}_{i,n,m} - 1)\frac{\mathcal{N}_{n,m}}{\rho\psi_{g_{0,0}}|H_{n,m}|^2} \tag{4.74}$$

其中，$\mathcal{M}_{i,n,m}$ 为在 TF 平面上（n, m）处的脉冲星座顺序，$\mathcal{M}_{i,n,m}=2^{iq}$。$\mathcal{M}_{i,n,m}$ 的值是算法中最大星座顺序的上限（$\mathcal{M}_{i,n,m} \leqslant \mathcal{M}$）。

在初始化之后，执行算法的主循环。改进的二维算法见表 4.1。该算法与传统算法之间的主要差异在于增量矩阵的大小。

表 4.1　二维 Hughes-Hartogs 算法

初始化阶段：
填充增量——功率矩阵，将 b=0 分配给每一个脉冲，填充向量 $\boldsymbol{B}_{\text{HH}}=\{b_j\}$，$j=0,1,2,\cdots,N\cdot M-1$ 为 0，并设置：P_{act}:=0，B_{act}==0
主循环：
（1）查找最小值 $\Delta P_{i^*,n,m}$，即所选单元的索引：第 i^* 行和第 $j^* = m^* \cdot N + n^* + 1$ 列；
（2）在 TF 平面上，将 q 的更多比特（如 QAM 的 q=2）分配给（n^*,m^*）处的脉冲；
（3）增量 b_{j^*}乘以向量 $\boldsymbol{B}_{\text{HH}}$ 中的 q；
（4）将 j 列的所有项都移到一个位置上（用指数表示）：$\Delta P_{i^*,n,m} := \Delta P_{i^*+1,n,m}$；
（5）更新 B_{act} 的实际比特数和被传输的功率 P_{act}:$B_{\text{act}}=B_{\text{act}}+q$，$P_{\text{act}} = P_{\text{act}} + \Delta P_{i^*,n^*,m^*}$
（6）如果 $B_{\text{act}} \leqslant B_{\text{tot}}$ 且 $P_{\text{act}} \leqslant P_{\text{tot}}$，则继续执行步骤（1）；否则，结束循环。
结果： 分配给每个脉冲的比特数在向量 $\boldsymbol{B}_{\text{HH}}$ 中。

Hughes-Hartogs 算法的一般假设是信号不包含信息比特的正交性。对于具有重叠非正交脉冲的 GMC 传输，情况并非如此。假设在算法的初始阶段，$P_{i,n,m}$ 值的计算方法是将 $\mathcal{I}_{n,m}$ 在任意（n, m）TF 位置所观察到的自干扰值计算在内，即：

$$\begin{aligned} P_{i,n,m} &= (\mathcal{M}_{i,n,m} - 1)\frac{\mathcal{N}_{n,m} + \mathcal{I}_{n,m}}{\rho\psi_{g_{0,0}}|H_{n,m}|^2} \\ &= (\mathcal{M}_{i,n,m} - 1)\frac{\mathcal{N}_{n,m} + |H_{n,m}|^2 \sum_{\substack{(n',m') \in \mathbb{Z}' \\ (n',m') \neq (n,m)}} P_{i,n',m'} \cdot \psi_{g_{n-n',m-m'}}}{\rho\psi_{g_{0,0}} \cdot |H_{n,m}|^2} \end{aligned} \tag{4.75}$$

对于给定的比特数 b=iq 和所有的（n,m）对，公式（4.75）定义了 NM 线性方程组。这样，增量矩阵中的每一行的元素都可以由这组方程所得到的解来填充。但是，Hughes-Hartogs 算法的主循环不能像表 4.1 那样执行。这是因为为一个原子分配更多的功率和增加位元会对其他相邻的原子产生更大的干扰，所以在前一个阶段计算出的这些原子的增量不再正确。在 Hughes-Hartogs 算法的每一次迭代中，对增量功率矩阵中所有位置的增量功率都应该重新计算，然而，这将是一个计算高度复杂的解决方案。

仿真结果

本书通过计算机仿真，研究了 Hughes-Hartogs 算法在 GMC 传输中比特与功率加载的性能。假设 N=16 和 M=32，TF 平面的大小为 32 乘以 16，而 GMC 框架中的脉冲数 NM=512。假设总传输功率的约束比信号归一化功率大 M 倍。合成函数 $g(t)$ 是汉宁窗（脉冲）。为了获得合成功率 $g(t)$ 的 TF 功率分布，用高斯脉冲作为分析函数计算了 STFT 规范图。用 L_s 表示衰落信道模型，选择了指数衰减功率的 12 条路径。未编码系统的假定目标 BER=10^{-3}，而每一个星形点的最大比特数为 10（$\tilde{M}=2^{10}$），单个原子传输的比特最小增量 q=1。

实验测试了两个版本的二维 Hughes-Hartogs 算法：一个是假定脉冲正交性的算法（尽管在仿真设置中，它们不是正交的），另外一个则是考虑到所有自干扰，如前面所讨论的。已经生成了许多信道实例化的平均结果。图 4.21 给出了一个 TF 信道特性的例子[67]。在矩形的角区域中，灰色的阴影表示在原子位置的信道特性的绝对值。在图 4.22 中，可以看到两个版本的 Hughes-Hartogs 算法结果。考虑自干扰的比特分配，更好地反映了对信道 TF 特性的调整。

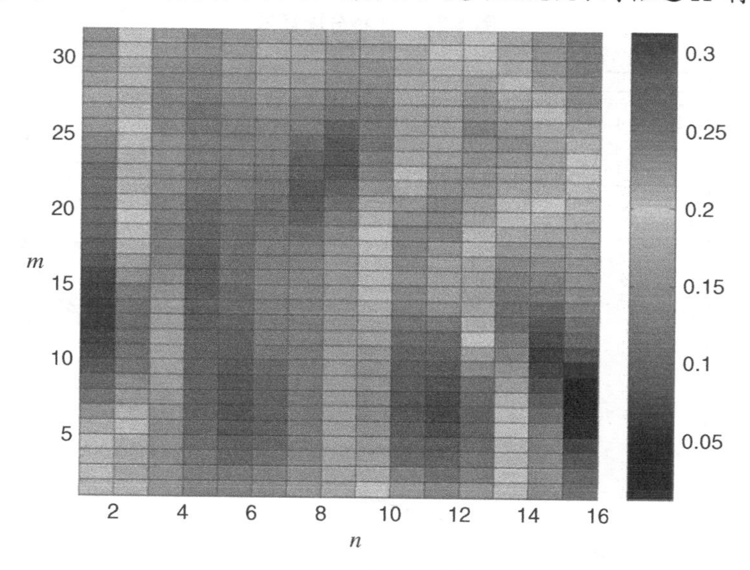

图 4.21 TF 信道特性的例子

现在考虑所选方法可实现通道容量与信噪比的关系。我们考虑了脉冲重叠的两种变体——强重叠和弱重叠。强重叠指脉冲的持续时间 $L_g\Delta t$ 比连续脉冲 T 之间的时间间隔长 2 倍以上；而弱重叠指脉冲持续时间只比 T 长约 1.2 倍，结果如图 4.23 所示。可以看到，在任何重叠下，针对 GMC 系统改进的 Hughes-Hartogs 算法的信道容量与平均信噪比之比比传统的（假定脉冲为正交的）Hughes-Hartogs 算法要高。

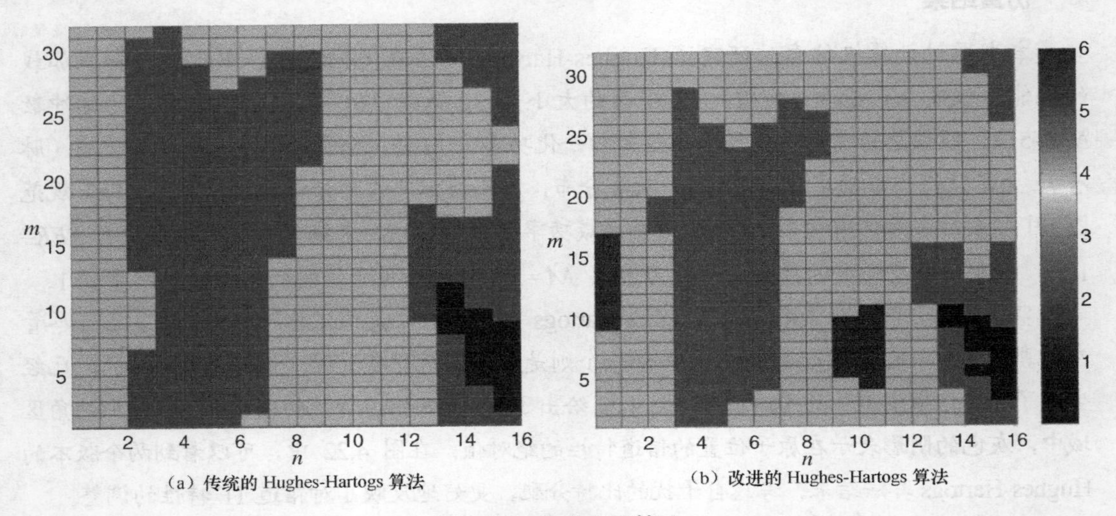

（a）传统的 Hughes-Hartogs 算法　（b）改进的 Hughes-Hartogs 算法

图 4.22　比特分配算法

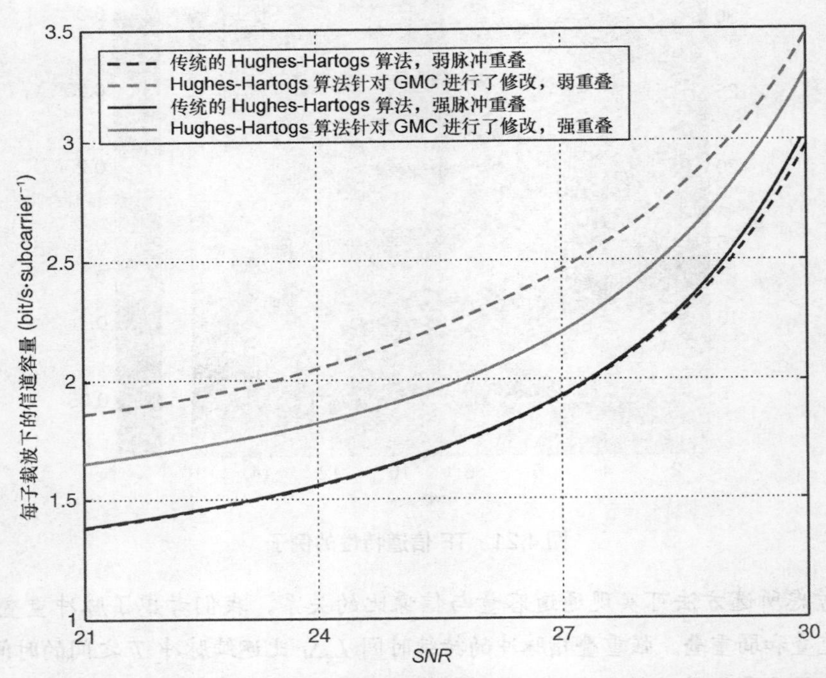

图 4.23　传统的和改进的 Hughes-Hartogs 算法在强重叠和弱重叠两种情况下，信道容量与 SNR 的关系

4.3.4 GMC 传输中关于链接适应的讨论

除了 Hughes-Hartogs 算法，还考虑了许多比特与功率加载的实用算法在 GMC 传输中的应用，并对其进行了必要的修改以解决二维信令和脉冲缺乏正交性问题。例如，文献[263]应用了文献[262]中所述的著名的 Campello 算法，并提出了一些简化计算传输原子的比特和功率分配的方法。

提出 Hughes-Hartogs 算法和 Campello 算法的目的是优化传输功率。Frscher 和 Huber 提出了完全不同的方法[264]。笔者指出，在实践中不需要达到系统容量，没有最大化的吞吐量，而是找到了一种以尽可能低的错误率传输固定的数据速率的方法。根据这些假设，笔者推导出了一个公式，该公式找到每个子载波的比特数，并假定在接收方做出错误判断的概率最高的情况下将其分配给每个子载波。在接下来的步骤中，将被分配的位元的数目四舍五入到最接近的允许值，并实现比特与功率分配的最终调整。

由 CHow 等[265]提出的算法的主要思想是，在 Hughes-Hartogs 算法[260]中以非常简单的方式将假设的总传输比特数分配给子载波。假定子载波之间的初始功率分布是均匀的，并转换为若干位元，这些位元可以通过在每个子载波中计算 SNR 来传输。然后，在每次迭代中，分配的比特和功率数量级都会降低，直到满足速率和功率要求。将原来的 Chow 算法修改为 GMC 传输是很简单的。该算法不是计算每个子载波的信噪比，而是计算 TF 平面每个脉冲的 SINR。在 GMC 中 SINR 是由 $SINR_{n,m} = p_{d_{n,m}} \Psi_{g_{0,0}} / \Upsilon_{n,m}$ 式得出的。同理，在 Hughes-Hartogs 算法中，单个原子的位置（n,m）的功率变化改变了所有其他位置的 SINR，因此，这些值必须在 Chow 算法中的每次迭代中重新计算。

我们将得出结论，当发射脉冲在时域或频域中正交或很好地定位时，GMC 发射机的自适应的比特与功率加载相对简单。在这种情况下，用于 OFDM 的标准自适应调整算法可以很容易地扩展到二维信号。然而，当脉冲在时域和频域上重叠时，标准算法会在传输信号中产生明显的自干扰，因此，不能应用标准算法，而且必须改进以说明这些脉冲之间的相互依赖的关系。这反过来又大大增加了它们的计算复杂度。

在讨论链路适应时，还应考虑自适应调制和编码，即自适应地选择一对调制星座和编码方案。实际上，通常针对资源块（针对一组子载波或在 LTE 系统中所谓的基本资源块）选择编码的方案。这种调制和编码自适应通常基于读取查找表（LUT），查找表中的值可用于各种 SNR。

4.4 GMC 接收机的问题

与单载波相比，OFDM 的一个优点是可以显著降低信道估计和均衡的复杂度[53, 96, 244]。在一定时间内，每个子载波频率附近定义的子通道（例如，该子载波所对应的频带片段）可以被视为平坦型衰落并且在一定时间段内保持恒定。这是因为：第一，子载波在定义正交性的周期中是正交的；第二，相干时间比 OFDM 符号持续时间长；第三，相干带宽比 OFDM 符号速率高得多。此外，为了避免符号间干扰（ISI），在发送的符号之前放置一个循环前缀。OFDM 信号的这些特性使信道系数可以很容易地计算出来，并且信道的影响可以在频域中被均衡[53,266~268]。因此，OFDM 接收机实际上可以通过串并转换器和 FFT 模块实现，后面接一个由在频域中工作的单抽头自适应滤波器组成的简单均衡器。

但是，当允许 TF 平面中的相邻脉冲重叠，并且不强制应用循环前缀时，必须修改接收机结构。众所周知，广泛应用于多路复用器中基于滤波器组的结构可以作为通用接收机结构的一种形式（如图 4.4 所示）[49, 64, 84]。在这种情况下，接收的信号首先通过滤波器组，然后进入 FFT 模块和均衡器。正如本章前面所讨论的，在 TF 平面上的传输脉冲可以相互重叠，可能不是正交的，也可能是自干扰的。在信号发射机输出的 GMC 信号中可能会发生相邻脉冲在时域和频域之间相互干扰。因此，信号接收的方法必须考虑这种自干扰，例如，广泛用于多用户干扰消除的迭代干扰消除方法[269,270]可以应用于 GMC 接收机。需要指出的是，一些类似于 GMC 的信号接收方法已经在文献[51, 52, 80, 84, 85, 240]中被提出。接下来，将研究一些 GMC 信号的干扰消除方法。当不可能创建发送-接收脉冲对时，我们认为发送脉冲构成超完备集。

4.4.1 接收信号分析

正如本章前面所述，GMC 信号可以表示为

$$s[k]=\sum_{m\in\mathbb{Z}}\sum_{n=0}^{N-1}d_{n,m}\cdot g_{n,m}[k] \tag{4.76}$$

其中，$s[k]$（$k\in\mathbb{Z}$，$\mathbb{Z}$ 是整数集）为离散时间信号，属于平方可和序列复希尔伯特空间 l_2，$\{d_{n,m}\}$是帧系数，N 是子载波数，$\{\gamma_{n,m}[k]\}$为基函数序列，定义为[51, 82, 240]：

$$g_{n,m}[k]=g[k-mM_{\Delta}]\cdot \mathrm{e}^{\frac{\mathrm{j}2\pi n(k-mM_{\Delta})}{N}} \tag{4.77}$$

正如前面所提到的，M_{Δ}是 N 个平行符号（在样本中）调制 N 个子载波的时间间隔，$r[k]$是脉冲的形状。一般来说，帧系数$\{d_{n,m}\}$可以通过 Gabor 变换和 STFT 得到[82, 240]，可以描述为

$$d_{n,m}=\sum_{k\in\mathbb{Z}} s[k]\cdot\gamma_{n,m}^{*}[k] \tag{4.78}$$

其中，

$$\gamma_{n,m}[k]=\gamma[k-mM_{\Delta}]\cdot \mathrm{e}^{\frac{\mathrm{j}2\pi n(k-mM_{\Delta})}{N}} \tag{4.79}$$

公式（4.79）为分析窗口，$(\cdot)^*$代表复共轭。

双 Gabor 帧的存在允许在 GMC 接收机端恢复数据符号。基于 Balian-Low 定理[239]，原子的 TF 的良好定位［集中在离散的 TF 平面上（n, m）坐标附近］可以降低 ISI 和载波干扰（ICI）并可以在 OFDM 中省略必要的保护周期[51, 82, 240, 271]。

接下来讨论非正交脉冲的传输方案。假设基函数线性相关，并创建一个超完备集（超临界采样情况）。这种假设导致基于 OFDM 的系统无法应用典型的接收方法以正确恢复用户数据[80, 85]。出现这种情况的原因是任意选择的二维复值集（如相应的用户数据）可能不是对任何信号应用 STFT 的有效结果[237]，也就是说，没有一个实时的时域信号可以通过应用 STFT 或 Gabor 变换获得的二维复值集构成它的时域表示。另外，对于一组超完备集的基函数，双函数（脉冲、窗口）并不是唯一的。实践证明，如果输入值集合是严格定义的，即可以选择的数值是有限的（例如，从 M-QAM 的所有星座点的集合中选择），就可以定义一对唯一的发送-接收脉冲，以便完美地重建传输数据[80]。

为了提取必要的信号和干扰项，我们来分析接收到的信号，如果是理想（非失真）信道，即

$$\begin{aligned}\tilde{d}_{n,m}&=\sum_{k\in\mathbb{Z}} r[k]\cdot\gamma_{n,m}^{*}[k]\\&=\overbrace{d_{n,m}\sum_{k\in\mathbb{Z}} g_{n,m}[k]\cdot\gamma_{n,m}^{*}[k]}^{\text{所需信号}}+\overbrace{\sum_{\substack{(n',m')\in\mathbb{Z}'\\(n',m')\neq(n,m)}}\sum_{k\in\mathbb{Z}} d_{n',m'}g_{n',m'}[k]\cdot\gamma_{n,m}^{*}[k]}^{\text{自干扰}}+\\&\quad\overbrace{\sum_{k\in\mathbb{Z}} w[k]\cdot\gamma_{n,m}^{*}[k]}^{\text{有色噪声}}\end{aligned} \tag{4.80}$$

其中，$\mathbb{Z}'$ 是索引 n 和 m 集合的笛卡儿积（$\mathbb{Z}'=\{(n,m)\in\langle 0,1,\cdots,N-1\rangle\times\langle 0,1,\cdots,M-1\rangle\}$）,$w[k]$是第 k 个样本矩的噪声样本。接收和解调信号即使在理想信道中也会受到相邻脉冲（在时间和频率上）对用户数据 $d_{n,m}$ 的自干扰。即使在合成分析脉冲是唯一的并且理论上可以很好地恢复用户数据（例如 $\hat{d}_{n,m}=d_{n,m}$）的实际系统中，相邻脉冲之间的自干扰也不能被抵消。这是因为在实践中，脉冲必须是有限的（例如，在时域上），而且在理论上，通常至少有一个对偶脉冲对是无限持续的。因此，残余干扰的存在导致了 SINR 降低。当使用超完备基（应用过临界抽样，即 $M_\Delta\leqslant N$）时，情况会更糟，因为给定合成函数的对偶窗口不是唯一的，不能用标准方法处理[80,85]。此外，由于实际实现（甚至是唯一的）发送和接收脉冲对的限制，因此，无法实现双正交支撑。这就是公式（4.80）中自干扰项存在的原因。此外，由于缺乏双正交性，表达式$\sum_{k\in\mathbb{Z}}g_{n,m}[k]\cdot\gamma_{n,m}^*[k]$不等于 1，导致接收信号期望部分的退化。

值得一提的是，由于接收机端的滤波，观测到的噪声不再是白噪声。在公式（4.80）中最后一项表示有色噪声[272~274]。有色噪声的存在意味着可以考虑特定的接收方法（例如，Cholesky 分解[275]或应用噪声+干扰白化匹配滤波器[269,276,277]）。

对于多径信道，公式（4.80）可以改写为

$$\begin{aligned}\tilde{d}_{n,m}&=\sum_{k\in\mathbb{Z}}r[k]\cdot\gamma_{n,m}^*[k]=H_{n,m}d_{n,m}\sum_{k\in\mathbb{Z}}g_{n,m}[k]\cdot\gamma_{n,m}^*[k]+\\&\quad\sum_{\substack{(n',m')\in\mathbb{Z}'\\(n',m')\neq(n,m)}}\sum_{k\in\mathbb{Z}}H_{n',m'}d_{n',m'}g_{n',m'}[k]\cdot\gamma_{n,m}^*[k]+\sum_{k\in\mathbb{Z}}w[k]\cdot\gamma_{n,m}^*[k]\\&=H_{n,m}d_{n,m}\sum_{k\in\mathbb{Z}}g_{n,m}\cdot\gamma_{n,m}^*[k]+\tilde{\mathcal{I}}_{n,m}+\tilde{\mathcal{N}}_{n,m}\end{aligned}\tag{4.81}$$

其中，$H_{n,m}$ 为用户在时频点（n,m）所对应的信道系数。此外，$\tilde{\mathcal{I}}_{n,m}$和$\tilde{\mathcal{N}}_{n,m}$ 分别表示接收机分析滤波器输出时频符号位置（n,m）中观察到的残余干扰信号和有色噪声。假设信道增益在每一个脉冲附近是常数，也就是说，在脉冲中心周围的大小为 $F\times T$ 的矩形区域内，$H_{n,m}(\varphi,\tau)=H_{n,m}$（其中，$\varphi\in\left(-\frac{F}{2},\frac{F}{2}\right),\tau\in\left(-\frac{T}{2},\frac{T}{2}\right)$）。在接收信号解调和信道均衡后，处理传输数据 $\hat{d}_{n,m}^{(q)}=D\left\{\tilde{d}_{n,m}^{(q)}\right\}$（为了简单起见，我们省略了决策运算符 D 的其他参数，包括估计通道系数 $\left\{\hat{H}_{n,m}\right\}$ 和所选的均衡方法集合）。

解决残余自干扰问题的一种方法是连续或并行的干扰抵消技术。干扰抵消技术在 CDMA 和多输入多输出（MIMO）系统中得到了广泛的应用，可以从接收信号中去除干

扰成分[270, 278~282]。对于 CDMA 系统，采用干扰抵消技术来消除接收信号中的多用户干扰，例如，在上行传输中，当基站观测到大量来自移动终端的干扰信号时[280]。同样，在 MIMO 系统中需要减少天线之间的干扰，使用众所周知的 BLAST 算法（或其修改）[283, 284]来解决这个问题[282]。下面介绍两种常用的干扰抵消技术。

4.4.2 连续干扰消除（SIC）

连续干扰消除的主要思想是每一次（一次迭代）只对所有收到的信号中接收质量最好（通常根据 SINR）的信号解码（对应于 CDMA 中的一个用户或 MIMO 中一个天线）。这个信号被解码后，又被重新编码并从接收到的信号的总和中减去，从而消除了它所引起的干扰。重复这个过程，直到所有接收到的信号都被解码。这种方法的优点是能有效消除干扰。通过这种循序渐进的算法，可以在每次迭代中消除一个干扰，提高接收信号剩余部分的质量。但是，SIC 方法也有一些缺点，例如，它的处理时间较长，串行的处理方式导致了解码过程有较高的延迟。此外，该算法容易出现误传播，即如果一个信号被错误地解码，错误将在 SIC 算法的后续步骤中传播。

下面讨论如何将 SIC 应用在 GMC 接收机中，目标是消除相邻脉冲（原子）之间的自干扰，以便这些脉冲传输的数据从 SINR 最高的脉冲开始解码。一般的 GMC-SIC 接收机的结构如图 4.24 所示。

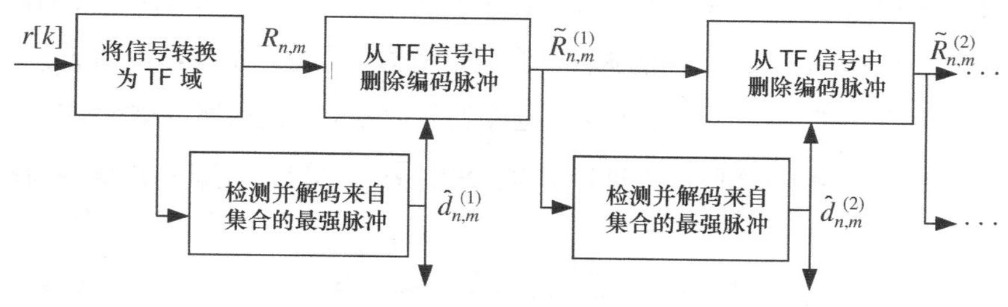

图 4.24 一般的 GMC-SIC 接收机的结构

在第一步中，接收到的信号 $r[k]$被转换为它的时频表示 $R_{n,m}$（使用 Gabor 变换或 STFT）。接下来，选择最强的脉冲（SINR 最高），检测通过这个脉冲传输的数据符号，得到符号 $\hat{d}_{n,m}^{(1)}$ 的估计值，再对这个脉冲进行一次调制，从接收到的信号 $R_{n,m}$ 中减去这个脉冲，得到一个输出信号 $\tilde{R}_{n,m}^{(1)}$。这个过程被重复 $N \cdot M$ 次，也就是 GMC 框架中符号的次数。

在干扰抵消的第 q 步（q=1⋯NM），具有最高 SINR 的解调符号 $\tilde{d}_{n,m}^{(q)}$ 被处理，即

$$\begin{aligned}\tilde{d}_{n,m}^{(q)} &= H_{n,m}d_{n,m}\sum_{k\in\mathbb{Z}} g_{n,m}[k]\gamma_{n,m}^{*}[k]+ \\ &\sum_{\substack{(n',m')\in\mathbb{Z}'^{(q)}\\(n',m')\neq(n,m)}}\sum_{k\in\mathbb{Z}} H_{n',m'}d_{n',m'}g_{n',m'}[k]\gamma_{n,m}^{*}[k]+\sum_{k\in\mathbb{Z}} w_{n,m}[k]\gamma_{n,m}^{*}[k] \\ &= H_{n,m}d_{n,m}\sum_{k\in\mathbb{Z}} g_{n,m}[k]\gamma_{n,m}^{*}[k]+\tilde{\mathcal{I}}_{n,m}^{(q)}+\tilde{\mathcal{N}}_{n,m}\end{aligned} \tag{4.82}$$

其中，$\mathbb{Z}'^{(q)}\subset\mathbb{Z}'$ 是（q–1）次迭代中未检测到的所有符号的索引对的集合，$\tilde{\mathcal{I}}_{n,m}^{(q)}$ 描述了第 q 步中在时频位置(n,m)观察到的干扰。此外，$\tilde{d}_{n,m}^{(q)}=d_{n_q,m_q}:(n_q,m_q)=\arg\max_{(n,m)\in\mathbb{Z}'^{(q)}} SINR_{n,m}^{(q)}$ 其中，

$$SINK_{n,m}^{(q)}=\frac{H_{n,m}d_{n,m}\sum_{k\in\mathbb{Z}} g_{n,m}[k]\gamma_{n,m}^{*}[k]}{\tilde{\mathcal{I}}_{n,m}^{(q)}+\tilde{\mathcal{N}}_{n,m}} \tag{4.83}$$

在每次迭代中，传输符号的估计都是基于某个可能包含信道均衡的决策规则 $\tilde{d}_{n,m}^{(q)}=\mathcal{D}\{\tilde{d}_{n,m}^{(q)}\}$ 进行计算的。假设 $SINR_{n,m}^{(q)}$ 足够高，则正确判断的概率很高，因此，$\hat{d}_{n,m}^{(q)}=d_{n_q,m_q}$，其中，$n_q$ 和 m_q 是实际的发射脉冲下标。然后，可以从接收到的信号中消除这个数据符号调制并被信道破坏的脉冲，从而在下一步降低对其他脉冲的干扰，增加 $SINR_{n,m}^{(q+1)}$。

实际的 GMC-SIC 接收机的结构如图 4.25 所示。在第一步中，将时域信号 $r[k]$转换为其时频表示 $R_{n,m}=R_{n,m}^{(0)}$，其中，$R_{n,m}^{(q)}$ 表示算法第 q 步中接收信号的时域表示。然后，从实际的指标集合 $\mathbb{Z}'^{(q)}$ 中选择 SINR 值最高的脉冲，利用信道估计量进行检测，得到 $\hat{d}_{n,m}^{(q)}$（同样，在完美检测的情况下，$\hat{d}_{n,m}^{(q)}=d_{n_q,m_q}$）。然后，这个符号由相应的发射脉冲进行调制，使用信道系数估计进行滤波，并由双接收脉冲进行解调，产生 $\bar{R}_{n,m}^{(q)}$。最后，更新待测脉冲指标集 $\mathbb{Z}'^{(q)}$。

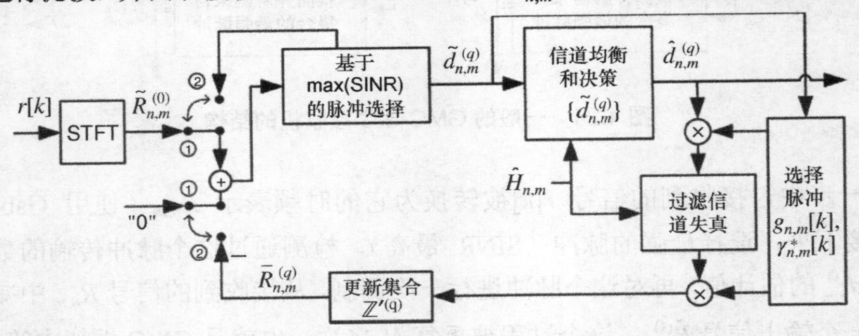

图 4.25　实际的 GMC-SIC 接收机的结构

4.4.3 并行干扰消除（PIC）

与连续干扰消除方法相比，并行干扰抵消（PIC）的特点是处理时间短，但接收机的高复杂度以所需的相关器的数量表示，并且随用户数量（以 CDMA 为例）或天线数量（以 MIMO 为例）的增加而线性增长[279, 282]。PIC 的思想是同时对所有接收到的信号单独进行处理。匹配滤波器模块后[53]，对接收到的信号（对应用户数量或天线数量）进行量化，得到第一个决策值。然后，在下一步中，从每个接收到的信号（即没有被量化）减去来自其他信号的干扰，得到新的接收信号的表示，从而得到更精确的决策。这个过程重复 Q 次。显然，重复次数越多，干涉消除的效果越好，但复杂度随之升高。

当将 PIC 接收机与 GMC 接收机结合时，目标是同时检测所有 NM 数据符号。在第一步中，所有在时频域的脉冲都被解码。然后，对于每一个单独的脉冲，消除所有来自其他脉冲的干扰，创建新的接收信号的时频表示。这样的操作可以重复 Q 次，从而提高以误比特率和 SINR 表征的接收机功效。一般的 GMC-PIC 接收机的结构如图 4.26 所示。

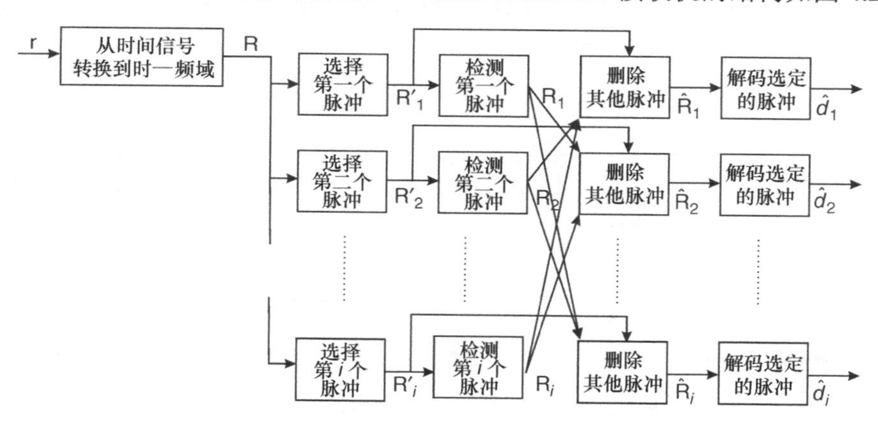

图 4.26　一般的 GMC-PIC 接收机结构

为了分析 PIC 接收机，本书考虑解调符号在第 q 次迭代中的另外一种表示 $\tilde{d}^{q}_{n,m}$（q=1…Q）：

$$\tilde{d}^{(q)}_{n,m} \approx H_{n,m} d_{n,m} \sum_{k\in\mathbb{Z}} g_{n,m}[k]\gamma^*_{n,m}[k]+$$

$$\sum_{\substack{(n',m')\in\mathbb{Z}' \\ (n',m')\neq(n,m)}} \sum_{k\in\mathbb{Z}} \beta^{(q)}_{n',n,m',m} H_{n',m'} \hat{d}^{(q-1)}_{n',m'} g_{n',m'}[k]\gamma^*_{n,m}[k]+$$

$$\sum_{k\in\mathbb{Z}} w_{n,m}[k]\gamma_{n,m}^{*}[k] = H_{n,m}d_{n,m}\sum_{k\in\mathbb{Z}} g_{n,m}[k]\gamma_{n,m}^{*}[k] + \tilde{\mathcal{I}}_{n,m}^{(q)} + \tilde{\mathcal{N}}_{n,m} \tag{4.84}$$

其中，$\beta_{n',n,m',m}^{(q)}$ 定义了比例因子［依赖于基于时频点（n',m'）和（n,m）的脉冲之间的相关性］。如前所述，$\hat{d}_{n,m}^{(q-1)}$、$\tilde{\mathcal{I}}_{n,m}^{(q)}$和$\tilde{\mathcal{N}}_{n,m}^{(q)}$分别描述了前一步（$q$–1步）中解码的符号，第$q$次迭代中观测到的干扰以及TF网络上（$n,m$）第$n$个位置观测到的噪声。注意，在完全检测的情况下，对于任何的q来说，$\hat{d}_{n,m}^{(q)}=d_{n,m}$、$\beta_{n',n,m',m}^{q}=1_1$，公式（4.84）与公式（4.81）相同（不近似）。此外，对于所有的n和m，$d_{n,m}$的近似值可以估计$\mathcal{I}_{n,m}^{(q)}$，并在所有的原子位置去除它。关于比例因子，可以观察到：应该可以导出其最佳值，因为它取决于相邻脉冲之间的相关性。

实际的GMC-PIC接收机的结构如图4.27所示。当接收到的信息从时域转换到时-频域后，检测所有的符号，从而得到对于所有$(n,m)\in\mathbb{Z}'$的$\hat{d}_{n,m}^{(q)}$估计值。然后，通过相应的发射（合成）脉冲对检测到的所有符号进行调制，按照信道系数估计值进行滤波以反映信道失真，并使用相应的接收（分析）脉冲进行调制。最后，消除干扰，为所有$(n,m)\in\mathbb{Z}'$的接收信号创建新的时域表示$R_{n,m}^{(q)}$。

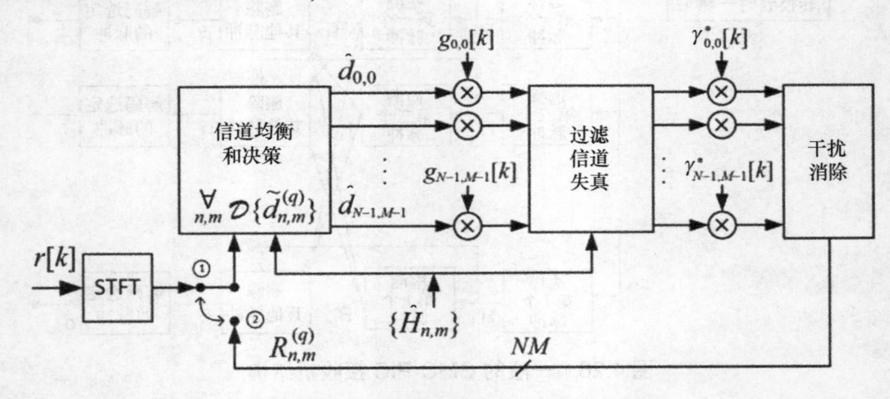

图4.27　实际的GMC-PIC接收机的结构

4.4.4　混合干扰消除（HIC）

为了克服并行干扰消除的复杂度和串行干扰消除的高时延，文献[285, 286]提出了融合两种干扰消除技术特征的混合解决方案。混合干扰消除（HIC）技术的主要思想是将接收到的信号集分成更小的组。接下来，所有组同时（并行）解码，而同一个组内的所有信号以串行方式进行干扰消除。显然，这样的过程是可以颠倒的，即组内信号同时进行（并行）解码，组与组之间以串行的方式进行干扰消除。

仿真结果

本节主要讨论在 GMC 系统中应用迭代干扰消除方法的性能。假定 1 个帧在时域中传输 M=4 个符号周期，在频域中传输 N=32 个子载波，即一个 GMC 帧由 NM=128 个携带数据符号（通常来自 QPSK 星座）的脉冲组成。假定对信道特性完全了解，并且实现了基于 MMSE 标准的均衡化方法，信道模型是指数衰减的路径功率模型。此外，还要考虑各种类型的脉冲形状，即矩形、汉宁和高斯脉冲。

在给出模拟结果之前，先考虑两种情况:

情况 A：当考虑临界采样时，即 $N=M_\Delta$，但样本中发射（合成）脉冲的持续时间大于 IFFT 的大小，即 $L_g \geqslant M$；脉冲在时间上重叠。

情况 B：当考虑合成脉冲的超完备集时，即 $N \geqslant M_\Delta$，对于给定的合成脉冲，对偶脉冲不是唯一的。在这种情况下，传统的接收方法无法完全恢复传输数据[64,80,81,85]。需要说明的是，对于可以选择输入数据的给定集合（如一组 M-QAM 符号），可以设计脉冲收发对，使过采样的传输可行[80]。

这两种情况都是基于 Prinz 算法得到双重脉冲形状，如文献[255]所述。此外，所有提出的干扰消除算法都是与标准的 ZF 或基于 MMSE 的接收方法进行比较，即当自干扰被视为噪声时，不采用干扰消除算法，数据符号检测采用 ZF 或 MMSE 标准。

1．SIC **算法的结果**

首先，在情况 A 中，设定 AWGN 信道，脉冲持续时间设置为 L_g=128 个样本以及连续脉冲的相应样本之间的时间距离 M_Δ=32，得到 BER 与 SINR 的关系如图 4.28 所示。这意味着一个发射脉冲与 3 个相邻的脉冲重叠，从而产生强的 ISI。由于应用了高斯脉冲，因此，在频域中存在相邻脉冲之间的 ICI。已知发射（合成）和接收（分析）脉冲的形状；可以预期，自干扰应该被很好地消除。

可以这样说，由于 SIC 算法的应用，接收机的误比特率已经显著降低了（在 $SINR$=20 dB 时达到了 10^{-5} 级）。由于在时域和频域都消除了如此强的干扰，因此，有必要验证算法在均衡过程采用非理想估计（$MSE=\mathbb{E}\{(H_{n,m}-\tilde{H}_{n,m})^2\}=0.0032$，其中，$\mathbb{E}(x)$ 为 x 的均值）的多路径信道中的有效性（根据 BER 与 SNR 的关系），结果如图 4.29 所示。可以看出，脉冲重叠度越低，误比特率就越低，但是在这两种情况下，残余自干扰的影响都是有限的，即 SNR 约为 15 dB 时，BER 已经到达 10^{-4}。

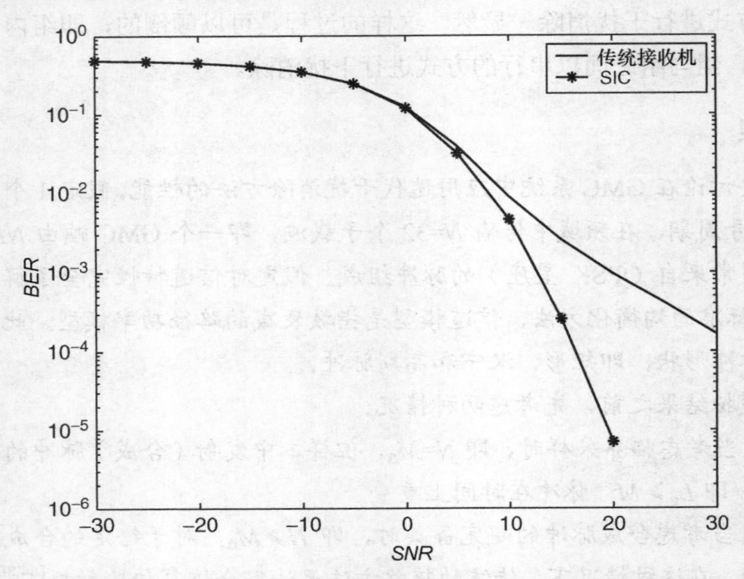

图 4.28　传统 MMSE 和 SIC 接收机的误比特率和信噪比关系（AWGN 信道，$N=M_{\Delta}=32$，$L_g=128$，脉冲的强重叠）

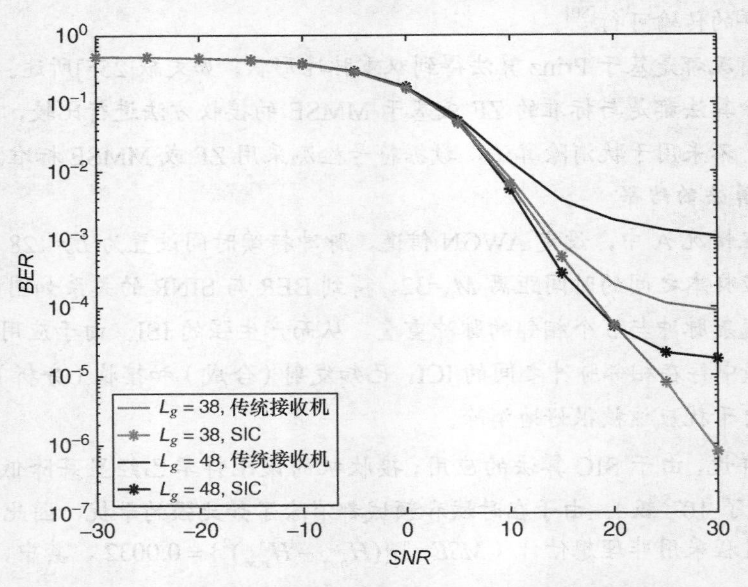

图 4.29　传统接收机和 SIC 接收机的误比特率和信噪比关系（各种脉冲持续时间，非理想估计的多径信道，$N=M_{\Delta}=32$）

最后，我们来研究脉冲形状对误比特率的影响。考虑了矩形脉冲和高斯脉冲，它们的持续时间为 L_g=48 个采样周期。结果如图 4.30 所示。注意，与矩形脉冲相比，高斯脉冲具有更高的能量密度，得到的结果更好，即在相同信噪比下获得的 BER 更低。

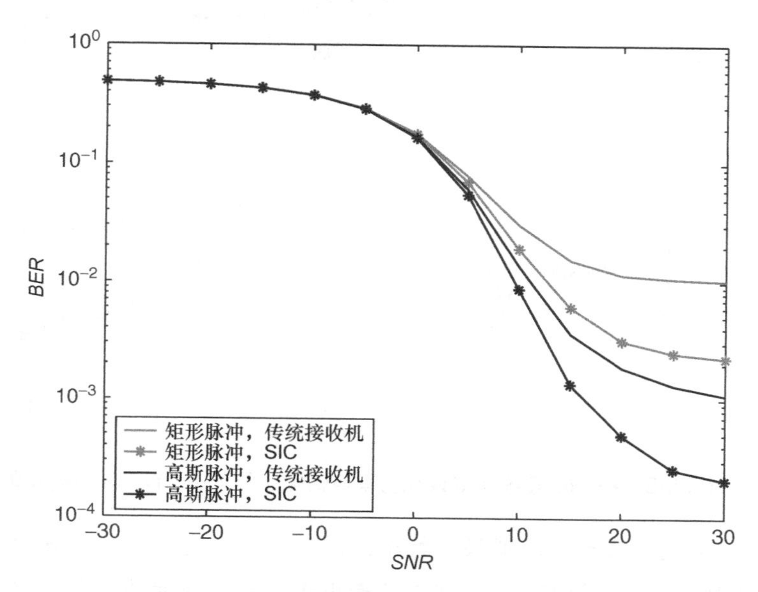

图 4.30　传统 MMSE 和 SIC 接收机的信噪比和误比特率关系（各种脉冲形状，$N=M_\Delta$=32，L_g=48）

图 4.31 显示了在情况 B 下 SIC 算法获得的 BER 与 SINR 的关系图。可以得出如下结论：

（1）对于任何 SNR>0 dB 的脉冲形状，在 GMC 系统中提出的用于自干扰消除的 SIC 算法相对于传统的 MMSE 接收机有效降低了 BER；

（2）SIC 算法的性能取决于发射和接收脉冲对的形状；实验得到了矩形脉冲和高斯脉冲的最佳结果。我们可以观察到，在无编码系统中，当 $N>M_\Delta$，即脉冲重叠时，可以显著降低 BER。

（3）然而，当 $N>M_\Delta$，并且脉冲形状不是为任意选择的数据符号集（如 M-QAM 符号集）而专门设计时，SIC 算法在强重叠的情况下似乎不能有效地工作（这里没有给出相关的结果）。虽然所谓的误差层减少得更明显（例如，$\frac{M_\Delta}{N}=\frac{30}{32}=0.9375$ 的时候，低重叠），但是对于实际应用，得到的误比特率是不够低的。

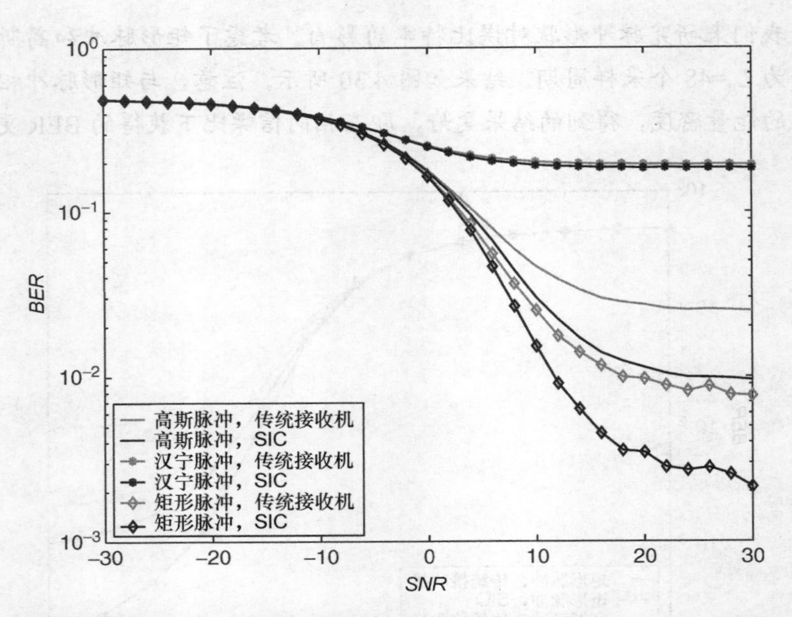

图4.31　传统MMSE和SIC接收机的误比特率与信噪比的关系（N=32，M_Δ=30，L_g=32）

显然，一些编码方法可以降低误比特率；同时，优化发射和接收脉冲的设计也特别重要。当$N>M_\Delta$时，如何设计有效的脉冲对（专用于特定的符号集）是GMC传输的瓶颈。对于原子的低重叠（例如，$\frac{M_\Delta}{N}=0.9375$），在未编码并且没有循环前缀的系统中，可以得到$10^{-3}$的误比特率。这些结果与因为不能正确地恢复用户符号而在这种情况下不能实现传输的说法截然相反。此外，正如本章多次提到的，实际实现的发射-接收脉冲，脉冲的持续时间是有限的。这种限制导致即使是以最优方式设计的脉冲也无法实现，只能使用次优解。在这种情况下，脉冲之间的残余自干扰可以被有效地消除。

最后，综合情况A和情况B，得到图4.32所示的结果。假设有AWGN存在，两个相邻脉冲之间的时间距离设为M_Δ=30，脉冲持续时间为L_g=48，子载波的数目是N=32，得到的M_Δ=32和L_g=48的结果作为参考。在这两种情况下，都使用高斯脉冲。

可以得出，如果时域内脉冲之间的距离大于或等于FFT的大小，那么SIC算法可以显著降低干扰。另外，如果脉冲没有针对传输方案进行设计，即当$N>M_\Delta$时，会导致误比特率升高。

2. **PIC算法的结果**

PIC算法得到的结果大多数情况下优于前面所得出的结果。这主要是因为在经典的方法中，PIC过程可以不断地重复，以提高接收机的质量，但以计算复杂度为代价。让我们先看一下在情况 A 下重复迭代 10 次的 PIC 接收机的结果。当高斯脉冲的持续时间 L_g=128 时，AWGN 信道中的误比特率与信噪比的关系如图 4.33 所示。类似于采用连续干扰消除的情况，误比特率显著降低（当 *SNR*=20 dB 时低于 10^{-5}）。

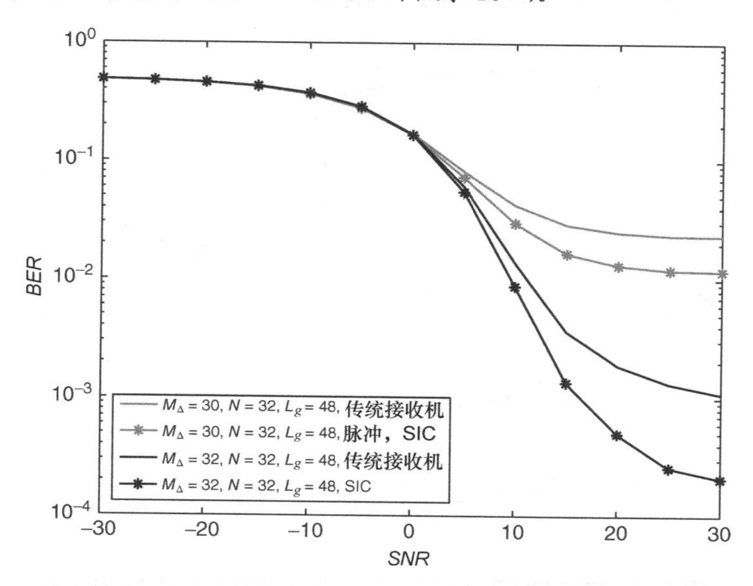

图 4.32　传统 MMSE 和 SIC 接收机的误比特率与信噪比的关系（高斯脉冲，N=32，L_g=48）

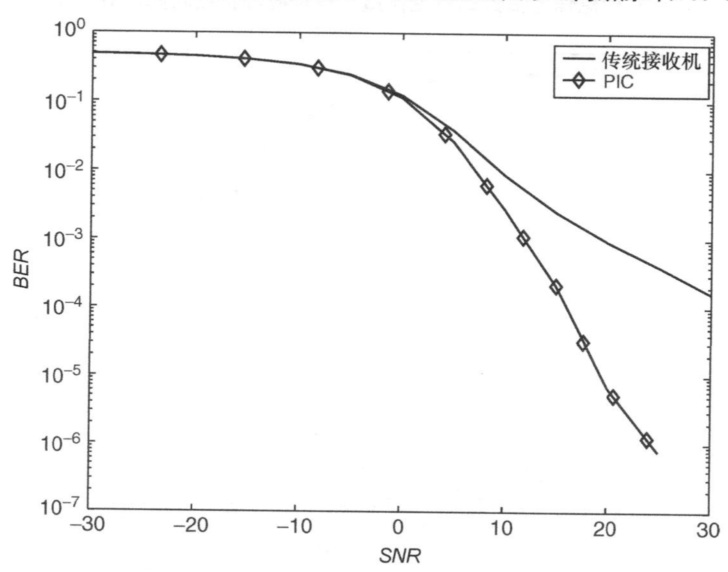

图 4.33　传统 MMSE 和 PIC 接收机的误比特率与信噪比的关系（AWGN 信道，M_Δ=32，L_g=128）

此外，针对PIC接收机，测试了不完美信道估计（假设$\mathbb{E}\{(H_{n,m}-\tilde{H}_{n,m})^2\}=0.0032$）对系统性能的影响（如图4.34所示）。测试了两个脉冲持续时间，即L_g=38和L_g=48，结果如图4.35所示。注意，PIC算法限制了不完美信道估计对整体系统性能的影响。

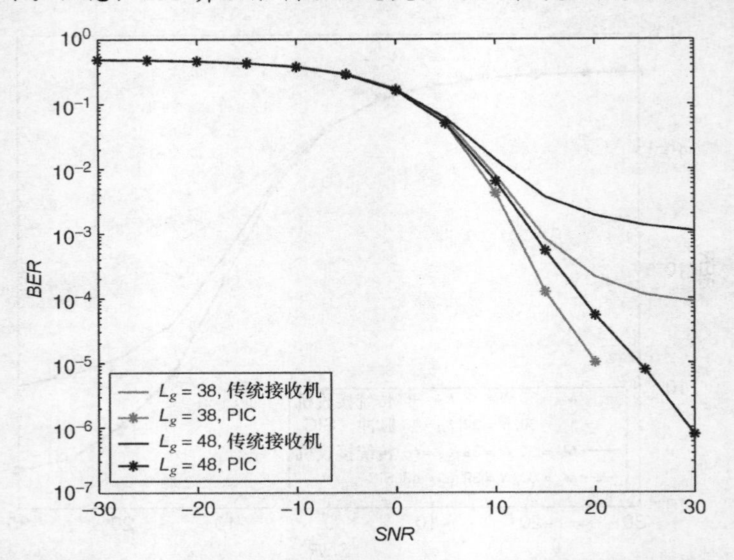

图4.34　传统MMSE和PIC接收机的误比特率和信噪比的关系（具有非理想信道估计的多径信道，各种脉冲持续时间，M_Δ=32）

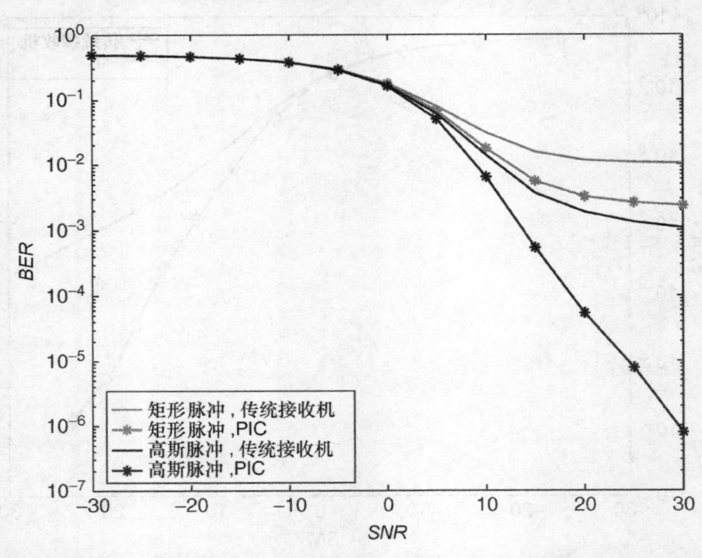

图4.35　传统MMSE和PIC接收机的误比特率和信噪比的关系（各种脉冲形状，$N=M_\Delta$=32，L_g=48）

此外，PIC 比 SIC 接收机所得到的结果要好，特别是针对更强的脉冲重叠。

最后，研究脉冲形状对传输效果的影响。同样，测试了持续时间长度 L_g=48 个采样周期的矩形脉冲和高斯脉冲。图 4.35 为分析得到的结果，可以看出，与 SIC 的情况类似，高斯脉冲更适合用于传输（使用高斯脉冲时实现了较低的误比特率。）

如图 4.36 所示，针对情形 B，即当 $N>M_{\Delta}$=30 时，给出了误比特率与信噪比的关系。PIC 算法的迭代次数固定为 20。可以看出，PIC 算法的性能取决于脉冲形状，另外，该算法的整体表现明显优于 SIC 接收机。（如图 4.31 所示）

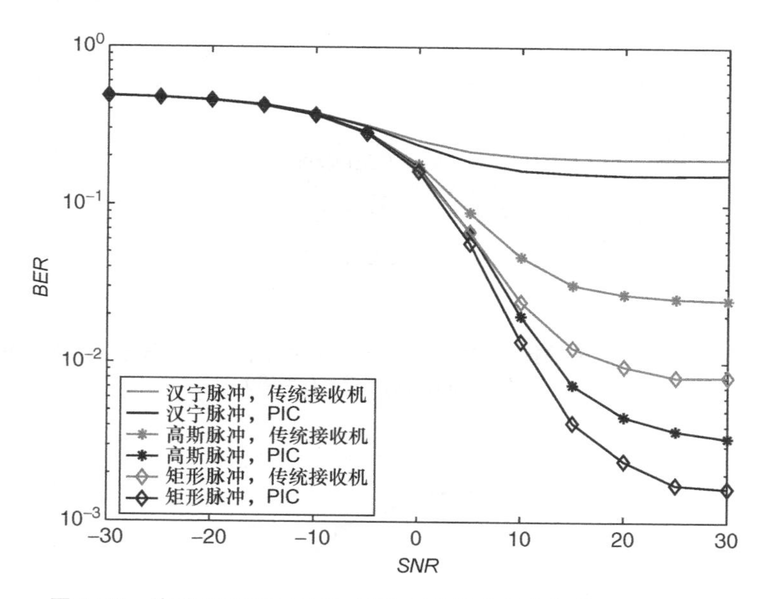

图 4.36 传统 MMSE 和 PIC 接收机的误比特率与信噪比的关系
（迭代次数=20，M_{Δ}=30，L_g=32）

最后，当子载波的数量满足 N=32，连续脉冲之间的时间距离满足 M_{Δ}=30，高斯脉冲的持续时间 L_g=48 时，测试了 A 和 B 的组合情况。为此，实现了具有 10 次迭代的 PIC 过程，结果如图 4.37 所示。本节还考虑了临界采样情况（N=M）的误比特率与信噪比曲线，以供参考。我们可以观察到，如果时域的脉冲之间的距离大于或等于（I）FFT 的大小，则该算法明显降低了干扰。

如果脉冲类型与传输方案不匹配，则误比特率变高。

最后，对 SIC 和 PIC 算法在多径衰落信道中的有效性进行了研究和比较。平均归一化衰减 $\overline{H}=0.8$ 的例子结果如图 4.38 所示。同样，我们可以观察到 PIC 算法优于 SIC 算法，这在前面已经强调过。

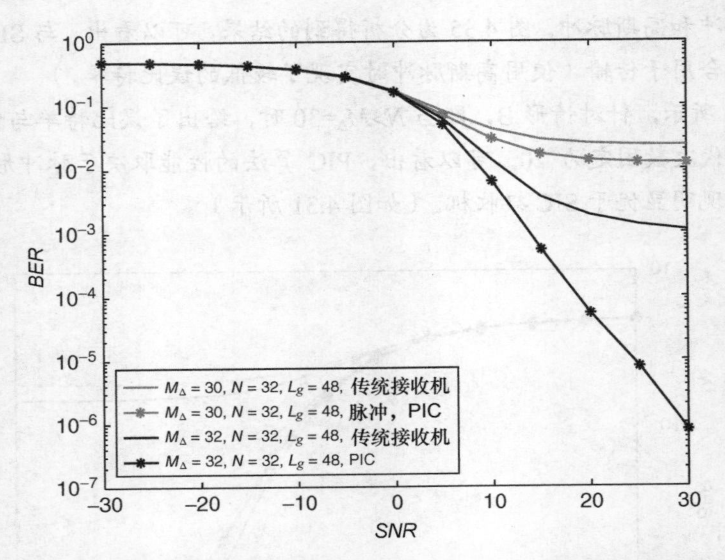

图 4.37　在高斯脉冲的传统 MMSE 和 PIC 接收机中误比特率与信噪比的关系（M_Δ=30 or M_Δ=32，L_g=48）

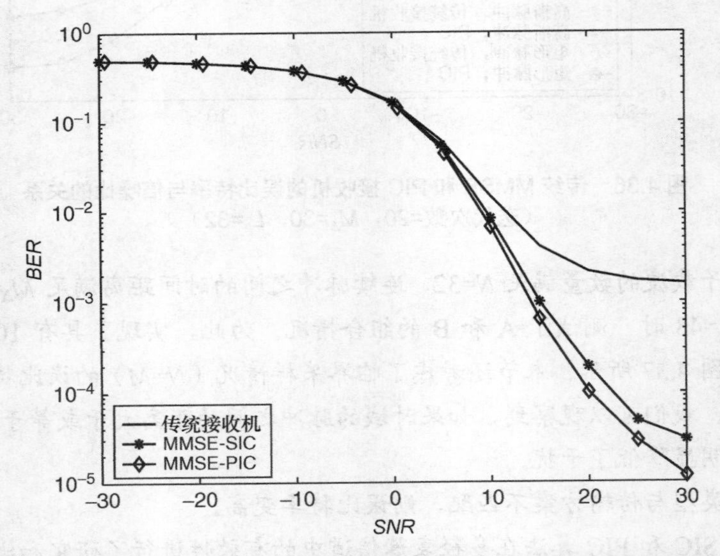

图 4.38　传统 MMSE、SIC 和 PIC 接收机的误比特率和信噪比的关系（高斯脉冲的应用，N=M_Δ=32，L_g=48）

4.5 总　　结

到目前为止，本书介绍了 GMC 信号的发送和接收的重要内容，可以得出以下结论。

通过对合成和分析脉冲的适当整形，可以提高频谱效率。调整这些脉冲的形状以确保满足给定的系统参数，例如，时域或频域中传输脉冲之间的距离、循环前缀的存在以及频宽。换句话说，适当地应用 GMC 表示可以更好地利用可用资源（例如，频带和可用功率）。此外，观察到使用正交或非正交子载波的所有多载波传输方案，都可以视为 GMC 信号的一种特殊形式。因此，目前所有的接收方法都可以在未来的多载波系统中得到改进和应用。

对 GMC 信号中存在的高峰均比问题的分析表明，适当的脉冲整形（信号滤波）的代价可能是时域信号包络线的高变化率。因此，在 GMC 信号中，峰均比的值可以高于正交子载波的多载波信号中所观察到的。这意味着，当非线性元件（如功率放大器）被置于传输链中时，为了限制带外发射的水平，必须采用降低峰均比的方法。之前已经对各种峰均比方法进行了分析，重点研究了 ACE 方法。为了提高该方法在 GMC 发射机上的整体效率，本章在峰均比的互补累积分布函数（CCDF）以及误比特率和信噪比方面对该方法进行了适当的改进。由此可以得出结论，虽然 GMC 信号存在较高的峰均比，但这一问题可以有效被解决。因此，可以在满足频谱掩模描述的要求的同时，利用信号的 GMC 表示的特性，即能够将带外辐射功率保持在可接受的水平。

本章考虑了基于 GMC 的系统中链路自适应的各个方面，根据实际的信道特性，利用信号参数自适应的可能性，从而优化所定义的优势性能。实验结果表明，提高系统性能（降低功耗、提高整体吞吐量）和优化传输参数是可行的。这意味着只要对比特与功率加载方法进行改进，标准 OFDM 传输方案的主要特征之一，甚至是范式，在 GMC 系统中也是有效的。

如前所述，在某些情况下使用 GMC 信号表示，在现实中不可能设计出理想的双正交对收发脉冲。在这些情况下，发射机输出的脉冲之间存在自干扰的影响，即使在接收端完全知道信道状态信息时，也不可能拒绝接收。因此，基于迭代干扰消除的接收方法（在 CDMA 系统中广泛用于解决多用户干扰问题）可以用于处理在 TF 平面的每个脉冲位置上接收机观测到的这种干扰。值得一提的是，SIC 和 PIC 算法在最大程度上降低了接收到的 GMC 信号的自干扰，在大部分情况下提高了误比特率，即当一组传输脉冲产生超完备集合的函数时。也可以得出结论，由于可以应用迭代接收方法来处理相邻脉冲之间的自干扰问题，同样的算法可以同时用于消除多用户干扰。

因此，可以根据设计系统的实际总体需求，调整多个信号参数。这种对传输信号的适应可以提高频谱利用率，提高用户数据吞吐量，提高所提供的服务的质量。因此，GMC 传输方案可以适用于未来的多标准移动无线应用。

第 5 章

滤波器组多载波技术

第2章和第3章讨论的正交频分复用（OFDM）和非连续正交频分复用（NC-OFDM）为系统设计者提供了诸多可取的优点，其共同特点包括高频谱灵活性（单个子载波可以被独立地激活或失活）、对衰减信道的高顽健性（可以将严重失真的子载波从可用子载波集中剔除掉，并且只要信道在一个子载波内被看作平稳的，就可以使用单抽头的均衡器），以及由于快速傅里叶变换（FFT）和快速傅里叶逆变换（IFFT）集成电路（IC）的可用性，使硬件实现简单。然而，OFDM 也存在一些缺点，最主要的缺点是 OFDM 存在高功率的带外（OOB）频谱成分。因此，高 OOB 功率发射可能会对其他共存系统造成不必要的干扰。此外，添加循环前缀（CP）导致 OFDM 频谱效率降低。因此，未来的无线通信系统考虑了先进的 OFDM 发送波形滤波技术，用来消除对相邻频带有害的 OOB 功率泄露。滤波器组多载波（FBMC）波形即为 5G 空口竞争方案之一，它无须使用 CP，从而提高了基于这种波形的传输频谱效率。总体来讲，FBMC 方案通过对每一个子载波进行单独滤波来获取该子载波的低 OOB 功率，即传输在单一子载波上的脉冲频谱可以使用发送（合成）滤波器进行整形，并选择一个适当的接收（分解）滤波器来搭配使用。但是在 OFDM 系统中，两种（合成和分解）脉冲均为矩形，而 FBMC 系统可以使用脉冲波形，如第 4 章所介绍的。FBMC 系统同样也存在一些缺点，比如其固有的（自）干扰性质，这为多输入多输出（MIMO）系统的应用带来了一个严重的问题。此外，与 OFDM 相比，FBNC 导致在发射机和接收机的算法的复杂度更高。

事实上，FBMC 波形可以看作广义多载波（GMC）信号的一个重要类别。由于 FBMC 波形是未来 5G 无线通信波形一个强有力的候选方案，因此，我们将讨论与其未来应用相关的一些原理和关键点。介绍 FBMC 信号和系统的相关文献很多，鼓励有兴趣的读者进一步探索相关的综述性和科研性文章（例如，文献[287～295]）

5.1　FBMC 的传输原理

有关 FBMC 系统的概念可追溯至 20 世纪 60 年代中期，当时已经对一个给定频带（最大频宽效率）内传输的脉冲振幅调制（PAM）码元提出了滤波器组的应用。接下来，残留边带（VSB）信号[296]和双边带调制模式（DSB）[297] 分别应用于 PAM 和 QAM 信号传输。多相滤波器组在文献[298，299]中首次在该背景下应用。进一步地，在有线系统中（如数字用户线），已经从应用前景这一角度对 FBMC 波形提出了一种类似的解决方案，特别地，文献[300, 301]对离散小波多频（DWMT）和滤波多音调制（FMT）方案进行了讨论。原则上，FBMC 系统依赖于分别安装在发射端和接收端的专用滤波器组 $g(t)$ 和 $\gamma(t)$，滤波器对每一个子载波进行单独滤波。这些滤波器集合构成了位于发射端的合成滤波器组和位于接收端的分解滤波器组，其结构如图 5.1 所示。

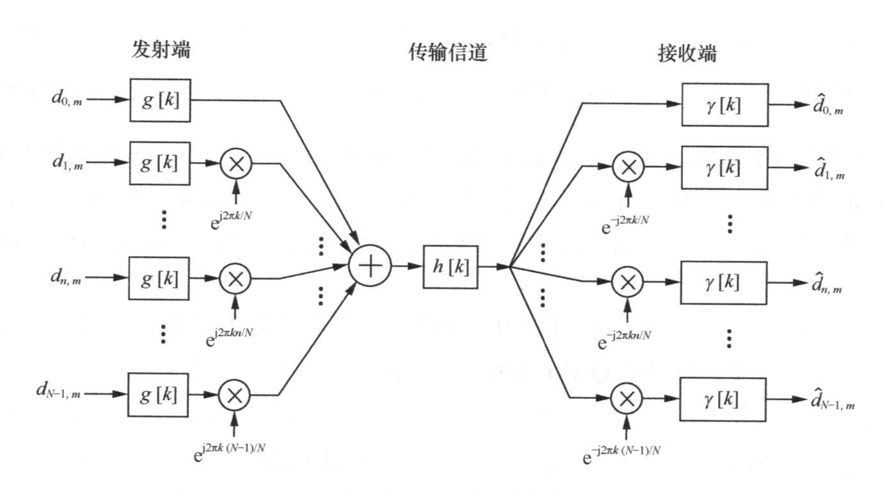

图 5.1　FBMC 传输多路复用器的结构

为了更加明确，我们回顾一下描述连续型 $s(t)$［公式（5.1）］和离散型 $s[k]$［公式（5.2）］传输信号的数学表达式，如第 4 章所讨论的。

$$
\begin{aligned}
s(t) &= \sum_{n=0}^{N-1}\sum_{m=0}^{M-1} d_{n,m}g_{n,m}(t) \\
&= \sum_{n=0}^{N-1}\sum_{m=0}^{M-1} d_{n,m}g(t-mT)\,\mathrm{e}^{\mathrm{j}2\pi nF(t-mT)}
\end{aligned} \tag{5.1}
$$

$$
\begin{aligned}
s[k] &= \sum_{n=0}^{N-1}\sum_{m=0}^{M-1} d_{n,m}g_{n,m}[k] \\
&= \sum_{n=0}^{N-1}\sum_{m=0}^{M-1} d_{n,m}g[k-mM_{\Delta}]\,\mathrm{e}^{\mathrm{j}2\pi nN_{\Delta}(k-mM_{\Delta})}
\end{aligned} \tag{5.2}
$$

可以发现，在数学描述上，FBMC 信号和第 4 章所介绍的 GMC 信号是一样的，而且与 OFDM 信号十分相似。FBMC 与 OFDM 传输之间的主要区别在于对这两个系统所使用的传输脉冲的持续时间和形状的定义。在 OFDM 中，我们选择振幅为 1 的矩形脉冲用于发射（和接收）链路。此外，发射脉冲持续时间 $T > T_{\mathrm{FFT}} = \dfrac{1}{F}$，在接收端，接收脉冲持续时间设置为 $\dfrac{1}{F}$，每一个传输码元都添加了 CP 来最小化时间扩散信道带来的影响，该前缀在接收端通常会被丢弃；相反，在 FBMC 系统中，脉冲通常在频域中被很好地局部化（通过先进的滤波来获取旁瓣的高衰减），但是脉冲的持续时间通常是 $\dfrac{1}{F}$ 的整倍数，这导致了连续信号的重叠。此外，相较于 OFDM 系统而言，FBMC 系统未引入 CP，从而提高了频谱效率。总体上来讲，频谱形状和调制数据（在第 4 章称之为原子）良好的时频局部化为最小化相邻脉冲之间的载波间干扰（ICI）和码间串扰（ISI）提供了条件[302~304]。

根据系统所携带的数据类型，FBMC 系统大体上可以分为两类。在第一类系统中，传输复值码元（更确切地讲是 QAM 符号）；在第二类系统中，只需要考虑实值数据（如 PAM 符号）。当传输复值码元时，由于应用了矩形的时频格，公式（5.1）和公式（5.2）不必进行特别调整，即每一个携带复值数据的脉冲与其相邻的脉冲时域相隔 T、频域相隔 F。在这种情况下的关键问题是，通过这样的方式设计一对收发脉冲，以恢复接收端的无失真码元。

文献中广为讨论的另一种方法是只考虑 PAM 符号，即仅允许传输纯实值数据符号。在这种情况下，我们需要缩小时域或频域中脉冲之间的距离来保持至少与 OFDM 相同的速率水平。在这方面已经提出了诸多方法，比如交错多音调制（SMT）[305]或余弦多音调制（CMT）[306]。然而总体来讲，这种方法普遍指的是基于偏置正交幅度调制（OQAM）的 FBMC（FBMC/OQAM），其中时域信号表示为

$$
\begin{aligned}
s[k] &= \sum_{n=0}^{N-1}\sum_{m=0}^{M-1} d_{n,m} g_{n,m}[k] \\
&= \sum_{n=0}^{N-1}\sum_{m=0}^{M-1} \tilde{d}_{n,m} g\left[k - m\frac{M_\Delta}{2}\right] \exp\left[\mathrm{j}(n+m)\frac{\pi}{2}\right] \\
&\quad \exp\left[\mathrm{j}2\pi n N_\Delta \left(k - m\frac{M_\Delta}{2}\right)\right]
\end{aligned}
\tag{5.3}
$$

其中，$\tilde{d}_{n,m} = d_{n,m}\exp\left[\mathrm{j}(n+m)\frac{\pi}{2}\right]$表示在 TF 平面上坐标$(n, m)$处的 OQAM 符号。注意，对于$\exp\left[\mathrm{j}(n+m)\frac{\pi}{2}\right]$，$n+m$为偶数时取 1；$n+m$为奇数时取 j。

5.2 FBMC 收发机设计

在 FBMC 发射端，每一个子载波的脉冲调制都被单独滤波，其中的关键挑战是如何有效地设计滤波器脉冲响应以满足各种标准（如良好的 TF 局部化、滤波器脉冲响应时间）。在接收端，需要使用对偶脉冲来重构发射数据码元。第 4 章已讨论过对偶脉冲和理想重构滤波器组的存在。在此基础上，也简要分析了原始低通滤波器到带通滤波器组的多相分解。如图 4.5 和图 4.6 所示，收发机的所有要点和结构对于 FBMC 收发机都是有效的。在 FBMC 发射端，N 个用户数据符号集（复数或实数）通过低通滤波器 $g[k]$ 滤波。这些频谱形状的符号调制 N 个子载波（如通过 IFFT 方式），以便于它们在 N 个平行流组合中进行传输。通过信道后，接收信号需要进行解调，并且在脉冲响应为 $\gamma[k]$ 的滤波器中进行低通滤波。

可以调整传统的收发机结构以满足各种优化标准，比如，最小化复杂度，这一目标可以通过应用多相滤波器（其可以借助 IFFT 有效实现）或者应用如文献[64]中所讨论的其他滤波器来实现。对于第一种方式，原始的滤波器模型 $g[k]$ 在调制器（IFFT）输出端被分解为多相发射滤波器组 $\tilde{g}_n[k]$（其中，$n=1,\cdots,N-1$）。在滤波器的输出端，N 个信号分量组成了发射信号 $s[k]$。在接收端，多相接收滤波器组 $\tilde{\gamma}_n[k]$ 被应用在解调器（FFT）的输入端。发射滤波器组通常被称为合成滤波器组，而接收滤波器组通常被称为分解滤

波器组。特别是在发射脉冲持续时间不长的情况下，FBMC 收发机的这种滤波组结构被视为低复杂度方案。比如，如果脉冲持续时间（样本内）等于子载波数目 N，那么对每一个子信道的滤波就简化为与一个（复数）标量的简单乘积。有关多相滤波的更多内容可参考第 4 章。

从 FBMC 波形生成的角度而言，输入数据可以是实数，也可以是复数。然而，通常意义上的 FBMC 系统指的是传输 OQAM 数据符号的滤波器组多载波系统。根据文献[307,308]可知，通常 FBMC 收发机可以通过图 5.2 所示的途径来实现。显然，如前所述，也可以应

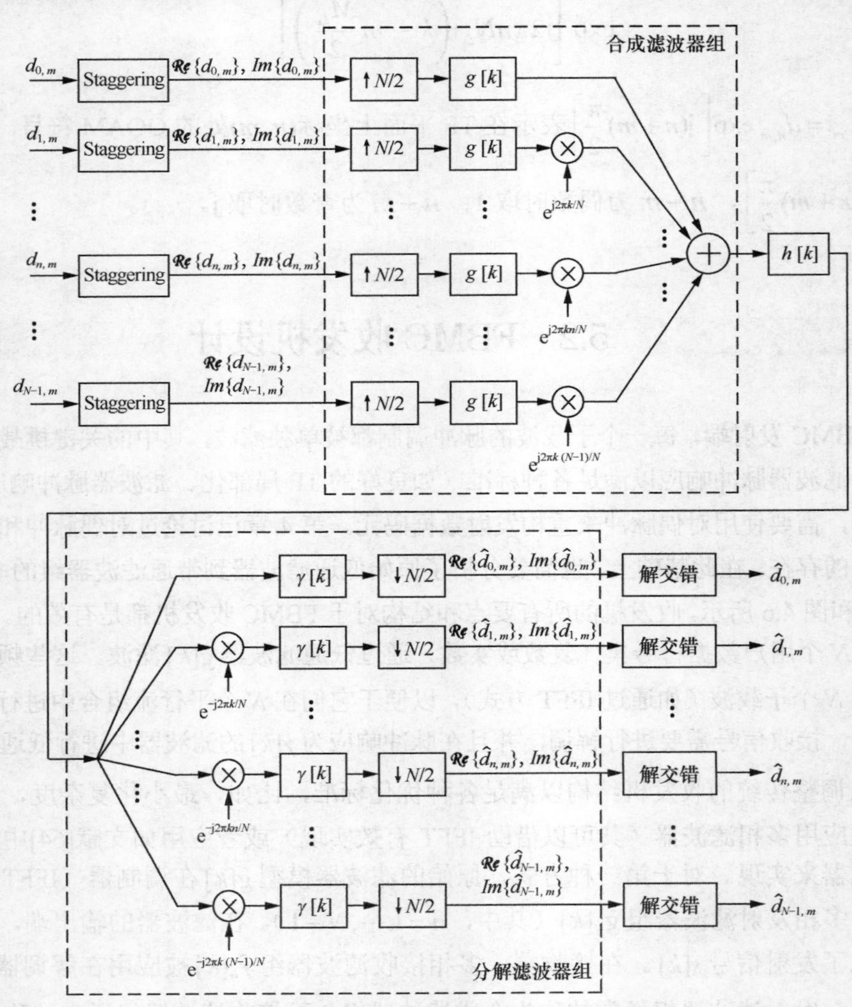

图 5.2　FBMC/OQAM 传输多路复用器结构

用 IFFT/FFT 模块和多相滤波器来实现高性能的计算结构。在图 4.6 中，可以观察到在文献[309]中交错 QAM 符号的预处理方法，是简单的复数到实数的转换，其中，复值符号的实部和虚部被分割成两个新的符号。这种复数到实数的转换能够使采样速率增大为原来的两倍。为了反映出由 OQAM 系统的应用和时域中码元之间的距离（样本内）所造成的信号调整，需要 $N/2$ 的上采样和下采样（与图 4.5 所示的 M_{Δ} 的上、下采样相反）。图 5.2 说明了图 5.3 中的交错操作（信号实部和虚部之间的时延）。与之对应地，在接收端会执行一个相反的解交错操作[309]，从而形成复值信号以便于进一步的 QAM 检测。

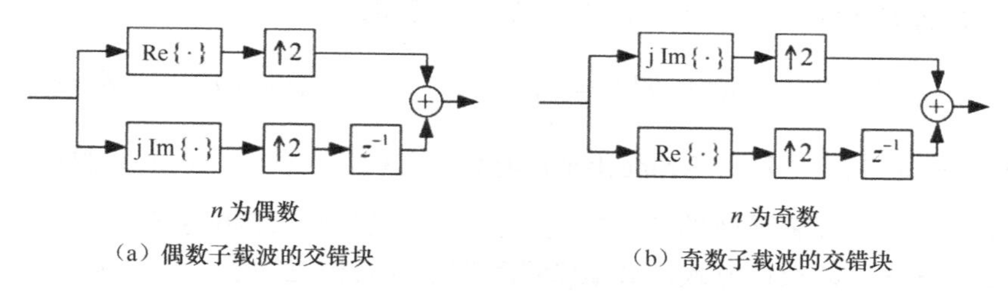

（a）偶数子载波的交错块　　（b）奇数子载波的交错块

图 5.3　偶数和奇数子载波的交错块

5.3 脉冲设计

在设计 FBMC 系统时，一个关键的问题是对收发脉冲对的定义（原型滤波器脉冲响应与其对偶的理想重构滤波器）。收发脉冲应当具备以下特征，良好的时域、频域局部化属性，并且满足一些设计标准，比如能量最小化、低 OOB 功率、硬件限制或频谱零化[288]。正如第 4 章所提到的，我们可以考虑各种类型的脉冲形状。对于 FBMC 系统中的具体应用，通常来讲，可采用以下几种函数：各向同性正交转换算法（IOTA）函数、扩展高斯函数（EGF）、扩展函数以及 M.Bellanger 在文献[310,311]中所提出的函数。文献[288,312]对脉冲形状（原型滤波器）和相应的晶格结构以及与特定脉冲选择相关的实现进行了全面讨论。现在我们简要描述在已定义的 FBMC 波形产生的背景下，如何选择合适的脉冲整形滤波器的设计方案。

5.3.1 奈奎斯特滤波器和模糊度函数

原型滤波器的设计准则之一是在间隔 T 内生成信号过零点，从而可以避免 ISI。我们可以设计出满足理想重构条件的原型滤波器，即（双）接收滤波器可以在理想信道条件下完美地重构原始数据。在这种情况下，所设计的原型滤波器通常是一个 N 阶带宽奈奎斯特滤波器的频谱因子。如果 $g(t)$ 是根—奈奎斯特原型滤波器的脉冲响应，则 $g_n(t)=g(t)\mathrm{e}^{\mathrm{j}2\pi t f_n}$ 是频率为 f_n 的第 n 个子载波上的已调合成滤波器，$\gamma(t)$ 是理想—重构接收滤波器，且 $\gamma_l(t)=\gamma(t)\exp(\mathrm{j}2\pi t f_l)$，正交条件可表述为

$$\langle g_n(t-aT),\gamma_l(t-bT)\rangle=\int_{-\infty}^{\infty}g_n(t-aT)\gamma_l^*(t-bT)\mathrm{d}t=\delta_{n,l}\delta_{ab} \tag{5.4}$$

其中，$(\cdot)^*$ 表示复共轭，δ_{ab} 为 Kronecker δ 函数。内积 $\langle\cdot,\cdot\rangle$ 表示元素之间的相似性，可以作为本节后面定义的模糊函数的特定情况进行评估。第 4 章给出了有关正交标准的探讨和脉冲对 $g(t)$ 和 $\gamma(t)$ 的设计方式，文献[288,312]中也同样进行了一些讨论。

通常，理想—重构并非是必要的，这是因为所设计的滤波器组在传输脉冲之间产生的自干扰远低于由于传输信道的时域和频域扩散所引起的干扰。此外，相较于理想—重构滤波器，近似理想的重构滤波器的设计会更加有效，从而为给定的原型滤波器阶数提供更低的 OOB 功率分量。文献[313]中对 FBMC 系统脉冲波形设计进行了讨论。

模糊函数 $A_g(\tau,\nu)$ 是对所设计的脉冲进行时频特性评估的一个关键的指标，它定义了时频点阵上特定点之间的关系，定义如下。

$$A_g(\tau,\nu)=\int_{-\infty}^{\infty}g_n\left(t+\frac{\tau}{2}\right)g_l^*\left(t-\frac{\tau}{2}\right)\mathrm{e}^{-\mathrm{j}2\pi\nu t}\mathrm{d}t \tag{5.5}$$

其中，τ、ν 分别表示时延和频移。注意，当 $g(t)=\gamma(t)$、$aT=bT=\frac{\tau}{2}$ 且 $\nu=f_n-f_l$ 时，公式（5.5）与内积 $\langle g_n(t-aT),\gamma_l(t-bT)\rangle$ 成比例。实际上，在许多应用中，合成和分解滤波器是相同的。模糊函数可以显示在时频平面上，从时频局部化的角度表示所使用的脉冲的性能、在脉冲之间产生的自干扰（原子）以及在接收端理想或近似理想地进行信号重构的概率。当 $g(t)$ 是一个偶对称脉冲时，公式（5.5）是一个实值函数。在理想情况下，模糊函数应当接近于 Kronecker 脉冲（在二维时—频平面中）。矩形脉冲（如在 OFDM 信

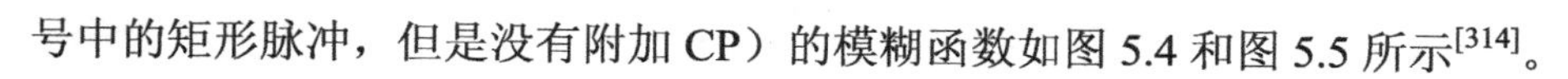
号中的矩形脉冲，但是没有附加 CP）的模糊函数如图 5.4 和图 5.5 所示[314]。

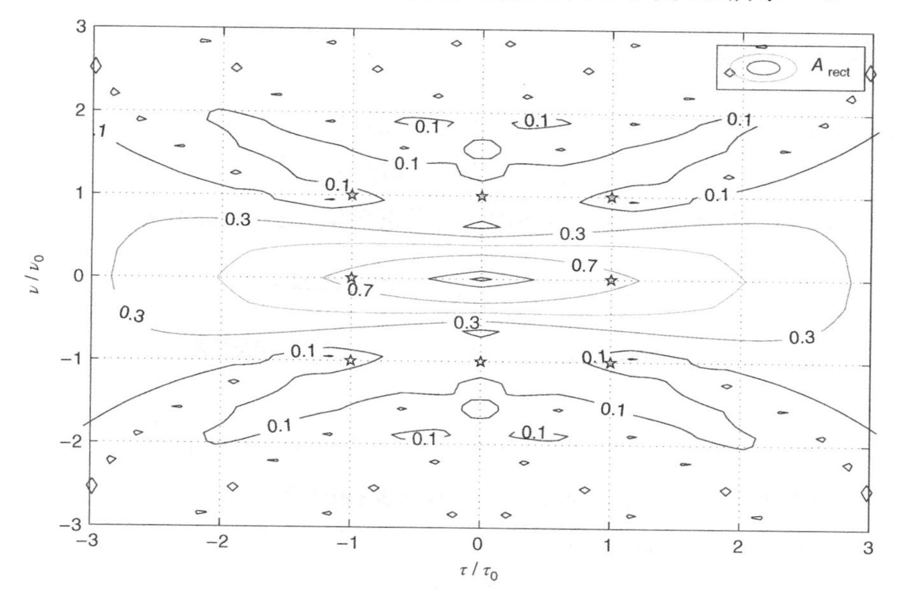

图 5.4　矩形脉冲的模糊函数——曲面图

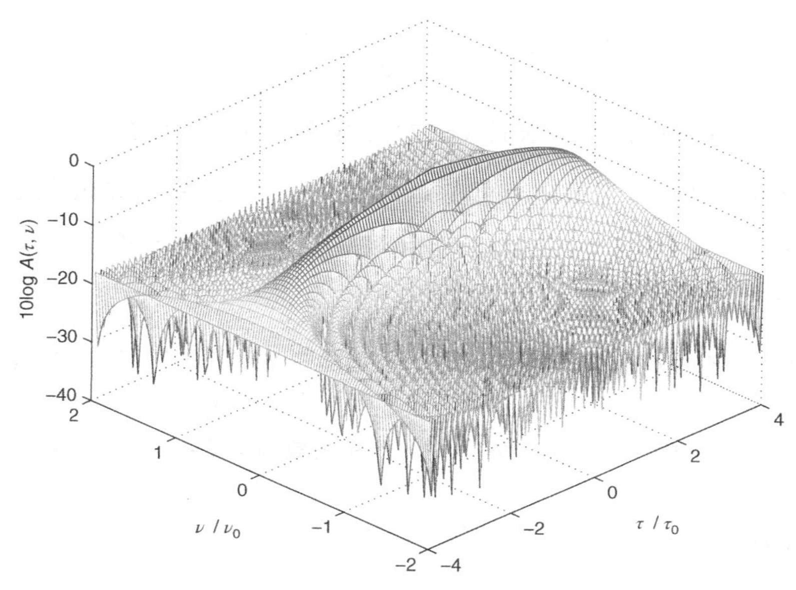

图 5.5　矩形脉冲的模糊函数——对数坐标图

5.3.2 IOTA函数

IOTA函数是对高斯函数进行正交化处理后的结果，定义为

$$\rho_\alpha(t) = (2\alpha)^{0.25}\exp(-\pi\alpha t^2) \tag{5.6}$$

其中，α 表示高斯函数参数。我们用参数 a 定义正交化算子 $\mathcal{O}_a[x(t)]$ 为

$$\mathcal{O}_a[x(t)] = \frac{x(t)}{\sqrt{a\sum_k |x(t-ka)|^2}}, a > 0 \tag{5.7}$$

算子 $\mathcal{O}_a$ 的作用是对函数 $x(t)$ 进行正交化。现在，IOTA函数[基于高斯函数公式（5.6）]可定义为[304]

$$g_a(t) = g_\alpha(t) = \mathcal{F}^{-1}\{\mathcal{O}_{M_\Delta}[\mathcal{F}\{\mathcal{O}_N[\rho_\alpha(t)]\}]\} \tag{5.8}$$

其中，$\mathcal{F}$ 表示傅里叶变换因子，而 $\mathcal{F}^{-1}$ 表示其逆变换因子。

在文献[303]中，正交化的思想同样被应用到EGF，定义如下。

$$z_{\alpha,T,F} = \frac{1}{2}\left(\sum_{k=0}^{\infty} d_{k,\alpha,T}\left(\rho_\alpha\left(t+\frac{k}{T}\right)+\rho_\alpha\left(t-\frac{k}{T}\right)\right)\right)\cdot \sum_{l=0}^{\infty} d_{l,1/\alpha,F}\cos\left(2\pi l\frac{t}{F}\right) \tag{5.9}$$

在此，假定 $TF = 0.5$ [第4章公式（4.17）所定义的矩形点阵的密度 $\delta(\Lambda)=\frac{1}{TF}=2$]，$\alpha \in (0.528M_\Delta^2, 7.568M_\Delta^2)$，系数 $d_{x,y,z}$ 可在文献[63]中获得。函数 ρ_α 是由公式（5.6）所定义的高斯函数。从这个角度讲，IOTA函数可以理解为EGF的一个特例（有关EGF的更多内容可参考文献[315]），其中，$T = F = \frac{1}{\sqrt{2}}$。

IOTA函数具有模糊函数的特点。图5.6（曲面图）和图5.7（对数坐标图）为IOTA脉冲的模糊函数图。我们可以观察到时—频平面上的特征零点。在FBMC系统中利用此属性来最小化码间干扰。（可将IOTA脉冲的模糊函数和图5.4、图5.5中所示的矩形脉冲进行对比。）

最后，IOTA滤波器的脉冲响应和幅度特征分别如图5.8和图5.9（实线）所示。

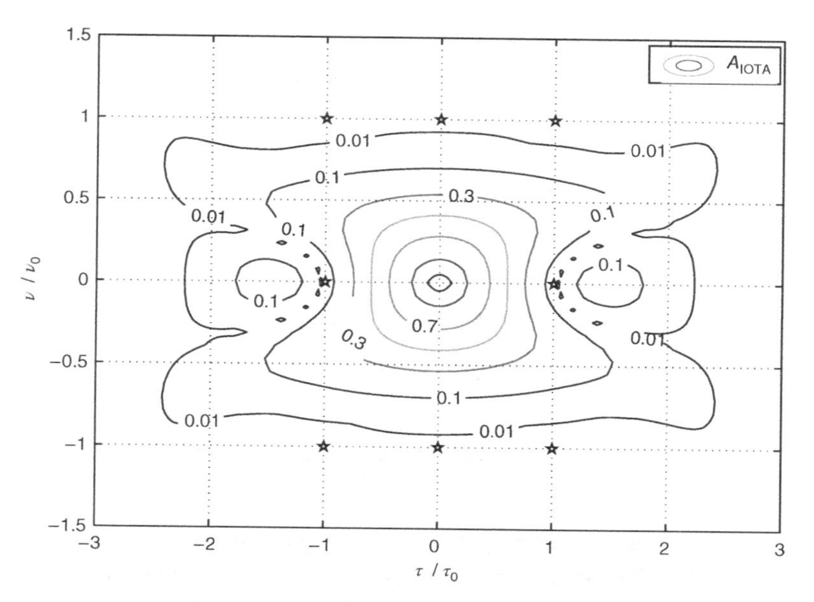

图 5.6　IOTA 脉冲的模糊函数——曲面图

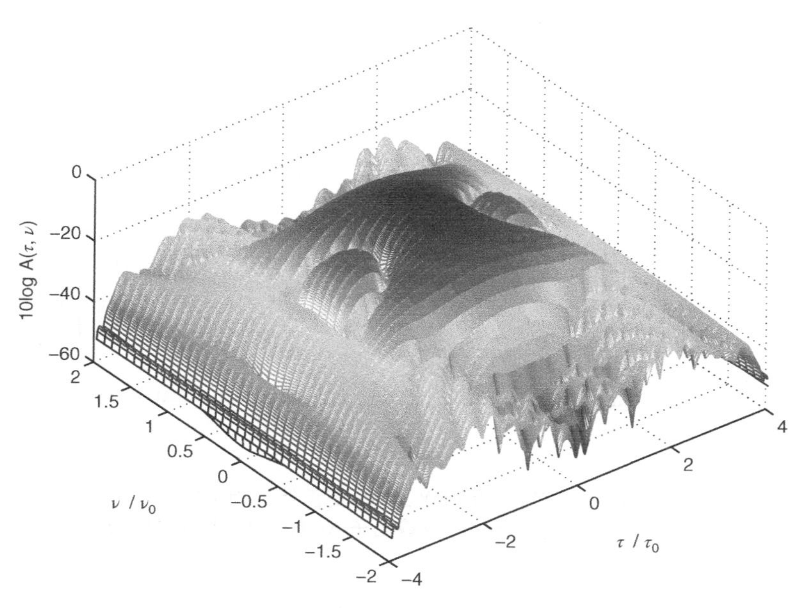

图 5.7　IOTA 脉冲的模糊函数——对数坐标图

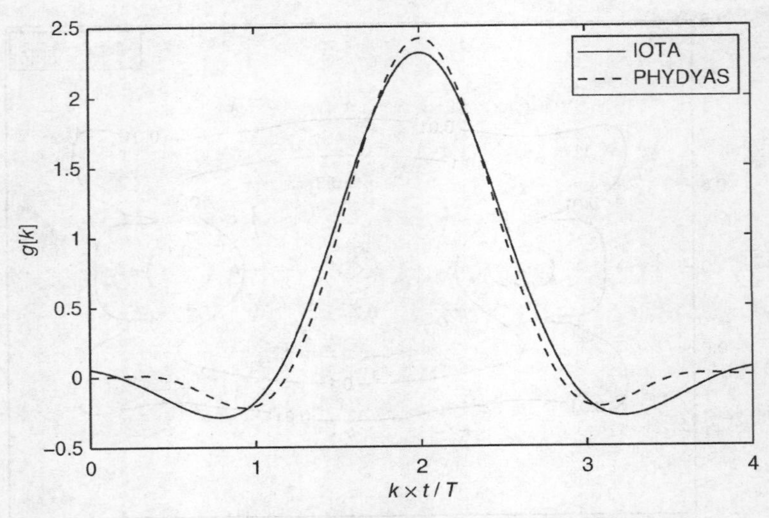

图 5.8 IOTA 和 PHYDYAS 滤波器的脉冲响应
（原型滤波器阶数 L_g=64，重叠因子 K=4，IFFT 阶数 N=16）

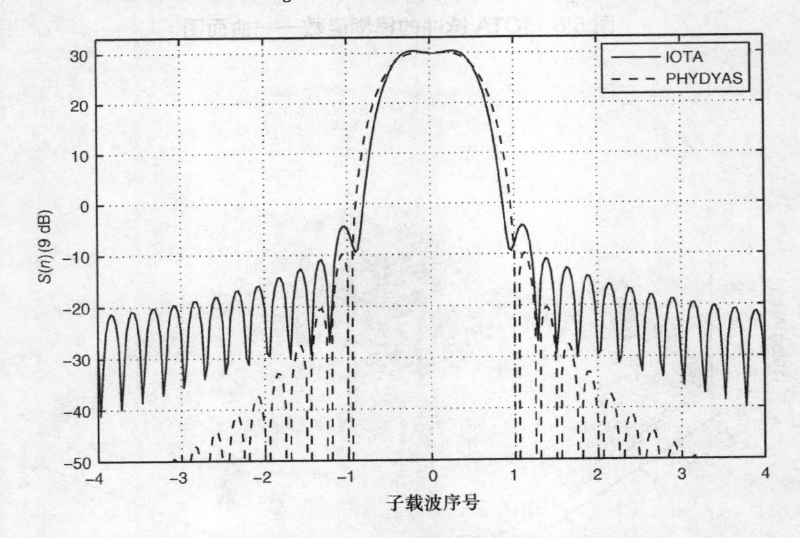

图 5.9 IOTA 和 PHYDYAS 滤波器的幅度特性
（原型滤波器阶数 L_g=64，重叠因子 K=4，IFFT 阶数 N=16）

5.3.3 PHYDYAS 脉冲

在 FBMC/OQAM 系统中最流行的解决方案之一是 Bellanger 滤波器（也被称为

PHYDYAS 滤波器），它以其设计者 Bellanger 命名[301, 311]。PHYDYAS 滤波器的关键思想是应用频域采样技术。通常来讲，在数字系统中，发射滤波器的脉冲响应在脉冲持续时间的整倍数点上是过零点，这对应于滤波器的截止频率。如文献[310]中所讨论的，其思想是，在设计奈奎斯特滤波器的同时，考虑合适的频率系数，应用对称条件，通过执行傅里叶变换来计算时域脉冲波形。文献[311]中提出将频域中脉冲 $g(t)$ 的（$KN-1$）个系数定义为 $\overline{P}_k$，其应当满足下述准则。

$$\begin{cases} \overline{P}_0 = 1, & \\ \overline{P}_i^2 + \overline{P}_{K-i}^2 = 1 \text{且} \overline{P}_i = P_{K-i} & , \quad 1 \leqslant i \leqslant K-1 \\ \overline{P}_i = 0 & , \quad K \leqslant i \leqslant KN-K \end{cases} \tag{5.10}$$

其中，K 为重叠因子，取整型值，通常设定为 $K = 2,3,4,\cdots$[1]。重叠因子是基于子信道（子载波）数目的原型滤波器长度（阶数）。在多相分解情况下，它同样是单一的多项滤波器阶数，通过内插来实现滤波器的连续频率响应。

$$G(f) = \sum_{i=-K+1}^{K-1} \overline{P}_i \cdot \frac{\sin\left(\pi\left(f - \frac{i}{NK}\right) NK\right)}{NK \sin\left(\pi\left(f - \frac{i}{NK}\right)\right)} \tag{5.11}$$

表 5.1 列出了在 K 取不同值时，系数 $\overline{P}_i$ 的值。这些值可以用来定义时域脉冲。

表 5.1　Bellanger 滤波器的系数

K	$\overline{P}_0$	$\overline{P}_1$	$\overline{P}_2$	$\overline{P}_3$
2	1	$\frac{\sqrt{2}}{2}$	0	0
3	1	0.911 438	0.411 438	0
4	1	0.971 960	$\frac{\sqrt{2}}{2}$	0.235 147

$$g(t) = 1 + 2\sum_{i=1}^{K-1} \overline{P}_i \cdot \cos\left(\frac{it}{KT}\right) \tag{5.12}$$

图 5.10 给出了 Bellanger（PHYDYAS）滤波器的脉冲波形，这些滤波器基于任选的 128 个样本持续时间。此外，我们可以在图 5.8 中对比 IOTA 和 PHYDYAS 滤波器的脉冲

[1] 在第 4 章，变量 K 用来表示 GMC 帧中的样本数（如图 4.2 所示），在本章，我们使用 K 来表示重叠因子。这与文献中最通用的标记法一致。

响应，在图 5.9 中对比它们的幅度特性。

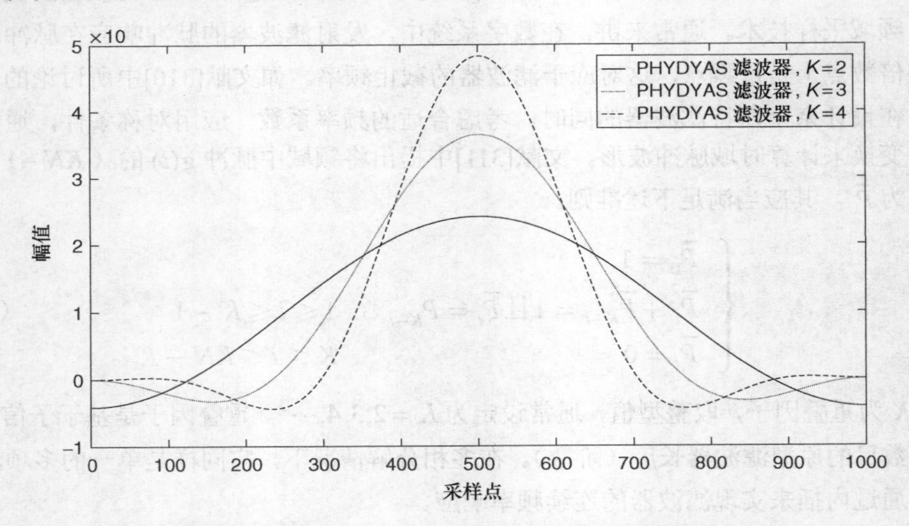

图 5.10 Bellanger（PHYDYAS）滤波器的脉冲波形

最后，图 5.11 和图 5.12 给出了 PHYDYAS 脉冲的模糊函数。

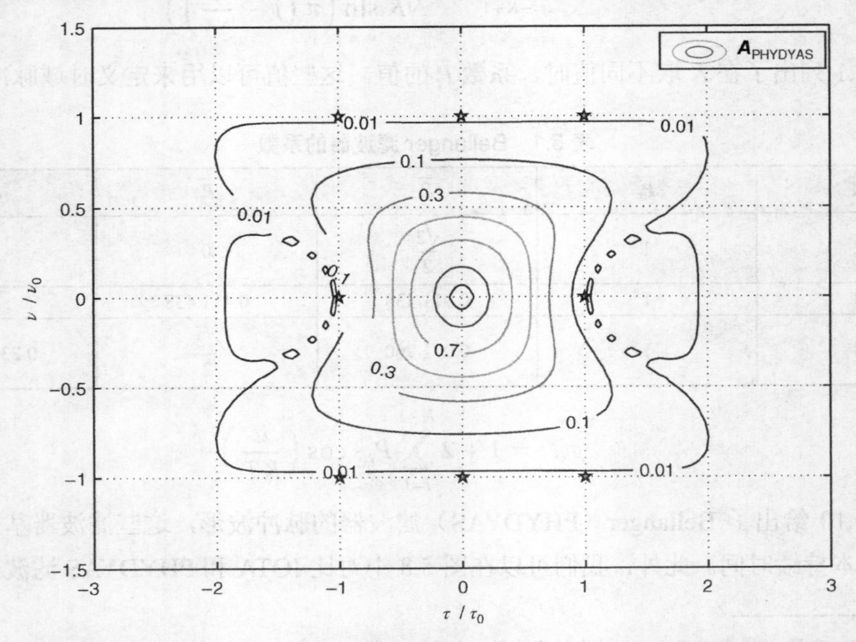

图 5.11 Bellanger（PHYDYAS）脉冲的模糊函数——曲线图（星标表示周围脉冲的中心位置）

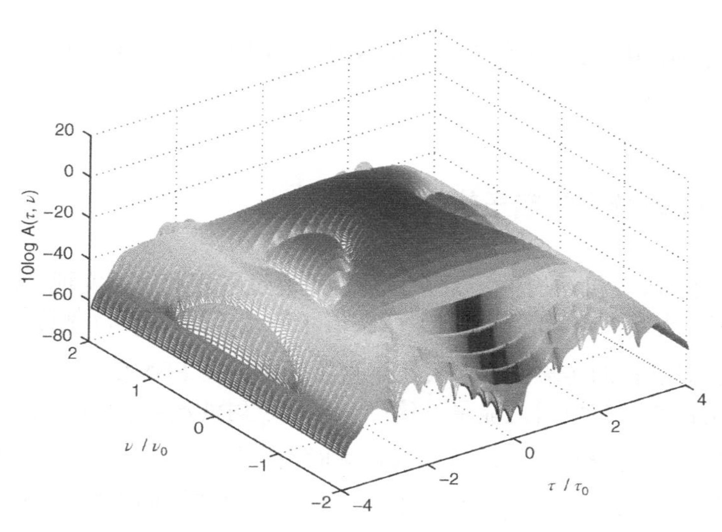

图 5.12　Bellanger（PHYDYAS）的模糊函数——对数坐标图

5.3.4　FBMC 建议的其他脉冲波形

除了 FBMC/OQAM 中典型的 IOTA 和 PHYDYAS 脉冲成形滤波器，也存在其他的设计来实现这种波形类型。文献[302]中提出了一个用于脉冲设计的特定离散 Zak 变换[239]的方法。文献[252]提出使用 Hermite 函数来替换 IOTA 函数（作为 OFDM/OQAM 系统的一种候选方案），因为它具有更好的频谱效率。根据这些结果，文献[313]提出了一个对信道的时间和频率扩散具有顽健性的各向同性滤波器。

文献[316]提出了另外一种最小化 OOB 发射功率的方法。作为优化（最小化）结果，该脉冲波形 $g(t)$ 是作为截断（时域有限）椭圆球面波函数的线性组合而得到的[317~319]。这些函数具有一些优点：良好的联合时—频局域化（因此，拥有良好的能量集中性）、正交性和完备性[320]、最大化主瓣—旁瓣能量比。有关滤波器设计的进一步讨论参考文献[288, 312]。

5.4　实际 FBMC 系统设计问题

我们先简要讨论几个与 FBMC 系统设计相关的实际问题，包括识别、自干扰、计算复杂度、FBMC 在突发传输中的局限性以及对基于滤波器组的发射机和接收机而言，

FBMC 传输中的 MIMO 技术（系统 FBMC MIMO 是固定的，这是由收发机结构和配置的系统参数所导致的）。

5.4.1 FBMC 系统中的自干扰问题

在通用 FBMC 收发机结构中，无论其是否是通过多相滤波器实现的，数据码元均可以是复值（当 $d_{n,m}$ 为 QAM 调制符号时）或实值（当 $d_{n,m}$ 为 PAM 调制符号时）。滤波器脉冲响应的形状会对潜在的传输数据格式产生直接影响。在 FBMC 系统中，一种典型的设想是显著减少由标称频带发射的能量。这样一来，发射滤波器 $g(t)$ 频率响应的倾斜程度通常是比较陡峭的，这导致了脉冲响应的持续时间比较长。或许我们可以得出这样的结论：对于脉冲形状的选择（时域和频域中）需要定义时频平面上脉冲的位置（相邻脉冲之间的距离）。时频网格选择不当可能会导致严重的自干扰，即在时域和频域中相邻原子之间的重叠。这一点可以在发射机的输出端看到。现在，我们来分析脉冲和两个原型滤波器频率响应的系数，这两个原型滤波器基于 PHYDYAS 和 IOTA 脉冲，两者的系数分别见表 5.2 和表 5.3（更多内容可参考文献[310,321]）。在这两种情况下，我们假定这些脉冲处于一个特定的位置 (n_0,m_0)，因此，分析第 m_0 个码元、第 n_0 个子载波上脉冲的时频分布。注意这些系数均归一化。

表 5.2　PHYDYAS 脉冲时间和频率响应系数

	m_0-3	m_0-2	m_0-1	m_0	m_0+1	m_0+2	m_0+3
n_0-2	0	0	0	0	0	0	0
n_0-1	$0.043j$	-0.125	$-0.206j$	0.239	$0.206j$	-0.125	$-0.043j$
n_0	-0.067	0	0.564	1	0.564	0	-0.067
n_0+1	$-0.043j$	-0.125	$0.206j$	0.239	$-0.206j$	-0.125	$0.043j$
n_0+2	0	0	0	0	0	0	0

表 5.3　IOTA 脉冲时间和频率响应系数

	m_0-3	m_0-2	m_0-1	m_0	m_0+1	m_0+2	m_0+3
n_0-2	0.0016	0	-0.0381	0	-0.0381	0	0.0016
n_0-1	$-0.0103j$	-0.0381	$0.228j$	0.4411	$0.228j$	-0.0381	$-0.0103j$
n_0	-0.0182	0	0.4411	1	0.4411	0	-0.0182
n_0+1	$-0.0103j$	-0.0381	$0.228j$	0.4411	$0.228j$	-0.0381	$-0.0103j$
n_0+2	0.0016	0	-0.0381	0	-0.0381	0	0.0016

可以观察到，在这两种情况下，在位置(n_0,m_0)处 PHYDYAS 和 IOTA 脉冲的时间和频率响应系数取得最大值。此外，IOTA 和 PHYDYAS 脉冲对时域中的前行和后续脉冲以及频域中的相邻脉冲均有显著影响。与 IOTA 脉冲相比，PHYDYAS 脉冲的频率响应的倾斜程度更为陡峭（从表 5.2 中可以看到，位置$(n_0\pm1,m_0)$处的值为 0.239；在表 5.3 中，相同位置的值为 0.4411；同样也可以参考模糊图来详细分析这一影响）。这意味着仅使用奇数项子载波或偶数项子载波的传输脉冲不会相互重叠。此外，对于i和$j\in\{0,\pm1,\pm2,\cdots\}$，系数为 0 的点组成一个时—频点为（$n_0\pm2i$, $m_0\pm2j$）的网格。然而，在时频点（$n_0\pm1$, $m_0\pm1$）周围所观察到的自干扰只存在于复值符号的虚部。因此，在接收端仅分析观察符号的实部就可以完全消除干扰。最初这一现象引入了一个专有偏移（比如在 OQAM 中），其中，复值数据$d_{n,m}$被分为实部和虚部并且分别在两个偏移时—频网格上进行传输。注意，数据符号的实部通过位于（$n_0\pm2i$, $m_0\pm2j$）处的脉冲进行传输，其中，i和$j\in\{0,\pm1,\pm2,\cdots\}$，而虚部则承载在［$n_0\pm(2i+1)$, $m_0\pm(2j+1)$］（同样地，i和$j\in\{0,\pm1,\pm2,\cdots\}$）。换句话说，码元的实部和虚部不像 OFDM 那样能够同时传输，虚部相对延迟了半个码元周期。与 OFDM 相比，由于复值数据码元被拆分成实部和虚部，传输速率因而下降了 1/2。但是，应用半个脉冲持续时间偏移弥补了这一缺点。

5.4.2 计算复杂度分析

对于 FBMC 技术而言，这一问题涉及计算的复杂度和实际应用的可行性。高频谱效率、子载波 OOB 功率回退以及对这些技术的相邻信道干扰抑制所付出的代价就是发射机复杂度的上升，因为与 OFDM 相比，FBMC 传输需要额外的滤波操作。

文献[3]针对 GMC 分解和合成滤波器多相分解的情况给出了每个采样周期在发射端（特别是在调制端）和接收端（解调器）使用的操作数（实际乘法和加法数）与子载波数的关系，以及一些重叠因子值。此外，在 IFFT 和 FFT 应用中，除了标准分裂基-2 算法之外，没有其他可能的简化措施了。［注意在实际情况中，对于使用离散傅里叶变换（DFT）的调制和解调，有各种技术可以用来减少其所需要的操作数，其中一个例子就是 IFFT 和 FFT 运算的裁剪］。在此可以观察到的是，从计算的复杂度来看，由于滤波器组的应用，GMC 系统收发机比 OFDM 收发机的要求更高。

在文献[309]中，合成滤波器组（SFB）的实乘总数可以由每一个处理（包括预处理）

模块的乘法数求和得到，处理模块包括基于 N 点 IFFT 的发射机和 N 分支的多相滤波器。这一操作由公式（5.13）给出。

$$C_{\text{SFB}} = 2 \cdot \{2N + [N(\log_2 N - 3) + 4] + 2KN\} \tag{5.13}$$

其中，K 为重叠因子。预处理部分被认为是没有乘数的，IFFT 再一次被确定通过分裂基-2 算法来实现。由于接收端相似的处理模块，分解滤波器组的复杂度与合成滤波器组的复杂度相同。因此，在文献[309]中，一个 FBMC 调制器和解调器总的复杂度被认为是公式（5.13）描述的复杂度的 2 倍。此外，我们对 FBMC 系统和 OFDM 系统（实际上是调制器和解调器）的复杂度（从实乘次数的角度）进行了比较，FBMC 系统比传统的 OFDM 系统更为复杂（文献[309]中认为系统参数大约是 10 倍），且其计算复杂度与重叠因子 K 是成比例的。

值得注意的是，不但 FBMC 调制解调器的复杂度看起来比 OFDM 的更高，而且一些相关的 FBMC 信号处理算法的复杂度更高，比如信道均衡或干扰抵消算法。与这些信号处理模块相关的复杂度的增加同样取决于所应用的脉冲成形滤波器以及其他的 FBMC 参数[3]。另外，如果发送原子很好地定位于时频面上（尤其是在频域中），那么由多普勒效应和本地振荡（LO）不稳定所引起的接收信号的频率偏移以及所产生的 ICI 可能不是很严重，比如在 OFDM 范例中。在 FBMC 接收机中，用来消除这种偏移所需要的算法的复杂度可能并不高。此外，如果进行适当修改，接收端的合成滤波器可以均衡信道失真，从而免除了信道均衡所需要的额外操作。感兴趣的读者可以参考文献[51]中由 GMC 传输所导出的复杂度分析，并且对可应用于 GMC 系统的子类，即 FBMC 传输的简化措施进行思考。

5.4.3 FBMC 在突发传输中的局限性

基于滤波器组的多载波传输的主要优势之一是：由于其每一个子载波均具有相对较低的额外带宽，所以 OOB 辐射更低。如前所述，这一点导致了更长的原型滤波器脉冲响应以及时域连续脉冲之间的重叠，即 ISI。比如，在 PHYDYAS 中，重叠因子 K 的典型值被设置为 2、3 或 4，该值同样也表明了重叠脉冲的数目。然而由于进行了适当的脉冲设计，该影响可被最小化，比如，当一个给定子载波频率的脉冲恰好位于另外一个时域中脉冲的零交叉点处时。如果我们考虑一个由 N 个子载波组成的 M 个码元符号的突发脉冲（这 N 个子载波调制平行脉冲并且生成 FBMC 帧），那么下一个突发脉冲会由于 ISI 而失真（或许更准确地说，是突发脉冲间或帧间干扰）[310]。需要注意的是，这种作用会因为多径传播信道的影响而增强。实际上，所选脉冲宽度对时限传输有直接的影响，例如，时分复用（TDD）传输或不考虑双工情况的快速突发脉冲传输。当在突发脉冲传输中应用 FBMC 时，突发脉冲的长度必须及时获得延长，比如，在保护周期内进行一些滤波器脉冲响应所引起的转换。如果允许在频域中出现一些临时的信号泄露，那么可以缩短这些转换。有关突发式场景中 FBMC 传输的一些讨论可参考文献[310]。

5.4.4　FBMC 传输中的 MIMO 技术

现在我们考虑一下将 FBMC 概念应用到 MIMO 传输中。文献[310]表明，对应于 FBMC 系统中两种数据传输的方式，有两种可能的实例。第一种实例中，子载波（脉冲）间的自干扰可以被完全消除或忽略，并且复值 QAM 数据传输在活跃的子载波上。在这种情况下，会选择没有干扰或干扰低于可接受水平的子载波来承载数据。如果满足了这一点，那么起初应用在 OFDM 系统中的传统 MIMO 技术同样可以用于 FBMC 传输中。然而，在另一种实例中，当在时—频平面上相距很近的传输脉冲之间存在自干扰并应用 OQAM 时，情况会更为复杂。接下来我们将对这一点进行简要讨论。

如前所述，因为相邻子载波之间的自干扰问题以及可能缺少正交性（带有索引 n_0 和 $n_0 \pm 1$ 的子载波，承载数据的实部或虚部），所以可能会影响 MIMO 技术的顺利应用（比如在 OFDM 系统中的应用）。这是因为在 MIMO 传输和编码技术中已假设 MIMO 信道是独立统计的。如果没有考虑 FBMC/PQAM 信号的特殊性，那么我们所熟悉的、成熟的 MIMO 技术在没有任何调整的情况下是不能被应用的。例如，对于 2×2 MIMO，由于自干扰影响了应用于 OFDM 中的原始译码策略，著名的 Alamouti 编码策略就不能使用了[322]。

对于 MIMO 传输中 FBMC 信号会产生自干扰影响，已经发表了许多关于解决该问题的论文。文献[323]提出了一种值得关注的 FFT-FBMC 收发机结构，为了消除干扰，分别在发射端和接收端对每一个子载波进行 IDFT 和 DFT。这种新型收发机使 MIMO-OFDM 中所形成的解决方案在此也得以应用，其代价是显著增加的计算复杂度。文献[295]研究了频率选择性 MIMO 信道收发波束成形器的联合式设计，这是在每个子载波的基础上结合使用多抽头式滤波结构完成的，并且提出了两种方式，第一种方式致力于信号漏噪功率比的最大化，以及对基于多抽头滤波和单抽头均衡器的预编码器的应用；第二种方式致力于信号的干噪功率比最大化，并且在发射机端使用单抽头滤波，在接收机端使用多抽头均衡器。文献[324]在宽带频率选择性衰减信道 MIMO 传输这一背景下提出了一种基于线性预编码的方案来减小信道色散，其预编码器和相对应的均衡器是基于多项式奇异值分解来定义的。文献[325]提出了另外一种利用频域采样的思想设计每一个子载波的预编码器的方法。

多用户场景下 MIMO-FBMC 系统的应用在文献[326]中已做出了讨论，其目的是通过对波束成形器适当的迭代设计来减小信道频率选择性带来的影响。特别地，在每一个用户终端，预编码器被设计为仅使用实值单抽头空间滤波器，并且减轻了多用户、码间以及载波间干扰所带来的影响。文献[327]在适当设计迫零预编码器和均衡器这一背景下，对多用户情况进行了讨论。文献[328]分析了在 MIMO-FBMC 系统中，关于有效均衡的问题，特别地，针对信道在子载波层面上被认为是非平坦衰落这一情况提出了单抽头且对每一个子载波的预编码器和均衡器。最后，对 OFDM MIMO 和 FBMC MIMO，文献[310]和文献[329]对两者进行了有趣的比较，而在设计 FBMC MIMO 系统方面，一些方法和成果可以参考文献[307]。

5.5 重温 FBMC 系统

如前所述，FBMC 信号可以理解为 GMC 波形的一个特例（一种子类），这是因为 GMC 收发机结构包括信号合成和分解的滤波器组，正如 FBMC 一样。事实上，多载波信号的广义描述可以包含任何一种在第 2 章提到的信号波形。FBMC 的调制方式，尤其是我们所熟知的 OFDM/OQAM，已经被广泛研究。同时，也提出了一些其他的波形候选方案来解决在对 FBMC 进行调研时所发现的问题。因此，现在让我们重温多载波信号分类，除了介绍 FBMC 之外，还将介绍一些重要的结合滤波技术的多载波传输方法，这些方法由于在未来 5G 无线通信系统应用方面的显著优点而被提出。

1. OFDM 和 DMT

为了进行分类，我们简要陈述 GMC 系统参数如何描述标准多载波波形，即 OFDM 和离散多载波（DMT）信号，尽管在这些信号的产生中并没有实际应用子载波滤波。当我们将 OFDM 波形投影到 GMC 信号上时，相邻脉冲间的频率间隔等于脉冲持续时间的倒数，函数 $g(t)$ 为矩形，样本中脉冲 L_g 的持续时间等于 IFFT 阶数，且等于连续脉冲间的时间间隔，也即$L_{\sigma} = M_{\Delta} = N$。由于 OFDM 和双正交频分复用（BFDM）或非正交频分复用（NOFDM）信号之间的主要区别在于所使用脉冲的正交性，有人认为 OFDM 是正交多载波系统的一个子类，而正交多载波系统构成了 GMC 信号集的一个子类，其中一组基函数创建线性独立系统。在 OFDM 范例中，在添加循环前缀之前，$TF = 1$，如果循环前缀被用来避免 ISI，那么$TF < 1$。

DMT 波形组成了 OFDM 信号的一个子类。所以，在 GMC 背景下，可以用与 OFDM 相同的方式来解释 DMT。DMT 和 OFDM 之间的主要区别如下。

（1）以频率为零的子载波为参考，DMT 信号的频谱是对称的。因此，其时域信号是实值的。

（2）由于 DMT 调制常用于有线系统[如非对称数字用户线（ADSL）[60]]，所以在发射端通常认为信道是已知的（准静态），这与无线 OFDM 传输中不同。然而，这一特性与 DMT 调制本身并不是严格相关的。

2. 滤波 OFDM

原则上，滤波 OFDM 和传统 OFDM 仅略有不同。对于后者，矩形脉冲形状被用来传输数据，这一点实际上在数字系统这一背景下，等效于缺少附加的滤波。结果，由于已知的 OFDM 中脉冲的矩形形状和其正弦形频谱之间的这一种时频关系，会有较高的 OOB 功率辐射。脉冲频谱的最高旁瓣仅比主瓣低 13 dB，这就导致了很高的频率泄露。在当代应用通信系统中，会应用附加滤波来对传输信号进行频谱整形，比如，用平方根升余弦脉冲来替代矩形脉冲。如果我们推广这种方法，可以认为，正如文献[287]，在滤波 OFDM 中，会在调制器的输出端对传输信号应用专属滤波器，其目的是对整个信号频谱整形并且最小化 OOB 辐射。重要的是，不同于本章前面描述的 FBMC 系统，此处的子载波频谱并非是单独形成的，而是通过发射滤波器来形成整个信号频谱。

3. FMT

在 FMT 系统中，发射信号可以以一种与 GMC 信号[271,301,330]非常相似的方式来定义。

$$s[k] = \sum_{m}\sum_{n=0}^{N-1} d_{n,m} g[k - mM_{\Delta}] \mathrm{e}^{\frac{\mathrm{j}2\pi nk(1+\alpha)}{M_{\Delta}}} \tag{5.14}$$

其中，α 为调制参数。用来整形数据符号$d_{n,m}$的脉冲是以子载波为准正交的方式来定义的，即尽管没有满足正交条件，但是在频率轴上子载波间的重叠程度是可以忽略的。更进一步地，函数$g[k - mM_{\Delta}]$[或其连续形似$g(t - mM_{\Delta}\Delta t)$]可能会在时域重叠。通常，会使用滚降因子为 α 的平方根升余弦奈奎斯特滤波器。有关 FMT 传输中各种脉冲的使用情况已在文献[271]中进行了讨论。值得一提的是，在 FMT 系统中没有必要使用循环前缀[301]。在 GMC 波形集这一背景下，经过 FMT 调制的信号可以当作是准正交的。

4. 余弦调制多频信号

在余弦调制多频（CMT）中，PAM 数据符号的并行流通过一组残留边带（VSB）子载波信道传输。假设子载波的间隔被最小化，以便于最大化系统的频带效率[89,331]。通过滤波器组可以有效地实现 CMT 调制器[332]。

5. 网格 OFDM

文献[244]提出了改变网格结构来增加系统容量的想法。通过改变网格结构，可以使脉冲形状与散射函数（用来定义传输信道）的实际参数相适应。此外，也可以（通过特定的预编码）使六边形网格适应矩形网格，并且仍然达到相同的频谱效率。

6. 通用滤波多载波（UFMC）

对于应用在 FBMC 调制器中的每一个子载波滤波的复杂度这个问题，文献[333,334]讨论的通用滤波多载波（UFMC）传输方案为其固有的解决方案之一。如前所述，在 FBMC 中，每一个子载波通过专属滤波器被单独滤波（比如，PHYDYAS、IOTA 等）。相较于传统 OFDM 方案或其滤波方案（滤波 OFDM[287]），这样的方式增加了计算负担。在 UFMC 发射机中，子载波被分为子集[比如，在 LTE 系统中使用的一个物理基本资源块（BRB）的大小]，并且这些子载波的子集要接收滤波。这样可以简化收发机的结构，因为需要的滤波器数目更少了，即为子载波集（或者 BRB）的数目而非子载波的总数目 N。从计算复杂度的角度来讲，UFMC 方法可以当作两种极端方法的折中解决方案，即滤波 OFDM 和 FBMC。

FBMC 中对每一个子载波进行滤波所带来的结果就是，对所应用滤波器频率响应的高选择性提出了要求。由于在频域中，子载波频谱不能重叠太多（重叠部分是相当窄的，可以与子载波带宽相比较），因此，滤波器的脉冲响应自然很长。在实际应用中回顾这一点，比如，在 PHYDYAS 滤波器中，重叠因子被设置为 2，甚至可高达 4，这意味着所应用的脉冲和一些（2～4）连续脉冲重叠。这一点在突发脉冲传输中问题比较大，其中需要较长的斜坡上升和斜坡下降时间[335]。UFMC 波形能够很好地适应具有小突发脉冲的通信系统，比如在机器类通信中[46]，每一个子带滤波方案导致所应用滤波器更短的时域脉冲响应。

如果假设整个带宽被分为由 N' 个载波组成的 N_S 个子集，并且对每一个子带做长度为 N' 的 IFFT 操作以及使用长度为 L_B 的滤波器进行子带滤波，那么 UFMC 传输信号可以被表示为

$$s(t)=\sum_{i=0}^{N_S-1}s_i(t)=\sum_{i=0}^{N_S-1}\sum_{n=0}^{N'-1}\sum_{m}d_{i,n,m}g_i(t-mT)\mathrm{e}^{\frac{\mathrm{j}2\pi(t-mT)n}{N'}}\mathrm{e}^{\frac{\mathrm{j}2\pi(t-mT)i}{N_S}} \tag{5.15}$$

其中，$d_{i,n,m}$ 为第 m 个符号周期中第 n 个子载波上的第 i 个子载波子集（或者 BRB）中传输的数据符号。UFMC 收发机的高级结构如图 5.13 所示。

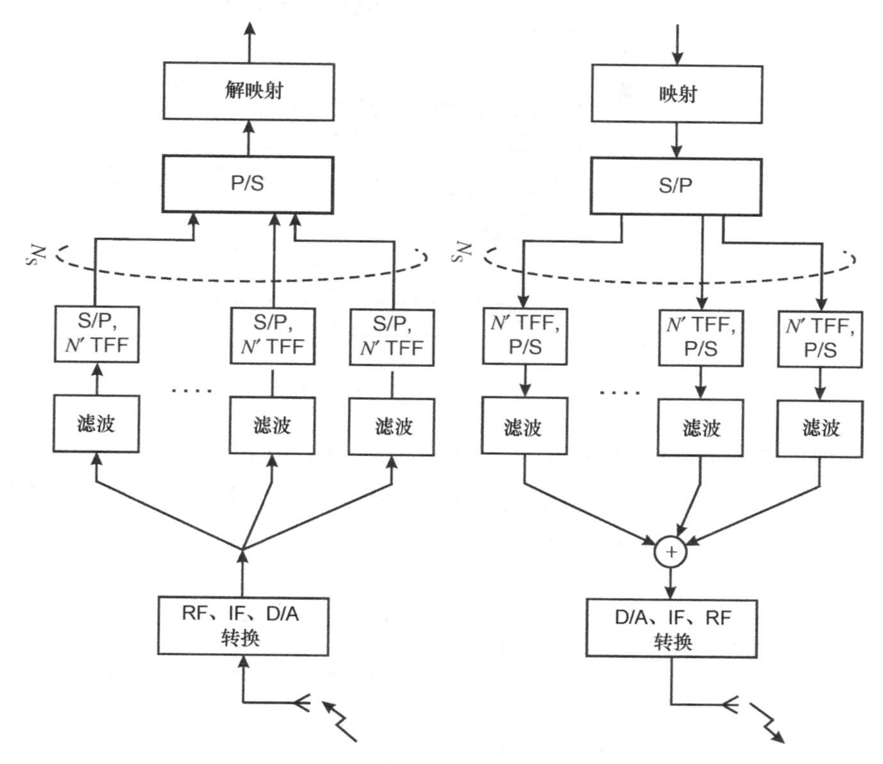

图 5.13　UFMC 收发机的高级结构

7. **广义频分复用**（GFDM）

另外一种关于标准 OFDM 传输的拓展被称为广义频分复用（GFDM）[44~48]，其被认为是 OFDM 的一个灵活的版本，其中子载波间非正交。理论上，GFDM 的调制器带有 LP 个独立模块，每一个模块由 L 个子载波和 P 个子符号组成。每个子载波被原型滤波器的循环移位时间响应和频率响应滤波，从而允许咬尾操作[44]。一方面，子载波滤波使 OOB 功率辐射降低，另一方面，该操作导致子载波间正交性的丢失，并且增加了 ISI 和 ICI。由文献[45]可知，GFDM 发射机的框图如图 5.14 所示。由图 5.14 可知，$N=LP$ 个数据符号的模块被分割成 L 个子载波和 P 个子符号，这意味着，数据符号 $d_{p,l}$ 由第 l 个子载波和第 p 个子符号承载。之后，通过每个子载波进行传输的数据由原型滤波器 $g[k]$ 进行滤波。调制器的输出信号为所有子载波的和，并且用循环前缀来拓展 LP 个样本的输出帧。根据

图 5.13 中所使用的符号，时域信号可以表示为

$$s[k] = \sum_{p=0}^{P-1} \sum_{l=0}^{L-1} d_{l,p} \cdot g_{l,p}[(k - pL) \mod N] e^{-j2\pi \frac{lk}{L}} \tag{5.16}$$

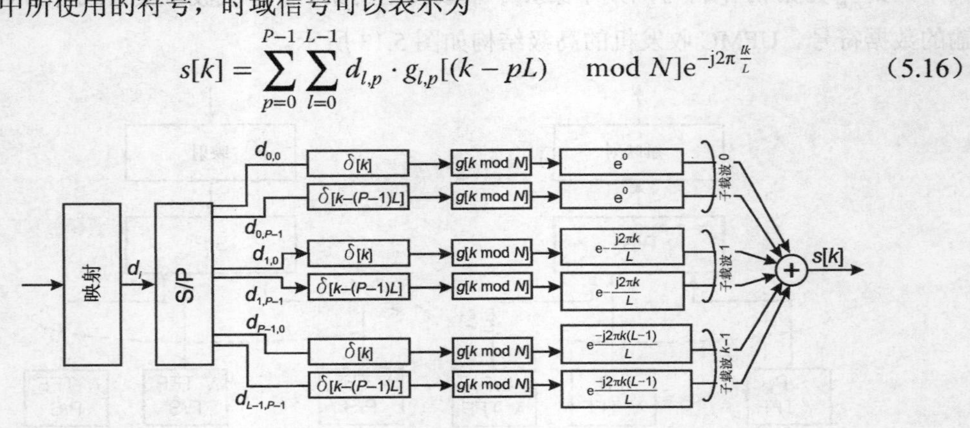

图 5.14 GFDM 发射机结构

为了更好地理解 OFDM 和 GFDM 之间的区别，图 5.15 展示了一个传输符号的时—频表示。不难发现，第 m 个 OFDM 符号中的 N 个平行子载波组覆盖了整个可利用的传输带宽。同时，时—频平面被分割为更小的区域。

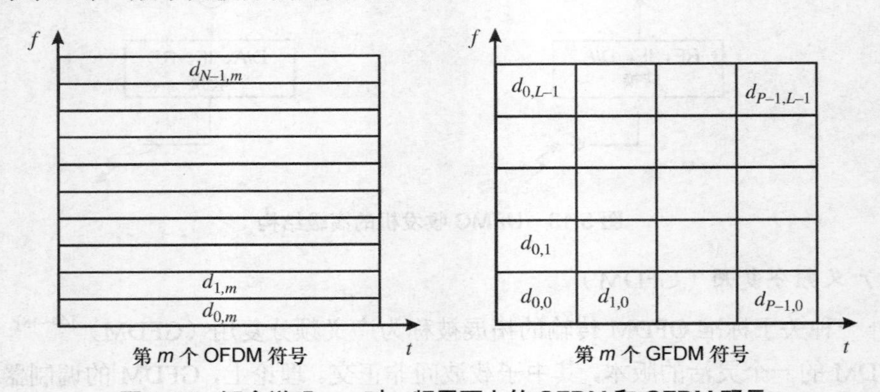

图 5.15 概念说明——时—频平面上的 OFDM 和 GFDM 码元

5.6 总 结

近年来，滤波器组多载波系统的重要性显著增加。应用子载波和子带滤波使发射信号的标称频带之外的无用辐射大大降低，但其代价是增加了计算复杂度。然而，这种计

算复杂度通常可以通过重叠因子 K 进行缩放。因此，FBMC 系统非常适合在未来无线通信系统中应用，它假设各种类型的系统（及其在频域中的频谱波形）共存的情况。在先进频谱共享策略和引入非连续传输方案的背景下，这种假设显得尤为重要，其中，需要满足对外部频带所引起的干扰的严格要求。这种多载波波形的频谱聚合和共享的问题将在下一章讨论。当然，除了这些优点，FBMC 系统也有其缺点，比如突发脉冲传输受长尾影响或信号自干扰，这使 FBMC 难以应用于 MIMO 系统。但是已有大量的研究工作致力于克服这些缺点，以期在未来的无线通信中使用 FBMC 波形。

复杂度通常可以通过调整滤波器长度进行折衷。因此，FBMC系统非常适合在下一代移动通信系统中应用，一般具有各种不同的系统（包括在频域中的资源分配）共存的情况。在此过渡的快速衰减可引入非正交性和有害的同步误差，这种假设被看作为重点。同时，需要满足对异步接入所引起的干扰的严格要求。这种宽松的同步要求允许其不需要由于一些原因。当然，除了这些优点，FBMC系统也有其缺点，比如较长的滤波器长度影响短信号等传输，这使FBMC不易应用于MIMO系统。但是已有大量的研究工作致力于克服这些缺点，以期在未来的无线通信中使用FBMC波形。

第 6 章

面向灵活频谱应用的多载波技术

6.1 认知无线电

认知无线电（CR）技术的概念由 Mitola 和 Maguire[336]提出，并由 Mitola[337]在文献[338]中做了进一步的阐释。自 2000 年 Mitola 的博士论文发表以来，该概念便成为无线通信系统的一项热门技术，并得到广泛研究。关于 CR 的综合出版物和最佳读物包括相关藏书[338~343]和一些概述性文章[74, 336, 344~346]。随着可编程无线平台、新提出的算法和标准的发展，CR 技术正被引入实际系统中以实现现代无线通信的诉求，如环境感知、适应无线环境的灵活性和系统运行能力。

CR 操作基于图 6.1 所示的认知周期，该概念在文献[337]中定义，包括其基本功能和操作，即观察（环境）、定位、计划、决定、行动和学习。CR 通过不同的传感器和对外部刺激的测量来感知无线环境，进而获取足够的操作内容数据，然后对这些收集到的数据进行分析以提取出相关环境下有价值的信息。例如，CR 可以通过分析全球定位系统（GPS）的坐标、移动参数、温度、光线等来确定室内或露天的位置，然后使用这些信息来选择与其他终端通信最有利的无线接口和波形。用于频带检测的频率分析也是认知周期在这个阶段的另一个典型示例。这种分析的结果和相关结论是对相关环境的理解（在环境中的定位）。在定位阶段，应当设置其触发正常、紧急或立即执行等行为的优先级。

在正常模式下，认知周期包括计划阶段，在这个阶段将产生和评估替代操作。这些替代操作包括可能的无线接口、工作频带、无线接入技术、功率电平和信号接收方法，等等。对替代方案的评估将影响学习过程中（信息）的状态，同时将之前的决策及其观察结果考虑在内。认知周期的最后一步是行动行为，即激活合适的硬件和软件资源来实现当前通信：在给定的频带、时域和功率电平内生成、传输和接收信号。

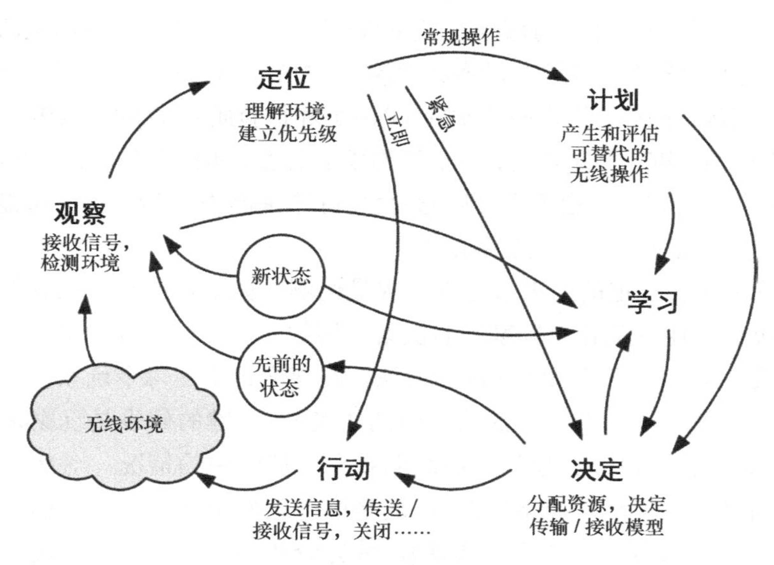

图 6.1　认知循环

狭义的 CR 通常是指能够动态灵活地使用频谱资源的无线网络（和节点）。这里对 CR 的认知意味着对操作环境的感知和基于获取频谱以及满足动态频谱发射掩模（SEM）的智能决策（在某种意义上被优化）。因此，CR 被认为是提高频谱利用率的潜在解决方案，因为一旦排除了这些频段中当前（被许可的或首要的）系统传输的存在，CR 就有机会对临时未使用频段进行机会性访问。为了以高概率确定所考虑的频带是否被占用或可用，CR 节点有权访问相应的数据库或对主用户（PU）活动进行实时测量，即感知频谱资源。频谱感知方法的研究在过去十年中一直在进行。文献[347～350]介绍了一些有关这些方法的典型案例。频谱感知的可靠性十分重要，是通过检测概率和虚警概率来衡量的。

一般来说，最大化检测概率和最小化虚警概率是有益的。然而，这两个指标的优化是相互矛盾的，即通常检测概率增加会导致更多的虚警误报，增加了虚警概率。为了改善这两个指标，我们将协作频谱感知纳入考虑范围，而不使用常用而不可靠的自主感知。尽管如此，频谱检测有许多其他的权衡，比如，能耗与可靠性、精确度与报告检测信息的间隔、检测时间与传输时间，等等。文献[351]对这些权衡方式有所总结概括，也研究了协作频谱感知的相关方法并讨论了这些方法的能量消耗。

智能决策是 CR 的另一个重要范例，它通常是指在考虑所有约束的情况下选择一种可能的操作，这些约束条件与内部状态或外部条件有关。在考虑动态和灵活使用无线资源的情况下，这些外部条件包含与动态频谱接入（DSA）有关的规程、许可的系统保护、频谱共享的条例等。此外，用户服务质量（QoS）和体验质量（QoE）期望、传输环境的特征、共存系统的标准、网络特征、节点等构成了上述决策约束条件。因此，CR 中的一组方程是约束优化。然而，由于无线环境的性质和控制流量的限制因素可能不完整、不准确或过时，优化通常需要一些先验信息[352]。

优化理论用来在给定的约束条件下寻求最优解。如果目标和约束条件不固定，则决策结果取决于其他决策者（玩家）的决策。例如，网络中的其他 CR 节点，为了寻求高效的决策，可能需要考虑博弈论的方法。在博弈论中，每个玩家在做出决策时都必须考虑其他玩家可能的选择（战略空间的决策）。关键的假设是玩家是理性的（只关心他们自己的利益），并且他们足够聪明以分析博弈中的情况。对玩家策略的分析也许会使我们找到平衡点（如果存在），这是所有理性玩家必须采取的一系列选择，因为这不会损害他们的利益（博弈结果）。博弈论和最优化理论的关键区别在于，前者找到的解决方案可能不是最优的。当玩家间允许互相合作时，博弈的结果有可能是帕累托最优。

近年来，博弈论在 CR 网络决策中的应用得到了深入的研究。例如，功率控制算法、DSA 方法、无线资源拍卖等。但是，对完整信息或合作可能性进行假设并不总是可能的；因此，相关问题的简化博弈论模型（例如，部分信息交换或有限合作）是研究中非常重要的方向。

通常，期望 CR 节点运行在一个网络中。针对 CR 节点网络，我们可以根据许可系统中受保护的主用户的存在情况和网络协调来考虑多种情况。这些场景的分类如图 6.2 所示[394]。

请注意，图 6.2 上方的两种方案（与图 6.2 下方的方案相反）并没有假定存在任何许可系统。左侧的两个场景（与右侧场景相反）并没有假设 CR 节点是对等的。因此，左下角的网络可被看作最理想的 CR 网络，其中 CR 节点完全独立，即它们独立感知频谱可用性并以分布方式使用无线资源[394]。同时，它们仍然能够保护许可系统并控制它们之间的干扰。当然，CR 网络运营的这种理想化的构想还暂未引入实践，这是由分布式的无线资源管理（RRM）方法的缺点以及在没有主用户传输可用信息时，自主感知方案的低检测质量造成的。

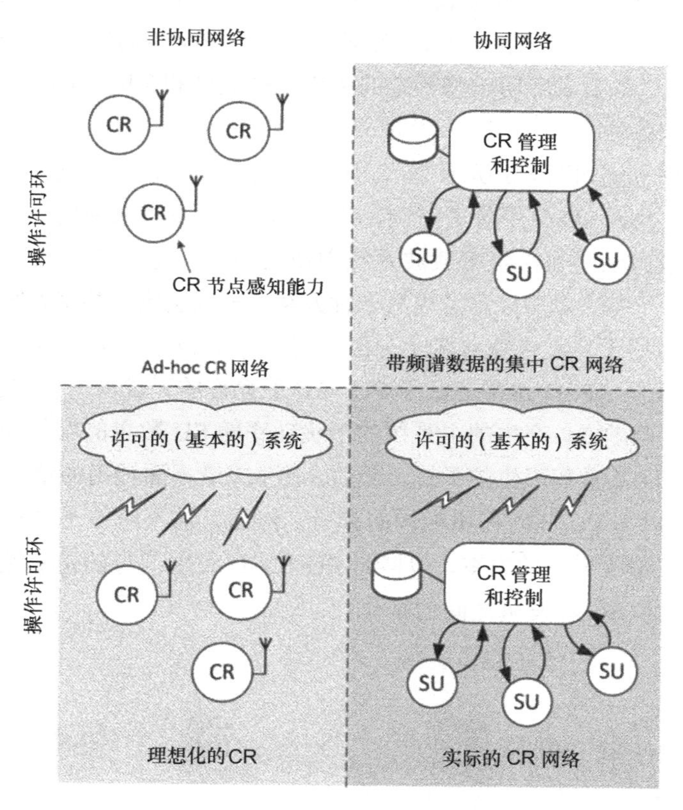

图 6.2 认知无线网络分类

从未来具有认知能力的第五代移动通信技术（5G）的角度来看，最实际的 CR 网络方案似乎是图 6.2 右下角提供的方案。在这种情况下，网络中的次级用户（SU）可能会有一些协调，这些协调方式不仅会检测无线环境，还会连接数据库（通过中央控制实体）。例如，包含并不断更新关于无线资源可用性信息的信息库［这些信息库通常被称为无线电环境图（REM）］。而且，集中式实体会协调主用户和次级用户、次级用户之间的频谱共享。因此，在这类网络中，CR 传输的质量和效率以及许可系统的防护可以得到保证。

6.2 频谱共享和授权方案

DSA 指的是巧妙地利用频谱资源的一种方式。根据 CR 原理，SU 可以使用某一地理位置的无线资源（频率、时间和功率），并只有在保护 PU 传输免受 SU 产生的干扰时才传输 SU 的信号。这就要求应用一些特定的频谱共享规则和策略，确定在 PU 和 SU 之间共享资源的方式和条件。

理论频谱共享方案如图 6.3 所示 [394]。第一种最流行的方案（见图 6.3 上部）指的是交织式频谱共享，允许 SU 使用频谱空洞，频谱空洞是主系统未使用（有时是临时的）频段。波间频谱共享方法是在次级多载波系统中使用的，其通常使用位于频率轴上的频谱空洞中的子载波。一些文献中经常考虑另一种方案——底层频谱共享方案。标准扩频技术和超宽带方案均可用于实现在宽频带上分配信号功率的技术目标，这会导致功率谱密度（PSD）水平相对较低（PSD 水平应低于 PU 系统所允许的干扰水平）。波间频谱共享和底层频谱共享的共同问题是：产生的主系统的干扰功率随 SU 数量的增加而增加。出于这个原因，必须协调 SU 数量和产生的干扰。最后，图 6.3 最下面提出的最后一种方案是覆盖频谱共享，SU 可以与 PU 同时使用相同的频带。然而，这不是技术“不可知”的解决方案，并且需要一些消除干扰的方案，可能是 PU 和 SU 发射信号的正交性（例如，通过使用编码）以及 PU 和 SU 收发机之间的合作。

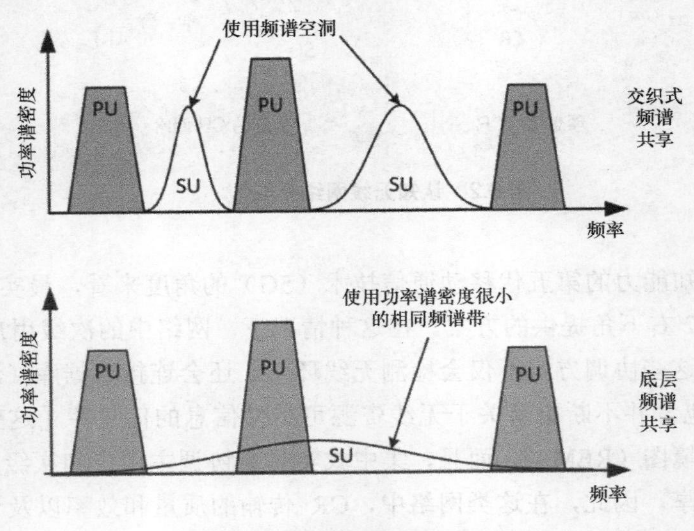

图 6.3　频谱共享方案

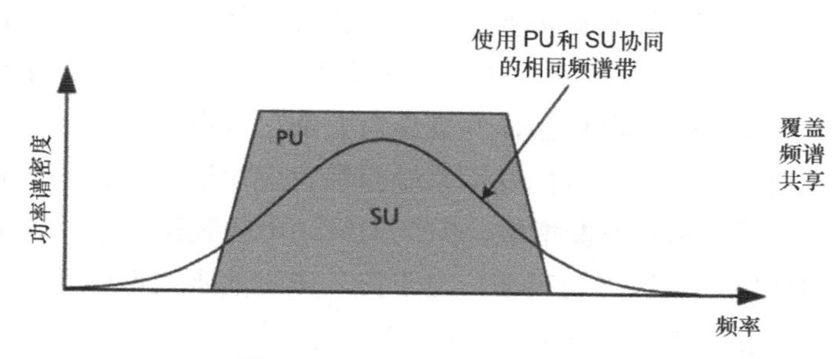

图 6.3　频谱共享方案（续）

综上所述，频谱共享需要一些策略和规则来保证整个过程对于主要和次要系统的有效性。下面简要回顾一下这些选项，并讨论未来它们对 CR 多载波技术的适用性。

6.2.1　频谱专用

在传统的情况下，无线频段被静态地分配给不同的用户（如网络运营商），供其免费使用。因此，运营商根据许可使用相应的频带。这种频谱的划分通常在国家层面进行；但是，仍需履行国际协议［例如，世界无线电通信大会（WRC）制定的协议］。为了保证服务和系统间高度电磁兼容性，各个国家都会制订自己的频率分配计划并定义如何利用特定频段的规则（例如，定义最大发射功率、交付给最终用户的服务类型）。一方面，这种静态频谱分配方法可以被看作是各种系统之间有效管理干扰的一种方式，因为每个频带都有自己严格的传输规则，服务提供商必须履行。另一方面，这样的静态频谱分配会导致频谱利用率很低，因为在特定时间和地理位置，由于缺乏许可，未使用的频带不能为其他运营商/服务提供商所用。在这种情况下，只要满足监管机构规定的传输要求（带外发射的电平），就可以应用本书中讨论的各种多载波方案。

6.2.2　免许可条例

与频谱专用的使用不同，在某些频段中使用了被称为频谱共享或未许可频谱的方法，这些频段免于任何形式的许可。在这种情况下，每个用户都可以访问专用的频段而无须额外的许可。工业—科学—医学（ISM）频段是阐释使用这种频谱很好的例子，在该频段中各种系统可以共存于同一地理区域（例如工作于 2.4 GHz 的 Wi-Fi 和蓝牙）。这种方法的优点是每个用户都可以根据需要利用频谱资源。然而，由于这种得到许可的频谱分配的主要优势在于严格的干扰管理，所以“免许可”频谱频带被认为是“干扰限制”。事实上，如果没有应用干扰控制机制，并且任何人都可以在未与其他用户达成任何协议的情况下开始提供通信服务，则可能发生系统封锁。应对这个问题的各种解决方案已经相继提出。然而，随着流量的不断增加，完全未经许可的频段将会面临文献[353]中描述的“公共悲剧”的问题。在这种情况下，由于接入频谱的永久性碰撞或由于极端情况的带内干扰，空闲、未授权的频段将不会在特定时刻使用。

与先前的事例一样，在相同情况下，只要监管机构规定的传输要求得到满足，本书前面讨论的多载波方案的应用将成为可能。实际上，许多基于正交频分复用（OFDM）的无线局域网（WLAN）标准在ISM频带中运行。然而，发射信号参数的适应机会（诸如具有不连续子载波的多载波传输中的占用子载波的数量、通用多载波（GMC）中的脉冲形状）为在多种系统共存的环境中的高级干扰管理开创了新的自由度。

6.2.3 授权共享接入（LSA）和授权共享接入（ASA）

原则上，授权共享接入（LSA）是对其他授权用户使用新方式来利用当前占用频段（指配给现有系统）产生的行业利益的回应，关键思路在于有权益的“股东们”（现任频谱“所有者”和新的频谱用户）之间签署单独的定义了频谱共享方式的授权协议。LSA的一个特例便是所谓的授权共享接入（ASA）。ASA的目标频谱覆盖了传送至移动服务的频带，以及国际电信联盟无线电通信部门（ITU-R）在世界无线电通信大会提出的用于国际移动通信（IMT）的频带，但当前的频带也主要用于其他地方[354]。

灵活新颖的多载波系统的应用似乎很适合这种情况，因为传输参数［例如，带外（OOB）功率或应用非连续子载波］的适配可能使已签署的共存需求和义务的实现更容易。这些需求将预先定义，因此，有可能以优化系统的某些参数的方式设计发射信号，这对于给定的应用很重要。

6.2.4 公民宽带无线电服务和频谱接入系统

美国联邦通信委员会（FCC）最近推出了专用于3550～3700 MHz频段的新型3层共享模式，通常称为CBRS（公民宽带无线电服务）共享模式[355, 356]。这里主要引入3种类型的用户：高优先级用户层（实际上是传输必须得到充分保护的现任者）、优先访问许可证（PAL）的附加许可用户层和免许可的一般授权访问（GAA）用户。由于必须签订协议，PAL 用户与 LSA/ASA 模型中的 LSA 许可证持有者相对应。我们可以发现，在 CBRS 频谱共享中，许可和免许可的方法是相互依存的。注意，为了有效地管理用户之间的干扰，必须创建一个专用频谱接入系统（SAS）来协调频谱的使用。在该系统内，设想所谓的环境感知能力用来检测某一区域的用户行为。

出于相同的原因，灵活的多载波系统是一种极具吸引力的解决方案，换言之，定义传输信号格式和参数的机会很大，这与 LSA 和 CBRS 频谱共享的情况十分相似。

6.2.5 多元化许可

多元化许可的主要思想是在文献[357]中提出的，它是一种主用户和次级用户（运营商）之间频谱共享的创新方法。多元化许可的概念可以理解为“在假设允许机会二次频谱接入的情况下授予许可证，并且在授予许可证时，可能会使用主频谱已知的参数和规则对主频谱造成干扰”[357]。在这种频谱共享策略中，假级主运营商将从一系列给出的多元化许可中进行选择，每个许可具有不同的付费结构，并且每个许可指定了可进行替代的机会接入规则，而且可以映射到相关的干扰特性[357,358]。由于核心许可仍旧授予主运营商，所以主要控制机制由主运营商维持。因此，主运营商可以权衡机会接入的形式来换取各种许可费用或其他激励机制。

6.2.6 授权辅助接入

最近，利用 5 GHz 左右的免授权频段的新方法受万众瞩目。重要的工业厂商考虑将长期演进（LTE）技术应用于未授权的频段，从而发展所谓的未授权频道（LTE-U）解决方案并建立专用 LTE-U 论坛[359]。在未授权的频段中操作需要 Wi-Fi 用户与 LTE-U 的公平共存。其中一种方法是动态地选择明确的信道，以避免无线保真（Wi-Fi）传输的出现（和干扰）。然而，由于无法确保空闲 Wi-Fi 信道的存在，与频谱接入方式有关的一个要求是著名的空闲信道评估（CCA）技术或先听后发（LBT）方法，这是典型的未授权频谱使用。从 Wi-Fi 网络的角度来看，LTE-U 传输看起来像另一个 Wi-Fi 客户端。

在 LTE 标准的第 13 条中引入了授权辅助接入（LAA）的概念，它假设未授权的频段可以与授权频段一起使用。由于这里可以考虑各种情况，所以使用授权频段传输所有控制数据，并需要重点考虑支持用户数据传输与授权和未授权频谱的聚合这种情况。假如观察到的通信量低到可以通过授权频段连接进行管理，则未授权频段将被释放。通常，LAA 主要通过利用未授权的频谱带来支持下行链路的通信量。近年来，已经发表了许多关于这种类型的频谱共享的论文，例如，文献[360～362]，还提出了对该概念的各种修改和改进；这里提一下 LTE-WiFi 聚合（称为 LWA）的概念（运营商决定使用已经部署的 Wi-Fi 网络进行数据传输）以及增强型 LAA（eLAA）的概念（将频谱聚合用于上行链路），可以推测，LAA 的更新版本将包含在下一个 LTE 标准版本中。

6.2.7 联合共享接入

联合共享接入（CSA）的概念基于多个运营商（具有相同权限）决定联合使用其授权频谱的片段的假设[363,364]。可以定义两个 CSA 案例：相互租赁（MR），运营商保留其使用频谱的个人授权，但它们可以根据先前的请求相互租用部分频谱；有限频谱池（LSP），在这种情况下，所有运营商都会根据组许可证使用专用片段。前一种情况可以被视为有限的一组参与者之间的特定形式的 LSA，而在后一种情况下，可以设想各种形式的合作。在正交共享中，可以在时分、频分或空分多址模式（TDMA、FDMA 或 SDMA）中共享公共频率资源，而非正交方法的应用需要同时使用资源，进而引起一些互操作性干扰。

6.3 基于多载波技术的动态频谱接入

DSA 和灵活高效的频谱分配过程被认为可以提高未来无线通信网络频谱资源利用率。 除了频谱效率之外，QoE 和相关资源分配的公平性也是认知 DSA 研究的重点。在一个网络中，频谱分配过程通常是集中的，并且需要所有链路的详细信道状态信息（CSI）（通常是链路信道系数）或者至少需要所有链路的信道质量指标（CQI）（关于信道质量的代表性密集信息）。而且，集中式方法使用了额外的通信量，这又占用了无线资源。对于未来的通信概念而言，期望至少部分 CR 节点以分布式方式做出智能决策，从而使流量开销最小化或被消除。众所周知的正交频分多址（OFDMA）是多载波传输 DSA 方法的多址技术的一个例子。在动态的 OFDMA 中，网络节点能够单独采用可访问子载波的子集，以及分配给这些子载波的传输速率和功率[365]。

一些文献给出了集中式和分布式（认知）频谱分配的具体过程，并在 CR 网络的竞争环境中应用博弈论进行智能、合理的决策。集中式方案使频谱利用更高效或更公平；但是，它们需要集中管理，并可能需要大量的控制流量。每当信道的质量因网络区域中的节点而改变时，CSI 或 CQI 必须被交换或在中央单元处可用。文献[366～368]已经提出了基于完全信息合作博弈模型的机会性 OFDMA 的集中式方案并给出了有关的解决方法。分布式决策算法采用均衡非合作博弈模型消除竞争者之间的冲突。然而，对于实际的频谱分配和 DSA，完全信息博弈是不存在的，因为每个玩家（CR 节点）通常不可能获得所有动态变化的链路（以及相关的 CSI 或 CQI）的完整信息。因此，不完全信息合作博弈模型仅适用于多小区环境，在该环境中，玩家是在了解其小区内所有链路的 CSI 的情况下连接基站的[369,370]。

6.3.1 基于频谱定价的 DSA

只需要有限信息的合作机制，例如资源定价机制有效地解决了 DSA 中分布式频谱分配的不完全信息问题。在 OFDMA 中，资源定价广泛用于功率分配问题中[371～373]。在这些文献中，被定价的资源是网络节点使用的功率，优化目标是在给定网络总发射功率的情况下最大化总吞吐量。然而，DSA 的频谱定价概念是不同的[374]。

文献[375～377]讨论了多基站场景中定价 OFDMA 资源（子载波）的分布式动态分配，其中基站作为玩家。在此，再次强调，为多基站场景设计的定价概念不能用于分布式网络的 DSA。定价 DSA 的另一种方法是迭代注水，它允许所有玩家使用相同的频率通道并根据定价函数调整这些通道的功率水平。在这种方法中，定义每个玩家的定价函数需要相邻节点（玩家）间的信息交换。文献[378]的频谱分配模型是基于 Bertrand 博弈的 PU 与 SU 之间的寡头垄断竞争，这又需要 PU 玩家了解 SU CSI。尽管上述文献应用博弈论，在基于定价的模型中取得了重大进展，但它们都假设所有玩家能提供完整信息，或者将考虑范围缩小到子载波功率分配。

文献[379]介绍了基于定价的正交频道分配的一般化框架，如在使用非连续子载波的 OFDMA 中。该方案仅需要有限的信道质量信息［作为 CQI 的有效信噪比（SNR）］。在效用函数中，考虑了玩家的利己性和社会性行为。这些效用函数包括取决于所获得的频谱资源（子载波）的线性收益（定价）分量。这些节点能够感测无线电环境，检测给定区域中可用的税率（或定价参数）参数、可用频谱资源并获取可用于其预期传输的这些资源（子载波）的子集。每个节点的目标是充分利用这些资源，即以最低的成本获得高数据速率[379]。以最大化吞吐量为目标的自私的玩家将占据整个可用频谱；然而，频谱定价带来的成本考量限制了这种行为。过低的定价参数（税率）会导致贪婪的行为，即单个 CR 节点占用最大数量的子载波，而过高的定价将引起限制，它不会为任何节点访问频谱付费。因此，应确定最佳定价参数以最大化 CR 网络的总吞吐量或实现其他目标。

仿真结果

在所考虑的场景中，总发射功率是固定的。一般认为 SNR=30 dB，并且示例信道模型是 6 径信道，路径具有相同的功率，并且延迟在 0 和 $1/B$ 之间均匀分布，其中，B 是所考虑的接入带宽（这是一种通常用于测试均衡器的测试通道模型，它反映了特别恶劣的环境，具有非常小的相干带宽和非常迅速的衰落）。此外，对所有链接而言，未编码系统目标误比特率（BEP）被假定为 10^{-3}。

图 6.4 显示了在文献[379]中定义的频谱定价博弈的仿真结果。在图 6.4（a）中，根据玩家人数绘制出了最优定价参数（最大化网络中的总吞吐量）。图 6.4（b）显示的是总吞吐量。为了便于比较，还针对集中式算法给出了每个节点的吞吐量结果：贪婪 Max SNR 和循环算法。

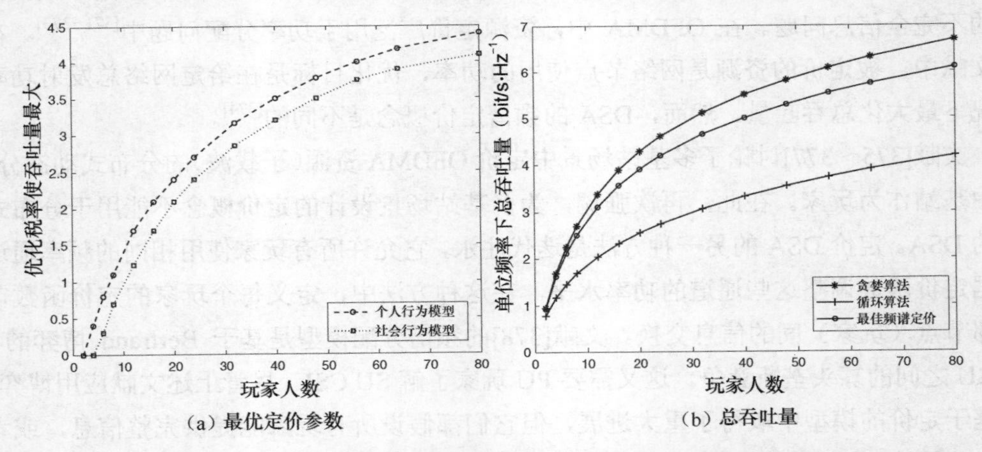

图 6.4　个人和社会节点行为模型中吞吐量最大化的最优资源定价

6.3.2　基于合作的 DSA

上面讨论了多载波系统中的 DSA（主要在 OFDM 网络中）通常被认为是完全集中的

动态子载波资源分配，也讨论了使用频谱定价思想的基于 OFDMA 的分布式 CR 网络。改进应用寡头模型结果的另一种分布式方法是基于竞合的方法。竞合（合作和竞争）是反映竞争与合作相结合的新词[380]。竞合的基础是创造合作中的附加值，其分配是竞争的一部分。它已成功应用于经济学、控制论、复杂的生产和物流系统。文献[381]已经提出了分布式认知无线网络中的 DSA 和资源分配的通用框架，重点在于 OFDMA。其中，应用古诺寡头垄断模式的竞争阶段之后是由联合博弈定义的合作阶段。由于各个阶段不同模式定义的灵活性，所考虑的 CR 网络节点可以在不同的策略下动态接入频谱，支持分层流量、公平性和资源利用效率。

6.4 动态频谱聚合

在 5G 系统中，网络密集化，即节点、天线数量增加和频谱聚合相结合将扩大容量和提高频谱使用率[1]。频谱聚合指的是利用可能不连续的频带获得更大量的电磁频谱。在高级长期演进（LTE-A）标准中应用的被称为载波聚合（CA）的技术是这种想法的实际用例，它实现了在 20 MHz 信道中的 4G 系统的下行链路中 1 Gbit/s 的吞吐量。它使所谓的基本资源块（BRB）聚合，即使在不同的频段上[2]。该聚合在媒体接入控制（MAC）层处理，并且每个载波分量使用其自身的物理层（PHY）协议和混合自动重传请求（HARQ）机制。针对遵循连续或不连续 OFDM 的思路，使用相邻或不相交的子载波，文献[42]已经提出了两种类型的 CA 方法。在连续的 CA 方法中，使用的多载波彼此相邻，这使可以分别在发射机和接收机端使用单个快速傅里叶逆变换（IFFT）和单个快速傅里叶变换（FFT）模块。而且，单个射频（RF）前端可以用在传输链路的两侧。对于不连续的 CA，无论是用于基带（BB）还是用于 RF 前端，分量载波都不必相邻，这在收发机设计中具有反作用。

在 LTE-A 中应用的两种 CA 方法在聚合任何种类的可用频谱片段方面具有有限的灵活性，因为只有有限的整数个 BRB 可用于单用户数据通信。 此外，协议不允许动态频谱接入。为了扩展 LTE 容量，已经提出了将未授权的载波（非授权频谱）集成到 LTE 系统中，即 U-LTE。频谱聚合的多种情况如图 6.5 所示，它们被称为大规模频谱聚合[42,382]。在这种情况下，由 BRB 定义的具有固定粒度的频谱片段被合并，并且可以被分配给单个用户，如在 LTE-A 系统中或在多载波高速分组接入（HSPA）系统中。

然而，如图6.5所示（该图中呈现了较低示例频率序列），频谱聚合也可以是更小规模的和更高灵活性的[42]。在这种情况下，聚合的频谱片段与源自另一个许可系统中的信号传输的频谱交织。一个用户在给定频谱掩模内发送信号在地理位置和频谱上与另一个用户的发送和接收邻近，这种频谱共享概念对于未来的认知系统共存是典型的。当然，这两个用户之间的干扰取决于他们发射的OOB功率，以及他们的接收滤波器的选择性，如图6.6所示。从图6.6中可以看到，在一个链路或系统（RX1）的RX处，可以观察到由于TX2的OOB功率辐射而导致的来自另一链路或系统（TX2）的TX的干扰［鉴于此TX中的频谱发射掩模（SEM）］以及RX1滤波器的不完美选择性。因此，必须采取适当的措施将两个发射机的OOB功率保持在所需的水平，并考虑采用共存系统的接收滤波器特性来对信号频谱进行整形。

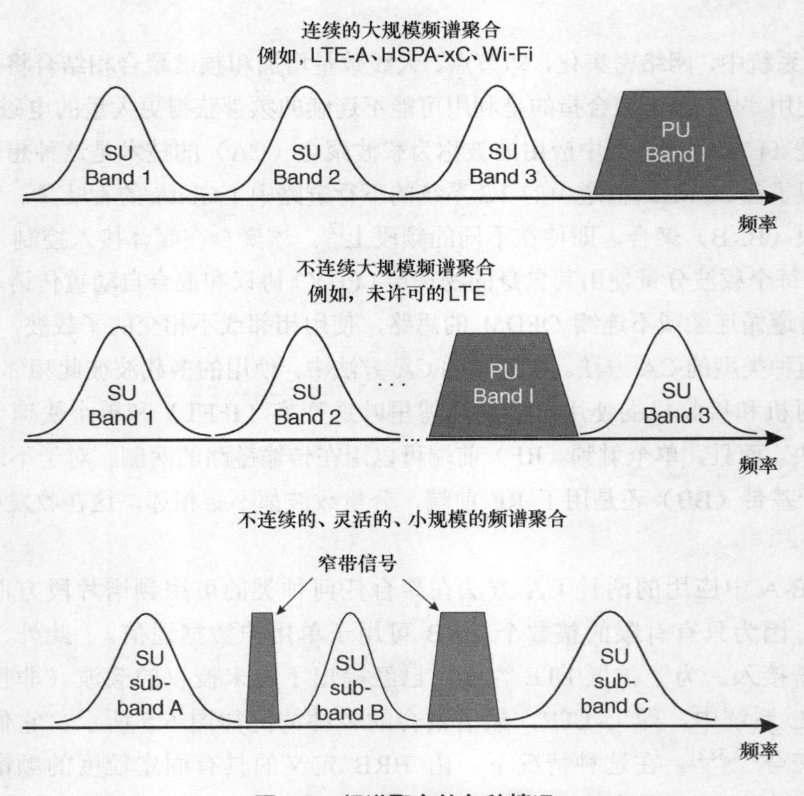

图6.5 频谱聚合的多种情况

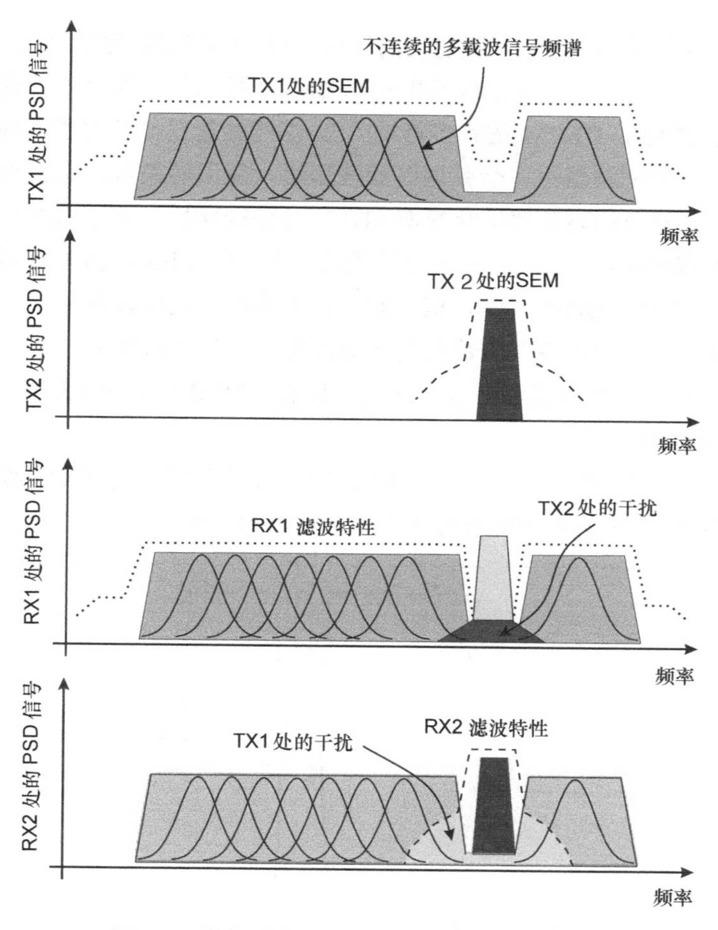

图 6.6　共存系统的频谱场景及由此产生的干扰

前面介绍的非连续正交频分复用（NC-OFDM）和非连续滤波器组多载波（NC-FBMC）技术可能在基于认知的 5G 通信中聚合频谱。这两种技术都能有效利用零散频谱机会，并抑制可能影响认知无线场景和环境中共存系统的干扰。

增强型 NC-OFDM 技术在第 3 章中已有详细描述。它的特点是在使用不相交的 OFDM 子载波组时具有相对较低的计算复杂度。可用的、动态选择的子载波由信息数据符号或整形 NC-OFDM 信号频谱（特别是为了衰减其 OOB 分量）的非信息（信息数据相关）值来调制。在 NC-OFDM 信号频带内的其他子载波未被使用，即被零调制。这种灵活的 NC-OFDM 信号频谱整形允许适应相邻频带或 NC-OFDM 频谱陷波中的其他传输。注意，这些传输不必具有已定义的特定无线电接入技术（RAT），并且可以使用与所考虑的 NC-

OFDM 信号不正交的频率载波，只要它们的频谱不与 NC-OFDM 系统聚合频谱重叠即可。

正如第 4 章所讨论的，滤波器组多载波（FBMC）技术被认为是下一代无线通信系统潜在的 RAT，它强化了 OFDM 的许多特性[287]。尽管最近已经考虑了这种概念的各种实现［诸如复指数调制滤波器组、余弦调制滤波器组、复用转换器、完美重构滤波器组、过采样滤波器组或修改的离散傅里叶变换（DFT）滤波器组］，当前 FBMC 指的是频谱整形的偏移 QAM（OQAM）符号调制正交子载波方案[383]。FBMC 方案使用滤波器整形子带频谱，可以大幅降低 OOB 功率，但是收发机架构的复杂度较高。在文献[42,333,382]提出的脉冲形状中，扩展的高斯函数及其特殊情况——各向同性正交变换算法（IOTA）和 PHYDYAS 脉冲是最受推崇和最有前途的。最后，FBMC 也被考虑用于不连续的子载波组，被称为 NC-FBMC。

NC-OFDM 和 NC-FBMC 信号频谱如图 6.7 所示，为说明所考虑的系统之间的相互干扰，图 6.7 中还给出了共存的 PU 系统（信号）频谱的示例。

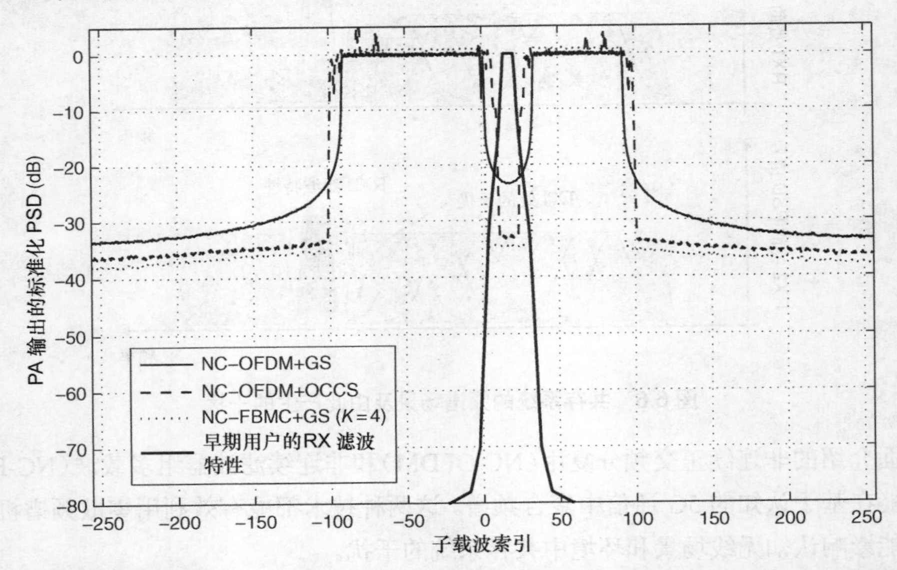

图 6.7 NC-OFDM 和 NC-FBMC 信号频谱（QPSK 映射，PA Rapp 功率模型，输入回退参数 $IBO = 7$ dB，平滑系数 $p = 10$）

6.4.1 复杂度和动态聚合

能源效率是未来 5G 认知网络的重要目标，并且相关的计算复杂度成为系统设计中的一个重要问题。增强型 NC-OFDM 和 NC-FBMC 收发机的复杂度已经在文献[42]中被估算出来。为了近似这种复杂度，做出了一些假设：连接参数的配置阶段产生的聚合子载波集合在发射机和接收机端都是已知的，使用 split-radix-2 算法进行 IFFT 和 FFT，在 NC-OFDM 中应用了抵消载波（CC）多相分解滤波器（应用于 NC-FBMC）的系数数量相对较少，信道估计基于导频，时间和频率同步基于循环前缀（CP）的自相关属性，并且不考虑额外的自干扰消除算法。

应用在线频谱聚合方法的计算复杂度会影响提供给系统的动态频谱聚合。此外，用于分段频谱聚合的算法，改变它们在频率维度上的位置和带宽以及关于频谱掩码（对于相邻信道干扰保护）的变化需求，需要进行额外的计算，以设计合适的频谱整形和聚合算法。这就需要估计重构满足与所需 SEM 变化的动力学相关的上限的频谱所需的离线计算量。这些估计值在文献[42]中被提出。对于使用 OCCS 的增强型 NC-OFDM，重新设计用于计算 CC 调制值的矩阵需要进行一些矩阵运算并求解基于标量的非线性方程（参见 3.3 节中的推导）。对于这种频谱整形来说，计算要求最高的操作是矩阵奇异值分解（SVD）。对于 NC-FBMC 的情况，如果频谱聚合场景要求改变脉冲形状，例如，对于改变的系统——共存参数或允许的自干扰，则可能需要重新设计原型滤波器。

6.4.2 发射机问题

正如前面所讨论的，频谱整形和聚合算法通常是通过假设在理想的 RF 前端设计的。然而，在实际的发射机射频前端，可以观察到以下造成 BB 中频谱形状失真的影响：数模转换器（DAC）中的量化噪声、IQ 信号分量的不平衡、LO 泄漏或由非线性特性引起的 PA 中的非线性失真。由于时域信号的高峰均比，多载波技术（如增强型 NC-OFDM 和 NC-FBMC）容易出现非线性失真（参见第 2.2 节相关内容）。出现在多载波调制器输出端信号中的高幅度峰值被非线性 PA 削减，导致能量泄漏到相邻频带，即 OOB 区域中的频谱分量的功率增加，这自然会影响共存系统。OOB 功率发射来自于施加的脉冲形状，与 BB 中观察到的脉冲形状无关。非线性失真的存在极大地限制了频谱聚合能力，催生了先进的 OOB 功率降低算法（如增强型 NC-OFDM）或子载波滤波技术（如 NC-FBMC）。针对所考虑的非连续多载波传输（其频谱如图 6.7 所示），图 6.8 给出了 ACIR 与 PA 的 *IBO* 参数的关系（例如，受害者系统是窄带的，其频谱位于 NC-OFDM 或 NC-FBMC 频谱陷波中）。注意，ACIR 被定义为影响受害共存系统接收机的干扰功率与从源到达受害接收机的总功率之比，并且它是使用多个相邻频道的系统共存的频谱整形方法的性能指标。在图 6.8 中，可以在 PA（或 HPA）的输入端观察到 ACIR，并且在 NC-OFDM 和 NC-FBMC 信号下可以观察到输出端的 ACIR。此外，这些传输采用了称为 C-F 的峰均比降低方法。

请注意，在系统共存场景示例中（如图 6.7 所示），NC-FBMC 在 ACIR 方面优于增强的带有 OCCS 的 NC-OFDM，这是因为除了子载波滤波之外，系统在共存（受害）系统频带周围使用一些 GS。此外，值得注意的是，在低 *IBO* 和低 PA 中观察到非线性效应和高 ACIR。这意味着，不需要在基带中应用先进的、计算复杂的频谱整形方法，因为它们的性能将在 PA 输出端显著降低。为了解决这个问题，应该采用联合频谱整形和峰均比降低方法，并且已经提出了用于线性化输入-输出 PA 特性的算法。在 NC-OFDM 和 NC-FBMC 发射机的应用中，对这些算法进行适当修改也是研究的主题。

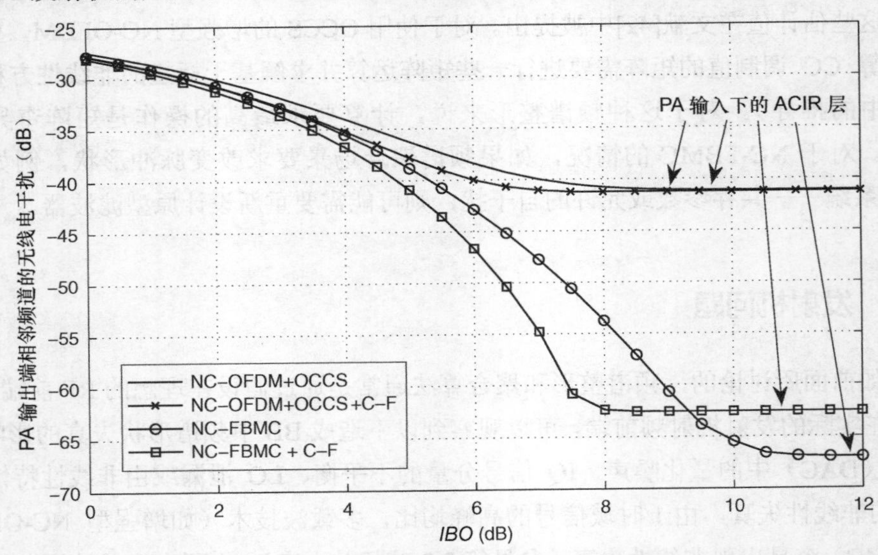

图 6.8　使用 OCCS 和 NC-FBMC 增强 NC-OFDM 的 ACIR［均采用 C-F 方法；多相滤波器系数的数量（在 NC-FBMC 中）$K = 4$，QPSK 映射，PA Rapp 模型参数：$p = 10$，$IBO = 10$ dB］

6.4.3　接收机问题

频谱聚合非连续多载波传输系统的接收机存在的主要问题如下：带内干扰（源于陷波共存系统）中的同步和接收质量。非连续多载波传输的时间和频率同步对于频谱聚合技术来说是一个挑战（3.5.1 节已有详细说明）。值得注意的是，标准同步算法已被用于

OFDM 传输，它们可能不适合于 NC-OFDM 或 NC-FBMC 系统的操作。这是因为同步算法必须足够灵活，以适应频谱（子载波）的动态变化的占用片段集合，并且它必须能够在聚合频段之间的频谱陷波内抵抗可能的高干扰功率（源自共存系统）。

在文献[216]中，针对 NC-OFDM 系统提出了称为 LUISA 的凹槽内干扰鲁棒同步算法。基于前导码的算法使用接收信号和参考前导码之间的互相关性以及多个信号路径分量来估计时间和频率偏移。新提出的算法与标准算法 S-C [148]、AHD1[384]和 Ziabari[229]进行了比较。与这些现有的算法不同，LUISA 能够抵抗包括窄带干扰的带内干扰，但增加了复杂度。在无干扰系统中，帧同步误差率也得到改善。此外，在文献[385]中已经提出了在存在相同干扰的情况下，用于 NC-OFDM 无线通信系统中的时间和频率同步的低复杂度算法。所提出的同步方法的计算复杂度与已知的 S-C 算法相似。该算法在某些部分是“盲目的”，即它不需要有关已使用和排除的子载波的信息，也不需要有关干扰系统的中心频率的信息。结果表明，该方法对于恒定载波频率的内陷干扰效果最好，同时它对调频干扰信号也有较好的效果。

因为一般来说，在 FBMC 系统中，可能不需要 CP，在 NC-FBMC 接机应用中将不使用基于 CP 的同步算法。在 FBMC 传输的情况下，无论是盲目的还是数据辅助的，可靠的符号定时和 CFO 计算的问题已经被深入研究，基于导频或前导码的同步算法也随之产生[386~388]。然而，对于非连续的 FBMC（用于 NC-FBMC），所提出的同步算法的凹槽内干扰鲁棒问题看起来与 NC-OFDM 系统相同。在存在来自共存系统的干扰的情况下，为 NC-FBMC 接收机推导出合理复杂度的这种算法是一项挑战。

非连续多载波方案的另一个接收问题是数据检测质量。增强型 NC-OFDM 中的频谱聚合和整形需要给频谱整形子载波牺牲一些能量资源（如在 CC 或 OCCS 算法中那样）并降低数据子载波的功率，这可能会导致误比特率性能下降。但是，如 3.1.1 节和 3.3 节所述，调制 CC 的值可以看作是与数据符号相关的编码符号。因此，它们可以在接收机端进行数据解码并提高检测质量。这需要接收机知道预编码矩阵，并与用于解码的附加计算相关联。基于 ZF 和 MMSE 检测标准的这种高级接收的仿真结果在相关章节和文献[42]中给出。

其他方案（NC-FBMC）的接收性能取决于原型滤波器的特性。另外，对于使用非正交脉冲的其他基于滤波器组的调制，TF 平面上这些脉冲之间的自干扰可能会降低性能。为了获得合理的 BER，必须消除这种干扰[387, 389]。正如 4.4 节所讨论的，连续干扰消除（SIC）和并行干扰消除（PIC）接收机可达到此目的。此外，一些文献提出了一种专用的 FBMC 子载波模型，该模型结合来自相邻子带的干扰，以及使用 MMSE 或最大似然序列估计（MLSE）准则进行自干扰管理的高级算法。在文献中已经提出了每个子载波的均衡器的应用和迭代解码方案，以及使用特殊前导码或分散导频进行信道估计的技术。例如，在文献[386]中，将辅助导频引入发射信号以最小化干扰。提高 NC-FBMC 信号接收性能的自干扰消除、信道估计和均衡的先进技术仍然是一个重要的研究课题。

6.4.4 吞吐量最大化

在文献[382]中，讨论未来 5G 系统中使用非连续多载波波形的频谱聚合的概念并在实际的无线通信中对其进行了评估，推导了干扰的分析模型，并考虑了发射和接收滤波器的实际特性。需要特别注意的是，尽管接收滤波器的特性会显著影响无线接收器收集的干扰功率，但是在有关处理系统共存及其相互产生的干扰的文献中没有考虑接收滤波器的特性。在上述内容中，考虑了两种频谱聚合技术：NC-OFDM 和 NC-FBMC，这些技术也通过实际测量被验证。如图 6.9 所示，所考虑的场景包括在存在 PU（现有）系统干扰的情况下使用可用射频频带机会的单个 5G 系统链路。

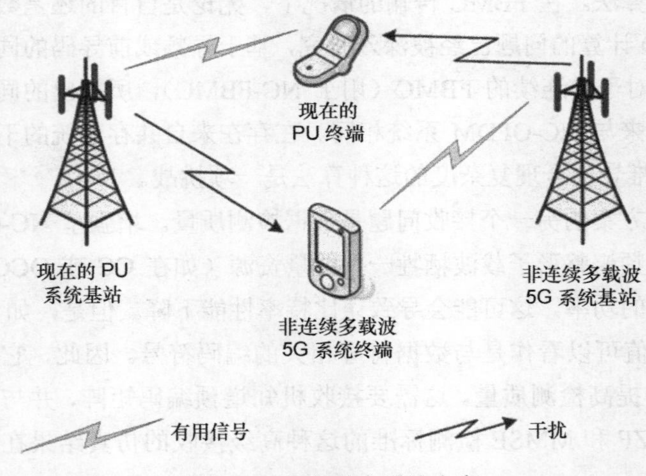

图 6.9 下行共存系统方案

我们采用文献[382]提出的干扰模型，考虑接收滤波器的特性（如本章前面所讨论的），定义 5G 系统速率优化问题，并对现有用户进行有效保护。定义该问题以便找到分配给二次系统的不连续子载波的功率电平 $\boldsymbol{P} = \{P_n\}$ 的向量，以使其香农数据速率最大化。

$$\boldsymbol{P}^{*}=\arg\max_{\boldsymbol{P}}\Delta f\kappa\sum_{n\in\boldsymbol{I}_{\mathrm{DC}}}\log_2\left(1+\frac{P_n\left|H\left(\frac{nf_{\mathrm{s}}}{N}\right)\right|^2}{FN_0\Delta f+P_{\mathrm{I}n}}\right) \tag{6.1}$$

其中，Δf是子载波间隔，如第 3 章定义的，$\boldsymbol{I}_{\mathrm{DC}}=\{I_{\mathrm{DC}j}\}$（$j\in\{1,\cdots,\alpha\}$）是被占用数据载体（DC）的矢量，$H$（$f$）是所考虑的链路（使用不连续的多载波波形的 5G）信道频率响应，f_{s}是采样频率，N_0是白噪声功率谱密度，F是 5G 系统接收机的噪声系数，$P_{\mathrm{I}n}$是干扰功率，该干扰是在接收滤波器的输出端的受害 5G 接收机第 n 个子载波处观测到的。请注意，在文献[382]中，考虑到接收滤波器的特性，已经对该干扰功率进行了建模。此外，k 是解释符号持续时间延长（例如，CP 的应用）的速率尺幅因子，在理想情况下（NC-FBMC 传输中不使用 CP 时）k=1，在 NC-OFDM 系统（通常使用 CP）的情况下 $k=N/(N+N_{\mathrm{CP}})$。此外，在将时域窗口应用于 NC-OFDM 的情况下，每个符号通过 N_{W} 窗口化的样本额外增加，该样本的结果是 $k=N/(N+N_{\mathrm{CP}}+N_{\mathrm{W}})$。最后，制定的优化的约束条件包括现有系统接收机所需的最低信号干扰比（SIR）（低于该系数接收机，PU 传输不被认为是受保护的），以及最大级别的 5G 系统链接发射功率。

文献[382]详细分析了我们考虑的系统共存情况下的吞吐量优化问题，并提供了用于查找问题的解决方案的高效算法。接下来，我们在现有传统系统存在的情况下，讨论一些使用非连续多载波传输（NC-OFDM 和 NC-FBMC 波形）的 5G 系统链路的吞吐量最大化的仿真结果。

仿真结果

下面讨论文献[382]中提出的一些仿真结果。非连续多载波传输方案的理论吞吐量已被认为是在存在来自现有系统的干扰的情况下，使用 NC-OFDM 和 NC-FBMC 波形实现 5G 频谱-机会系统的吞吐量。在保持了 PU 接收机对观察到的允许信号功率和最小 SIR 的限制的前提下，考虑两种测试场景：当前系统是 2G 蜂窝系统全球移动通信系统（GSM），以及受保护系统是 3G 通用移动通信系统（UMTS）。

假定 GSM 和 UMTS 分别在 940 MHz 和 2130 MHz 的载波频率下工作。5G（NC-OFDM 或 NC-FBMC）系统在前几代系统存在的情况下，以 938.5 MHz 或 2128.5 MHz 为中心，最多可以利用 600 个间隔（Δf= 15 kHz）的子载波，即最大占用带宽为 9 MHz。基于 NC-OFDM 系统中的 IFFT 大小为 N= 1024。在 FBMC 方案中，设定 4 倍的过密采样率。NC-OFDM 系统中的循环前缀由 $N_{\mathrm{CP}}=N/16$ 个样本组成。另外，对于这种传输，开窗被认为是降低了 OOB 旁瓣功率，并且汉宁窗将 NC-OFDM 符号扩展了 $N_W = N/16$ 个采样。对于 NC-FBMC 传输，使用重叠因子 $K = 4$ 的 PHYDYAS 滤波器。5G 链路允许的最大发射功率为 100 mW，5G 系统用户设备（UE 终端）接收机的噪声指数为 12 dB。如文献[390]所定义，假设现行系统基站的发射功率为 33 dBm，所要求的 SIR 为 9 dB。此外，基站和 UE 的天线增益分别为 15 dBi 和 0 dBi[390]。根据 Log-normal 路径损耗模型[391]进行路径损耗的计算，路径损耗指数为 3。

从文献[390]中提供的相邻信道选择性（ACS）度量中采用了 GSM 接收机的接收机—滤波器特性，并且假设 GSM 传输的 PSD 等于文献[392]中定义的频谱发射掩模（SEM），也就是说，已经考虑了最坏情况。在 UMTS 的情况下，已经通过标准[199, 393]获得了相邻信道泄漏比（ACLR）和 ACS 值[382]。

在 5G 和 GSM 系统共存评估中，生成的 5G 非连续多载波信号占用索引为 $\boldsymbol{I}_{\mathrm{DC}} = \{-300, \cdots, -1\} \cup \{1, \cdots, 66\} \cup \{134, \cdots, 300\}$的具有均等分布功率的子载波（注意对应于 1 MHz 的 67 个子载波的陷波）。在与 5G 和 UMTS 共存相关的实验中，多载波信号占用了索引为 $\boldsymbol{I}_{\mathrm{DC}} = \{-300, \cdots, -67\} \cup \{267, \cdots, 300\}$（注意 5 MHz 的凹陷）的具有均等分布功率的子载波。共存系统的其他细节及其参数可在文献[382]中找到。

如图 6.10 和图 6.11 所示，可以观察到所有共存场景下 5G 系统链路的平均吞吐量与 5G 基站与现有系统终端间的距离，即使用 NC-OFDM 或 NC-FBMC 的机会性 5G 系统波形，现有系统是 GSM 或 UMTS，以及信道状态信息（CSI）（信道特性）被延迟或受到限制。

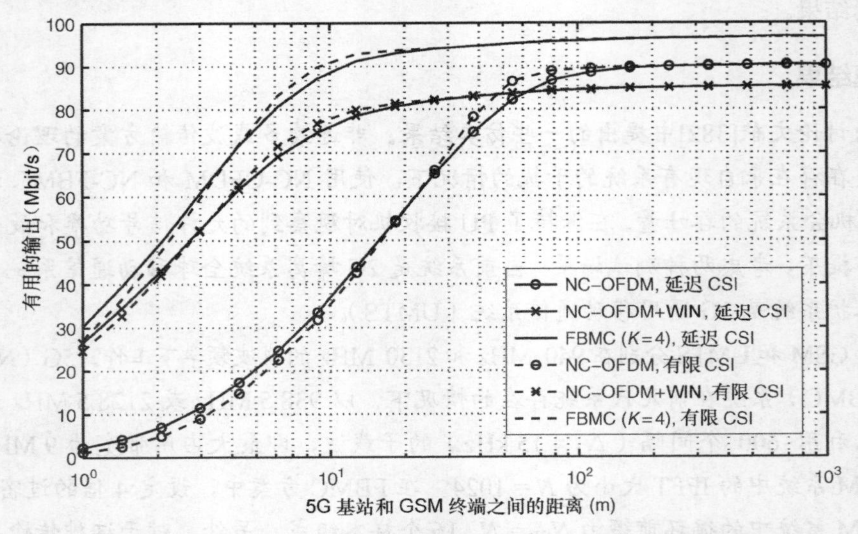

图 6.10　在保护 GSM 下行链路传输的同时获得非连续多载波方案的吞吐量

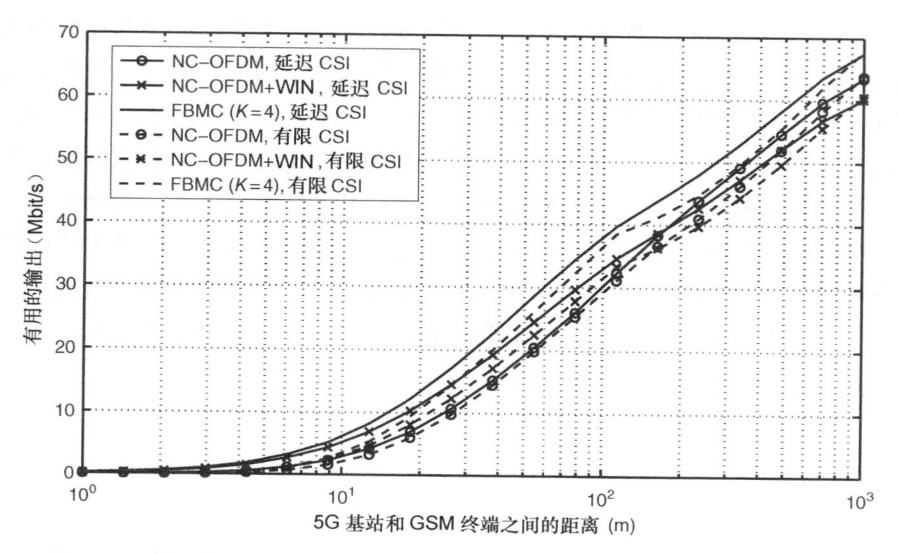

图 6.11　在保护 UMTS 下行链路传输的同时获得非连续多载波方案的吞吐量

假设 5G 基站具有关于连接链路的 CSI 信息。然而，现有系统终端携带的测量结果将通过该系统的基站中继到 5G 基站。因此，在所考虑的模型中，5G 基站具有延迟的主链路 CSI（假设这个延迟为 5 ms）。有限的 CSI 信息意味着 5G 基站只知道由于路径损耗引起的功率衰减，这种方法要求 5G 基站收集的控制信息较少。请注意，在所考虑的情景中，有限和延迟的 CSI 利用率都会得出相似的结果。此外，在图 6.11 中，可以看出，在现有 UMTS 的情况下，使用非连续多载波波形实现的 5G 系统吞吐量比在使用 GSM 的情况下更有限。这是由于 5G 传输可用频谱的相对较小的带宽造成的。如文献[382]中所述，基于非邻接多载波波形的所有考虑的 5G 系统至少可达到最大吞吐量的 75%。而且，标准 OFDM 系统实现了更小的吞吐量。

因此，小规模频谱聚合的可行性已经得到证实。与已经在 3GPP 标准中应用的众所周知的载波聚合方案相比，单个链路甚至可以使用非常窄且不相邻的频率子带。这允许从传统 GSM 和 UMTS 平滑过渡到新技术的频率分配，同时保持与现有系统的电磁兼容性。

6.5　总　结

本章主要介绍使用非连续子载波（如 NC-OFDM 或 NC-FBMC 技术）的先进多载波

传输技术能够实现动态频谱接入和灵活的频谱聚合。在未来异构网络的授权和未授权频段中使用这些技术进行认知频谱共享，可以有效利用迄今尚未有效使用的频率资源，并且可以避免共存系统之间的干扰。可能的非连续片段的动态聚合对于基带处理、天线和 RF 前端收发器设计而言，特别是在改变无线电环境中[42]，这些频段在宽频率范围内提出了许多挑战。本章前面已经介绍了如何利用不连续的多载波技术和提高频谱效率、抗干扰性及和接收性能的新算法来应对这些挑战。此外，通过应用基于频谱定价或合作与竞争相结合的高效 DSA 方法，可以为应用具有正交信道的多载波技术的系统的多个用户组织动态接入无线电资源。这可以通过半分配方式实现，仅需要非常有限的必要的信息交换，并会得到更优的频谱效率和公平性。

第 7 章

结论和展望

第 7 章 结论和展望

未来的无线通信将在更大容量、更高能效、更低延迟、更高移动性、更准确的终端位置、更高可靠性和可用性方面发生量的飞跃[14]。新的系统设计应确保高度灵活性以便动态地适应广泛的需求并提供融合服务。认知特征的发展、频谱灵活性、频谱聚合和共享能力是定义未来无线接口和动态频谱接入（DSA）方案的关键方向。本书讨论的多载波波形以及所有描述的增强功能似乎都具有满足这些要求和 5G 无线所需的特性。

增强型非连续正交频分复用（NC-OFDM）是适用于未来应用的多载波技术之一，它保持了高传输灵活性和高频谱效率，同时保持相对低的计算复杂度，且具有灵活整形和聚合可用频谱资源的能力。正如第 3 章所强调的，降低带外（OOB）功率的一个非常有前景的技术是优化消除载波选择（OCCS）技术，以及额外考虑高功率放大器（HPA）非线性失真的额外载波（EC）。

在未来认知无线通信系统中采用增强型 NC-OFDM 技术的另一个优点是通过频谱整形算法和功率控制获得对主用户（PU）的保护。然而，当系统在次级用户（SU）接收机的高功率 PU 发生带内干扰的情况下运行时，可能发生基于 NC-OFDM 的 CR 的接收质量降低的问题。已经表明，先进的信号检测和同步方法可以抑制这种干扰，并且可以在未来的系统共存场景中改善次级 NC-OFDM 系统的性能。

广义多载波（GMC）信号允许描述所有信号的波形。因此，使用正交和非正交子载波的多载波波形的所有信号均可被视为 GMC 信号的子类。因而第 4 章介绍的 GMC 系统的传输和接收算法可以成为多载波系统的变体，包括正交频分复用（OFDM）、滤波后的 OFDM 和各种基于滤波器组多载波方案。具体而言，GMC 收发机结构基于滤波器组，最重要的是，这些滤波器的参数设计（和脉冲形状）可以控制信号特性，例如，OOB功率和产生的干扰。

对GMC发射机中应用的峰均比（PAPR）降低方法、调制和链路自适应技术进行适当改进，可改善发射信号的频谱特征，增加链路吞吐量并且保护共存的PU传输系统。此外，即使在发送脉冲（称为原子）之间缺乏正交性的情况下，也可以通过使用连续干扰消除（SIC）或并行干扰消除（PIC）算法来消除固有自干扰，从而提高接收性能。

GMC收发机结构基于滤波器组，并且GMC允许定义任何类型的信号波形，而Filter-Bank多载波（FBMC）系统与其他系统非常不同，它是非常值得研究的技术，在未来的无线接口中具有巨大的应用潜力。子载波或子频带滤波的应用可以从发射信号的标称频带中大量减少无用发射，但代价是计算复杂度增加。然而，这种计算复杂度通常可以用所谓的重叠因子来扩展。针对未来的共存场景、DSA和频谱共享策略，学者们精心设计了使用偏移正交幅度调制（OQAM）映射和先进的各向同性正交变换算法（IOTA）或PHYDYAS脉冲形状的FBMC系统。

最后，本书讨论了先进多载波传输技术，尤其是使用非连续子载波的NC-OFDM技术以及NC-FBMC技术已被证明有动态频谱接入和灵活的频谱聚合能力。在各种共存系统场景中使用这些技术的认知频谱聚合和共享已被评估效果很好，这表示它们在5G技术中拥有巨大的潜力。

本书讨论的先进多载波方案的许多问题和挑战已经在大量文献中研究过。其中有些问题已经得到解决，有些则需要进一步探索或尚未解决，如果能够得到进一步研究将会是很有意义的课题。我们认为，在这些课题中，无线接口的设计是采用增强型NC-OFDM、NC-FBMC、通用滤波多载波（UFMC）或通用频分复用（GFDM）最有利的特性，以使其足够灵活、复杂度适中、可扩展、对共存系统透明甚至可以为次级用户提供高性能服务。

采用具有非正交子载波的先进多载波波形的新系统在频谱使用方面是很高效的，然而，这需要复杂的算法来提升其在移动无线环境中的性能，以消除内部和外部干扰的影响，并考虑其在最新的通信概念中的应用，例如，可以在多输入多输出（MIMO）或全双工传输中应用。我们希望这本书能够帮助读者理解当前已有的和先进的多载波技术，并鼓励读者对未解决的问题进行研究。

重要的是，这些滤波器的参数设计（如脉冲形状）可以控制信号特性，例如，OOB 以来和产生的干扰。

对 OMC 发射机中应用的峰均比（PAPR）降低方法、调制和编码自适应技术进行适当改进，可以在[illegible]信号的频谱特征，[illegible]。此外，[illegible]（称为 BF-TQ）之[illegible]正交性的情况下，也可以通过使用连续干扰消除（SIC）或并行干扰消除（PIC）算法来消除符号间干扰，从而提高接收性能。

OMC 收发机结构基于滤波器组，其中 OMC 这样定义在所[illegible]的信号变形，而 Filter-Bank 多载波（FBMC）等其他系统[illegible]。它支持[illegible]技术，在未来的无线接口中具有巨大的应用潜力。子载波之间[illegible]的应用可以大大提升信号的频谱特性[illegible]，但代价是计算复杂度增加。然而，这种计算复杂度[illegible]。DSP 和[illegible]。学者们研究设计了[illegible]正交幅度调制（OQAM）设计和[illegible]（IOTA）或 PHYDYAS 原型形式的 FBMC 系统。

此外，本书讨论了[illegible]的 NC-OFDM 技术以及 NC-FBMC 技术[illegible]，[illegible] 5G 技术中部[illegible]。

本书[illegible]方案[illegible]问题[illegible]文献中[illegible]，其中有些问题[illegible]。[illegible]认为，在[illegible]设计是采用增强的 NC-OFDM、NC-FBMC、[illegible]（UFMC）或[illegible]（GFDM）[illegible]，以使其[illegible]中，可[illegible]。

采用具[illegible]的[illegible]，[illegible]MIMO）[illegible]中应用，[illegible]，并[illegible]研究。

缩略语

2D	Two-Dimensional	二维
1G	First Generation	第一代
2G	Second Generation	第二代
3G	Third Generation	第三代
4G	Fourth Generation	第四代
5G	Fifth Generation	第五代
3GPP	3rd Generation Partnership Project	第三代合作伙伴计划
A/D	Analog-to-Digital	模数转换
ACE	Active Constellation Extension	星座图扩展法
ACIR	Adjacent-Channel Interference Ratio	邻信道干扰比
ACLR	Adjacent-Channel Leakage Ratio	邻道泄露比
ACS	Adjacent-Channel Selectivity	邻道选择性
ADSL	Asymmetric Digital Subscriber Line	非对称数字用户线路
AIC	Active Interference Cancellation	主动干扰消除
AM	Amplitude	调幅
AM/PM	Amplitude/Phase	调幅/调位
AMC	Adaptive Modulation and Coding	自适应编码调制
AS	Active Set	有效集
ASA	Authorized Shared Access	授权共享接入
AST	Adaptive Symbol Transition	自适应符号变换

AWGN	Additive White Gaussian Noise	加性高斯白噪声
BB	Baseband	基带
BEP	Bit Error Probability	误码率
BER	Bit Error Rate	误比特率
BFDM	Biorthogonal Frequency-Division Multiplexing	双正交频分复用
BLAST	Bell Laboratories Layered Space-Time	贝尔实验室的分层空时编码
BRB	Basic Resource Block	基本资源块
C-F	Clipping and Filtering	限幅与滤波
CA	Carrier Aggregation	载波聚合
CBRS	Citizen Broadband Ratio Service	公民宽带无线服务
CC	Cancellation Carrier	载波消除
CCA	Clear Channel Assessment	空闲信道评估
CCDF	Complementary Cumulative Distribution Function	互补累计分布函数
CDMA	Code Division Multiple Access	码分多址
CF	Crest Factor	波峰因素
CFO	Carrier Frequency Offset	载波频偏
CLT	Central Limit Theorem	中心极限定理
CM	Cubic Metric	立方度量
CMT	Cosine-Modulated Multitone	余弦调制多载波
COFDM	Coded OFDM	编码正交频分复用
CP	Cyclic Prefix	循环前缀
CQI	Channel Quality Indicator	信道质量标识
CSA	Co-Primary Shared Access	授权用户间共享接入
CSI	Channel State Information	信道状态信息
CSMA	Carrier-Sense Multiple Access	载波侦听多路访问
CR	Cognitive Radio	认知无线电
D/A	Digital-to-Analog	数模转换
DAC	Digital-to-Analog Converter	数模转换器
DC	Data Carrier	数据载波
DD	Decision-Directed	判决导向
DF	Digital Filtering	数字滤波

DFT	Discrete Fourier Transform	离散傅里叶变换
DGT	Discrete Gabor Transform	离散 Gabor 变换
DMT	Discrete Multitone	离散多载波
DSA	Dynamic Spectrum Access	动态频谱接入
DWMT	Discrete Wavelet Multit-one	离散小波多载波
DVB-T	Digital Video Broadcasting-Terrestrial	地面数字视频广播
EAIC	Extended Active Interference Cancellation	扩展主动干扰消除
EC	Extra Carrier	额外载波
EGF	Extended Gaussian Function	扩展高斯函数
EVM	Error Vector Magnitude	误差向量幅度
FBMC	Filter-Bank Multi-Carrier	滤波器组多载波
FCC	Federal Communications Commission	联邦通信委员会
FD	Frequency Domain	频域
FDM	Frequency-Division Multiplexing	频分复用
FDMA	Frequency-Division Multiple Access	频分多址
FEC	Forward Error Correction	前向纠错
FIR	Finite Impulse Response	有限冲激响应
FFT	Fast Fourier Transform	快速傅里叶变换
FPGA	Field-Programmable Gate Array	现场可编程门阵列
GFDM	Generalized Frequency-Division Multiplexing	广义频分复用
GIB	Generalized In-Band	广义同频
GMC	Generalized Multi-Carrier	广义多载波
GPS	Global Positioning System	全球定位系统
GS	Guard Subcarriers	子载波保护
GSM	Global System for Mobile Communications	全球移动通信系统
HARQ	Hybrid Automatic Repeat Request	混合自动重传请求
HIC	Hybrid Interference Cancellation	混合干扰消除
HPA	High-Power Amplifier	大功率放大器
HSDPA	High-Speed Downlink Packet Access	高速下行分组接入
HSPA	High-Speed Packet Access	高速分组接入
IBO	Input Back-Off	输入补偿

IC	Integrated Circuit	集成电路
ICI	Intercarrier Interference	载波间干扰
IDFT	Inverse Discrete Fourier Transform	离散傅里叶逆变换
IF	Intermediate Frequency	中频
IFFT	Inverse Fast Fourier Transform	快速傅里叶逆变换
IMD	Intermodulation Distortion	互调失真
INP	Instantaneous Normalized Signal Power	瞬时归一化信号功率
IOTA	Isotropic Orthogonal Transform Algorithm	各向同性正交变换算法
IQ	In-Phase and Quadrature	同相与正交
ISI	Intersymbol Interference	码间干扰
ISM	Industry-Science-Medicine	工业—科学—医学
LAA	Licensed Assisted Access	授权辅助接入
LO	Local Oscillator	本振
LTE	Long Term Evolution	长期演进
LTE-A	Long Term Evolution-Advanced	长期演进-高阶
LTE-U	Long Term Evolution-Unlicensed	长期演进-非授权
LSA	Licensed Shared Access	授权共享接入
LU	Licensed User	授权用户
LUISA	Licensed-User Insensitive Synchronization Algorithm	授权用户非敏感同步算法
LUT	Look-Up Table	查询表
MAC	Medium Access Control	介质访问控制
MC	Multi-Carrier	多载波
MCS	Multiple-Choice Sequences	多选择序列
MIMO	Multiple Input Multiple Output	多输入多输出
MLSE	Maximum-Likelihood Sequence Estimator	最大似然估计
MMSE	Minimum Mean Square Error	最小均方误差
MSE	Mean Squared Error	均方误差
N-OFDM	N-continuous OFDM	非连续正交频分复用
NBI	Narrow Band Interference	窄带干扰
NC-FBMC	Noncontiguous Filter-Bank Multicarrier	非连续滤波器组多载波

NC-OFDM	Noncontiguous Orthogonal Frequency-Division Multiplexing	非连续正交频分复用
NL	Noise-Like	类噪声
NOFDM	Nonorthogonal Frequency Division Multiplexing	非正交频分复用
OCCS	Optimized Cancellation Carrier Selection	抵消载波优选方法
OFDM	Orthogonal Frequency-Division Multiplexing	正交频分复用
OFDMA	Orthogonal Frequency-Division Multiple Access	正交频分多址接入
OOB	Out-Of-Band	带外
OQAM	Offset Quadrature Amplitude Modulation	偏置正交振幅调制
P/S	Parallel-to-Serial	并串转换
PA	Power Amplifier	功率放大器
PAM	Pulse Amplitude Modulation	脉幅调制
PAPR	Peak-to-Average Power Ratio	峰均功率比
PCC	Polynomial Cancellation Coding	多项式消除编码
PHY	Physical Layer	物理层
PIC	Parallel Interference Cancellation	并行干扰消除
PL	Power Loading	功率负载
PSD	Power Spectral Density	功率谱密度
PU	Primary User	主用户/授权用户
PW	Peak Windowing	峰值加窗
QAM	Quadrature Amplitude Modulation	正交振幅调制
QoE	Quality of Experience	体验质量
QoS	Quality of Service	服务质量
QPSK	Quadrature Phase-Shift Keying	正交相移键控
QSP	Quasi-Systematic Precoding	准系统预编码
RAT	Radio Access Technology	无线接入技术
REM	Radio Environment Map	无线电环境地图
RF	Radio Frequency	射频
RP	Reference Preamble	参考前导
RRM	Radio Resource Management	无线资源管理
RSS	Reference Signal Subtraction	参考信号削减

RX	Receiver	接收机
S/P	Serial-to-Parallel	串并转换
SAS	Spectrum Access System	频谱接入系统
SC	Sub-Carrier	子载波
SDR	Software-Defined Radio	软件无线电
SEM	Spectrum Emission Mask	频谱发射掩模
SIC	Successive Interference Cancellation	串行干扰消除
SINR	Signal-to-Interference plus Noise Ratio	信号干扰加噪声比
SIR	Signal-to-Interference Ratio	信干比
SLM	Selective Mapping	选择性映射
SNR	Signal-to-Noise Ratio	信噪比
SOR	Spectrum Overshooting Ratio	谱峰比
SP	Spectrum Precoding	频谱预编码
SSA	Static Spectrum Allocation	静态频谱分配
SSIR	Signal-to-Self Interference Ratio	信号自干扰比
SSPA	Solid-State Power Amplifier	固态功率放大器
SSS	Subcarrier Spectrum Sidelobe	子载波旁瓣
STFT	Short-Time Fourier Transform	短时傅里叶变换
SU	Secondary User	次用户/认知用户
SVD	Singular-Value Decomposition	奇异值分解
SW	Subcarrier Weighting	子载波加权
TD	Time Domain	时域
TDD	Time-Division Duplex	时分双工
TDMA	Time-Division Multiple Access	时分多址
TF	Time-Frequency	时—频
TR	Tone Reservation	子载波预留
TWTA	Traveling-Wave-Tube Amplifier	行波管放大器
TX	Transmitter	发射机
UE	User Equipment	用户设备
U-LTE	Unlicensed Long Term Evolution	非授权长期演进
UFMC	Universal Filtered Multicarrier	通用滤波多载波

UMTS	Universal Mobile Telecommunications System	通用移动通信系统
USRP	Universal Software Radio Peripheral	通用软件无线电外设
VLSI	Very Large Scale Integration	超大规模集成
VSB	Vestigial Sideband	残余边带
WBI	Wideband Interference	宽带干扰
WCDMA	Wideband CDMA	宽带码分多址
WIN	Windowing	加窗
Wi-Fi	Wireless Fidelity	无线宽带
WLAN	Wireless Local Area Network	无线局域网
ZF	Zero Forcing	迫零

参考文献

参考文献

[1] Bhushan, N., Li, J., Malladi, D., and Gilmore, R. (2014) Network Densification: the Dominant Theme for Wireless Evolution into 5G. *IEEE Communications Magazine*, 52 (2), 82-89, doi: 10.1109/MCOM.2014.6736747.

[2] Parkvall, S., Furuskar, A., and Dahlman, E. (2011) Evolution of LTE toward IMT-advanced. *IEEE Communications Magazine*, 49 (2), 84-91, doi: 10.1109/MCOM. 2011. 5706315.

[3] Bogucka, H., Wyglinski, A.M., Pagadarai, S., et al. (2011) Spectrally Agile Multicarrier Waveforms for Opportunistic Wireless Access. *IEEE Communications Magazine*, 49 (6), 108-115, doi: 10.1109/MCOM.2011.5783994.

[4] Kryszkiewicz, P., Bogucka, H., and Wyglinski, A. (2012) Protection of Primary Users in Dynamically Varying Radio Environment: Practical Solutions and Challenges. *EURASIP Journal on Wireless Communications and Networking*, 2012 (1), 23, doi: 10.1186/1687-1499-2012-23.

[5] Petersen, J.E. (2002) *The Telecommunications Illustrated Dictionary*, CRC Press.

[6] Wesołowski, K. (2009) *Introduction to Digital Communication Systems*, John Wiley & Sons, Ltd.

[7] IEEE Standard for Information Technology 802.11n 2009. (2009) Telecommunications and Information Exchange Between Systems; Local and Metropolitan Area Networks. Specific Requirements Part 11: Wireless LAN Medium Access Control (MAC) and Physical Layer (PHY) Specifications Amendment 5: Enhancement for Higher Throughputs.

[8] Takagi, H. and Walke, B. (2008) *Spectrum Requirements Planning in Wireless Communications*,

John Wiley & Sons, Inc., New York.

[9] Cisco (2014) Cisco Visual Networking Index: Forecast and Methodology, 2014-2019.

[10] Ericsson (2016) Ericsson mobility report on the pulse of the networked society.

[11] Pretz, T. (2014) *In the Works: Next-Generation Wireless*, IEEE.

[12] Huawei (2015) 5G: New Air Interface and Radio Access Virtualization. White Paper D5.1, Huawei Technologies Co. Ltd.

[13] Ericsson (2016) 5G Radio Access. Ericsson White Paper.

[14] Association 5G Infrastructure (2015) 5G Vision. The 5G Infrastructure Public Private Partnership: the Next Generation of Communication Networks and Services 5G Waveform Candidate Selection, Brochure 1, EU 5G Infrastructure Public Private Partnership.

[15] Li, Q., Niu, H., Papathanassiou, A., and Wu, G. (2014) 5G Network Capacity: Key Elements and Technologies. *IEEE Vehicular Technology Magazine*, 9 (1), 71-78.

[16] 3GPP (2012) Evolved Universal Terrestrial Radio Access (E-UTRA) and Evolved Universal Terrestrial Radio Access Network (E-UTRAN); Overall Description; Stage 2, TS 3GPP TS 36.300 v11.1.0, 3rd Generation Partnership Project (3GPP).

[17] Neira, E.M. (2014) IEEE Comsoc Technology News Special Issue on 5G, IEEE ComSoc Technology News.

[18] Hu, R., Qian, Y., Kota, S., et al. (2011) HetNets-A New Paradigm for Increasing Cellular Capacity and Coverage. *IEEE Wireless Communications*, 18 (3), 8-9.

[19] Thompson, J., Ge, X., Wu, H.C., et al. (2014) 5G Wireless Communication Systems: Prospects and Challenges. *IEEE Communications Magazine*, 52 (2), 62-64.

[20] Guvenc, I., Quek, T., Kountouris, M., and Lopez-Perez, D. (2013) Heterogeneous and Small Cell Networks: Part 1 and 2. *IEEE Communications Magazine*, 51 (5 and 6), 34-35.

[21] Bhushan, N. (2014) Network Densification: the Dominant Theme for Wireless Evolution into 5G. *IEEE Communications Magazine*, 52 (2), 82-89.

[22] Andrews, J., Claussen, H., Dohler, M., et al. (2012) Femtocells: Past, Present, and Future. *IEEE Journal on Selected Areas in Communications*, 30 (3), 497-508.

[23] Lopez-Perez, D. (2011) Enhanced Inter-cell Interference Coordination Challenges in Heterogeneous Networks. *IEEE Wireless Communications*, 18 (3), 22-30.

[24] Hwang, I., Song, B., and Soliman, S. (2013) A Holistic View on Hyper-dense Heterogeneous and Small Cell Networks. *IEEE Communications Magazine*, 51 (6), 20-27.

[25] Fehske, A., Fettweis, G., Malmodin, J., and Biczok, G. (2011) The Global Footprint of Mobile Communications: the Ecological and Economic Perspective. *IEEE Communications Magazine*, 49 (8), 55-62.

[26] Shakir, M., Qaraqe, K., Tabassum, H., Alouini M., et al. (2013) Green Heterogeneous Small-cell Networks: toward Reducing the CO_2 Emissions of Mobile Communications Industry Using Uplink Power Adaptation. *IEEE Communications Magazine*, 51 (6), 52-61.

[27] Soh, Y., Quek, T., Kountouris, M., and Shin, H. (2013) Energy Efficient Heterogeneous Cellular Networks. *IEEE Journal on Selected Areas in Communications*, 31 (5), 840-850.

[28] Aijaz, A., Holland, O., Pangalos, P., et al. (2012) Energy Savings for Mobile Communication Networks Through Dynamic Spectrum and Traffic Load Management, in *Green Communications: Theoretical Fundamentals, Algorithms, and Applications* (eds J. Wu, S. Rangan, and H. Zhang), Auerbach Publications, CRC Press, Taylor and Francis Group.

[29] Holland, O., Dodgson, T., Aghvami, A., et al. (2012) Intra-operator Dynamic Spectrum Management for Energy Efficiency. *IEEE Communications Magazine*, 50 (9), 178-184.

[30] Ashraf, I., Boccardi, F., and Ho, L. (2011) Sleep Mode Techniques for Small Cell Deployments. *IEEE Communications Magazine*, 49 (8), 73-79.

[31] Kliks, A., Zalonis, A., Dimitrou, N., et al. (2013) WiFi Offloading for Energy Saving. *20th International Conference on Telecommunication, ICT 2013, Casablanca, Morocco*.

[32] Bangerter, B., Talwar, S., Arefi, R., et al. (2014) Networks and Devices for the 5G Era. *IEEE Communications Magazine*, 52 (2), 90-96.

[33] Dimitrou, N., Zalonis, A., Polydoros, A., et al. (2014) Context-Aware Radio Resource Management in HetNets. *Future HetNets Workshop at IEEE Wireless Communications and Networking Conference (WCNC) 2014, Istanbul, Turkey*.

[34] Triantafyllopoulou, D., Moessner, K., Bogucka, H., et al. (2013) A Context-Aware Decision Making Framework for Cognitive and Coexisting Networking Environments. *European Wireless, 2013, Guildford, UK*.

[35] Schaich, F., Sayrac, B., Schubert, M., et al. et al. (2015) Fantastic-5G: 5GPPP Project on 5G Air Interface below 6 GHz. *European Conference on Networks and Communications, EuCNC 2015*.

[36] Weiss, T. and Jondral, F. (2004) Spectrum Pooling: an Innovative Strategy for the

Enhancement of Spectrum Efficiency. *IEEE Communications Magazine*, 42 (3), S8-S14, doi: 10.1109/MCOM.2004.1273768.

[37] Pagadarai, S., Kliks, A., Bogucka, H., et al. (2011) Non-contiguous Multicarrier Waveforms in Practical Opportunistic Wireless Systems. *IET Radar, Sonar and Navigation*, 5 (6), 674-680, doi: 10.1049/iet-rsn.2010.0332.

[38] Mahmoud, H., Yucek, T., and Arslan, H. (2009) OFDM for Cognitive Radio: Merits and Challenges. *IEEE Wireless Communications*, 16 (2), 6-15, doi: 10.1109/MWC.2009.4907554.

[39] Yamaguchi, H. (2004) Active Interference Cancellation Technique for MB-OFDM Cognitive Radio. *34th European Microwave Conference, vol. 2*, pp. 1105-1108.

[40] Mahmoud, H. and Arslan, H. (2008) Spectrum Shaping of OFDM-Based Cognitive Radio Signals. *IEEE Radio and Wireless Symposium*, pp. 113-116, doi: 10.1109/RWS.2008.4463441.

[41] Brandes, S., Cosovic, I., and Schnell, M. (2006) Reduction of Out-of-band Radiation in OFDM Systems by Insertion of Cancellation Carriers. *IEEE Communications Letters*, 10 (6), 420-422, doi: 10.1109/LCOMM.2006.1638602.

[42] Bogucka, H., Kryszkiewicz, P., and Kliks, A. (2015) Dynamic Spectrum Aggregation for Future 5G Communications. *IEEE Communications Magazine*, 53 (5), 35-43, doi: 10.1109/MCOM.2015.7105639.

[43] Kryszkiewicz, P. and Bogucka, H. (2013) Out-of-band Power Reduction in NC-OFDM with Optimized Cancellation Carriers Selection. *IEEE Communications Letters*, 17 (10), 1901-1904, doi: 10.1109/LCOMM.2013.081813.131515.

[44] Fettweis, G., Krondorf, M., and Bittner, S. (2009) GFDM-Generalized Frequency Division Multiplexing. *Vehicular Technology Conference, 2009. VTC Spring 2009. IEEE 69th*, pp. 1-4, doi: 10.1109/VETECS.2009.5073571.

[45] Michailow, N., Matthé, M., Gaspar, I.S., et al. (2014) Generalized frequency division multiplexing for 5th generation cellular networks. *IEEE Transactions on Communications*, 62 (9), 3045-3061, doi: 10.1109/TCOMM.2014.2345566.

[46] Wunder, G., Jung, P., Kasparick, M.,et al. (2014) 5GNOW: Non-orthogonal, Asynchronous Waveforms for Future Mobile Applications. *IEEE Communications Magazine*, 52 (2), 97-105, doi: 10.1109/MCOM.2014.6736749.

[47] Matthé, M., Gaspar, I.S., Mendes, L.L., et al. (2017) Generalized Frequency Division

Multiplexing: A Flexible Multi-Carrier Waveform for 5G, in *5G Mobile Communications* (eds W. Xiang, K. Zheng, and X.S. Shen), Springer International Publishing, Switzerland, pp. 223-259.

[48] Kasparick, M. (2013) 5G Waveform Candidate Selection, Deliverable D3.1, EU 7th Framework Programme Project 5GNOW.

[49] Scaglione, A., Barbarossa, S., and Giannakis, G. (1999) Filterbank Transceivers Optimizing Information Rate in Block Transmissions over Dispersive Channels. *IEEE Transactions on Information Theory*, 45 (3), 1019-1032, doi: 10.1109/18.761338.

[50] Scaglione, A., Giannakis, G., and Barbarossa, S. (1999) Redundant Filterbank Precoders and Equalizers Part I: Unification and Optimal Designs. *IEEE Transactions on Signal Processing*, 47 (7), 1988-2005.

[51] Stefanatos, S. and Polydoros, A. (2007) Gabor-Based Waveform Generation for Parametrically Flexible, Multi-Standard Transmitters. *European Signal Processing Conference, EUSIPCO'07, September 3-7, 2007, Poznan, Poland*, pp. 871-875.

[52] Hunziker, T. and Dahlhaus, D. (2003) Iterative Detection for Multicarrier Transmission Employing Time-frequency Concentrated pulses. *IEEE Transactions on Communications*, 51 (4), 641-651, doi: 10.1109/TCOMM.2003.810811.

[53] Proakis, J. and Salehi, M. (2008) *Digital Communications*, McGraw Hill Higher Education, New York.

[54] ETSI EN 302 304 V1.1.1 (2004-11). (2004) ETSI Digital Video Broadcasting (DVB); Transmission System for Handheld Terminals (DVB-H).

[55] ETSI EN (2009-09). (2009) ETSI Digital Video Broadcasting (DVB); Frame Structure Channel Coding and Modulation for a Second Generation Digital Terrestrial Television Broadcasting System (DVB-T2).

[56] ETSI EN 301 958-V1.1.1 (2002) Digital Video Broadcasting (DVB): Interaction Channel for Digital Terrestrial Television (RCT) Incorporating Multiple Access OFDM.

[57] 3GPP TS 36.331 V9.3.0 (2010-06). (2010) Technical Specification Group Radio Access Network; Evolved Universal Terrestrial Radio Access (E-UTRA); User Equipment (UE) Radio Transmission and Reception (Release 8).

[58] IEEE 802.16-2009. (2009) IEEE Standard for Local and Metropolitan Area Networks Part 16: Air Interface for Broadband Wireless Access Systems.

[59] ITU-R ITU-R M.2134. (2008) Requirements Related to Technical Performance for

IMT-Advanced Radio Interface(s).

[60] ITU-T Recommendation G.992.5. (2005) Transmission Systems and Media, Digital Systems and Networks; Digital Sections and Digital Line System. Access Networks. Asymmetric Digital Subscriber Line Transceivers; Extended Bandwidth ADSL2 (ADSL2+).

[61] ITU-T Recommendation G.993.1. (2004) Transmission Systems and Media, Digital Systems and Networks; Digital Sections and Digital Line System, Access Networks; Very High Speed Digital Subscriber Line Transceivers.

[62] Bader, F. and Shaat, M. (2010) Pilot Pattern Adaptation and Channel Estimation in MIMO WiMAX-like FBMC System. *6th International Conference on Wireless and Mobile Communications* (*ICWMC*), pp. 111-116, doi: 10.1109/ICWMC.2010.76.

[63] Siohan, P. and Roche, C. (2000) Cosine-modulated Filterbanks based on Extended Gaussian Functions. *IEEE Transactions on Signal Processing*, 48 (11), 3052-3061, doi: 10.1109/78.875463.

[64] Vaidyanathan, P. (1993) *Multirate Systems and Filters Banks*, PTR Prentice Hall, Upper Saddle River, NJ.

[65] Dagres, I., Miliou, N., Zalonis, A., et al. (2010) Bit-Power Loading Algorithms Based on Effective SINR Mapping Techniques. *IEEE 21st International Symposium on Personal Indoor and Mobile Radio Communications* (*PIMRC*), pp. 52-57, doi: 10.1109/PIMRC.2010.5671901.

[66] Goldsmith, A. (2005) *Wireless Communication*, Cambridge University Press.

[67] Kliks, A. and Bogucka, H. (2009) New Adaptive Bit and Power Loading Policies for Generalized Multicarrier Transmission. *17th European Signal Processing Conference* (*EUSIPCO 2009*) *Glasgow, Scotland, August 24-28, 2009*, pp. 1888-1892.

[68] Kliks, A., Bogucka, H., and Stupia, I. (2009) On the Effective Adaptive Modulation Polices for Non-Orthogonal Multicarrier Systems. *6th International Symposium on Wireless Communication Systems. ISWCS 2009*, pp. 116-120, doi: 10.1109/ISWCS.2009.5285269.

[69] Kliks, A. and Bogucka, H. (2010) Computationally-Efficient Bit-and-Power Allocation for Multicarrier Transmission. *Future Network and Mobile Summit 2010, Florence, Italy, June 16-18, 2010.*

[70] Kliks, A., Sroka, P., and Debbah, M. (2010) Crystallized rate regions for MIMO

transmission. *EURASIP Journal on Wireless Communications and Networking*, doi: 10.1155/2010/9190725.

[71] Kliks, A., Sroka, P., and Debbah, M. (2010) MIMO Crystallized Rate Regions. *IEEE European Wireless Conference*, pp. 940-947, doi: 10.1109/EW.2010.5483430.

[72] Song, G. and Li, Y. (2005) Cross-layer Optimization for OFDM Wireless Networks—Part I: Theoretical Framework. *IEEE Transactions on Wireless Communications*, 4 (2), 614-624, doi: 10.1109/TWC.2004.843065.

[73] Song, G. and Li, Y. (2005) Cross-layer Optimization for OFDM Wireless Networks—Part II: Algorithm Development. *IEEE Transactions on Wireless Communications*, 4 (2), 625-634, doi: 10.1109/TWC.2004.843067.

[74] Haykin, S. (2005) Cognitive Radio: Brain-empowered Wireless Communications. *IEEE Journal on Selected Areas in Communications*, 23 (2), 201-220, doi: 10.1109/JSAC.2004.839380.

[75] Pagadarai, S., Kliks, A., Bogucka, H., et al. (2010) On Non-Contiguous Multicarrier Waveforms for Spectrally Opportunistic Cognitive Radio Systems. *International Waveform Diversity and Design Conference* (*WDD*), pp. 000-177-000-181, doi: 10.1109/WDD.2010.5592432.

[76] Wyglinski, A. (2006) Effects of Bit Allocation on Non-Contiguous Multicarrier-based Cognitive Radio Transceivers. *IEEE 64th Vehicular Technology Conference, VTC' 06 Fall*, pp. 1-5, doi: 10.1109/VTCF.2006.159.

[77] Zhou, Y. and Wyglinski, A. (2009) Cognitive Radio-Based OFDM Sidelobe Suppression Employing Modulated Filter Banks and Cancellation Carriers. *IEEE Military Communications Conference, MILCOM 2009*, pp. 1-5, doi: 10.1109/MILCOM.2009.5379927.

[78] Han, H.S. and Lee, J.H. (2005) An Overview of Peak-to-average Power Ratio Reduction Techniques for Multicarrier Transmission. *IEEE Wireless Communications*, 12 (2), 56-65, doi: 10.1109/MWC.2005.1421929.

[79] Kliks, A. and Bogucka, H. (2010) Improving Effectiveness of the Active Constellation Extension Method for PAPR Reduction in Generalized Multicarrier Signals. *Wireless Personal Communications*, 61 (2), 323-334, doi: 10.1007/s11277-010-0025-5.

[80] Han, F.M. and Zhang, X. (2009) Wireless Multicarrier Digital Transmission Via Weyl-Heisenberg Frames over Time-frequency Dispersive Channels. *IEEE Transactions*

on Communications, 57 (6), 1721-1733, doi: 10.1109/TCOMM.2009.06.070406.

[81] Jung, P. and Wunder, G. (2007) The WSSUS Pulse Design Problem in Multicarrier Transmission. *IEEE Transactions on Communications*, 55 (10), 1918-1928, doi: 10.1109/TCOMM.2007.906426.

[82] Kozek, W. and Molisch, A. (1998) Nonorthogonal Pulseshapes for Multicarrier Communications in Doubly Dispersive Channels. *IEEE Journal on Selected Areas in Communications*, 16 (8), 1579-1589, doi: 10.1109/49.730463.

[83] Wang, Z. and Giannakis, G. (2000) Wireless Multicarrier Communications. *IEEE Signal Processing Magazine*, 17 (3), 29-48, doi: 10.1109/79.841722.

[84] Cordis (2010) URANUS: Universal Radio-Link Platform for Efficient User-Centric Acc.

[85] Ju, Z. (2010) A Filter Bank based Reconfigurable Receiver Architecture for Universal Wireless Communications. PhD Dissertation, University of Kassel.

[86] Giannakis, G., Wang, Z., Scaglione, A., and Barbarossa, S. (1999) AMOUR-Generalized Multicarrier CDMA Irrespective of Multipath. *Global Telecommunications Conference, 1999. GLOBECOM ’99, vol. 1B*, pp. 965-969, doi: 10.1109/GLOCOM.1999.830229.

[87] Giannakis, G., Wang, Z., Scaglione, A., et al. (1999) Mutually Orthogonal Transceivers for Blind Uplink CDMA Irrespective of Multipath Channel Nulls. *IEEE International Conference on Acoustics, Speech, and Signal Processing, ICASSP’99, vol. 5*, pp. 2741-2744, doi: 10.1109/ICASSP.1999.761311.

[88] Newcom (2008) NEWCOM++: Network of Excellence in Wireless Communications.

[89] PHYDYAS Physical Layer for Dynamic Spectrum Access and Cognitive Radio.

[90] ACROPOLIS Advanced Coexistence Technologies for Radio Optimisation in Licensed and Unlicensed Spectrum.

[91] ICT-EMPhAtiC (2012) Enhanced Multicarrier Techniques for Professional Ad-hoc and Cell-Based Communications.

[92] COST ACTION IC0902 Cognitive Radio and Networking for Cooperative Coexistence of Heterogeneous Wireless Networks.

[93] Matz, G., Schafhuber, D., Grochenig, K.,et al. (2007) Analysis, Optimization and Implementation of Low-interference Wireless Multicarrier Systems. *IEEE Transactions on Wireless Communications*, 6 (5), 1921-1931, doi: 10.1109/TWC.2007.360393.

[94] Wyglinski, A., Kliks, A., Kryszkiewicz, P., et al. (2015) Spectrally Agile Waveforms, in *Opportunistic Spectrum Sharing and White Space Access: The Practical Reality* (eds O.

Holland, H. Bogucka, and A. Medeisis), John Wiley & Sons, Inc., New York.

[95] Kliks, A., Zalonis, A., Dagres, I., et al. (2009) PHY Abstraction Methods for OFDM and NOFDM Systems. *Journal of Telecommunications and Information Technology*, 2009 (3), 116-122.

[96] Bingham, J. (1990) Multicarrier Modulation for Data Transmission: an Idea whose Time has Come. *IEEE Communications Magazine*, 28 (5), 5-14, doi: 10.1109/35.54342.

[97] Prasad, R. (1998) *Universal Wireless Personal Communications*, Artech House Publishers, Norwood, MA.

[98] Van Nee, R. and Prasad, R. (2000) *OFDM for Wireless Multimedia Communications*, Artech House Publishers, Norwood, MA.

[99] Nassar, C., Natarajan, B., Wu, Z., et al. (2002) *Multi-Carrier Technologies for Wireless Communication*, Kluwer Academic Publishers, NorWell, MA.

[100] Hanzo, L., Wong, C., and Yee, M. (2002) *Adaptive Wireless Transceivers: Turbo-Coded, Turbo-Equalised and Space-Time Coded TDMA, CDMA and OFDM Systems*, John Wiley & Sons, Inc., New York.

[101] Hanzo, L., Yang, L.L., Kuan, E.L., et al. (2003) *Single- and Multi-Carrier DS-CDMA: Multi-User Detection, Space-Time Spreading, Synchronisation, Standards and Networking*, IEEE Press-John Wiley, New York.

[102] Hanzo, L., Munster, M., Choi, B.J., et al. (2003) *OFDM and MC-CDMA for Broadband Multi-User Communications, WLANs and Broadcasting*, John Wiley & Sons.

[103] Zou, W. and Wu, Y. (1995) COFDM: an Overview. *IEEE Transactions on Broadcasting*, 41 (1), 1-8, doi: 10.1109/11.372015.

[104] Sari, H., Karam, G., and Jeanclaude, I. (1995) Transmission Techniques for Digital Terrestial TV Broadcasting. *IEEE Communications Magazine*, 33 (2), 100-109, doi: 10.1109/35.350382.

[105] Bossert, M., Doner, A., and Zyablov, V. (1997) Coded Modulation for OFDM on Mobile Radio Channels. *European Personal Mobile Communication Conference*, pp. 109-116.

[106] Kallenberg, O. (1997) *Foundations of Modern Probability*, Springer-Verlag, New York.

[107] Behravan, A. and Eriksson, T. (2006) Some Statistical Properties of Multicarrier Signals and Related Measures. *IEEE 63rd Vehicular Technology Conference, VTC 2006-Spring, vol. 4*, pp. 1854-1858, doi: 10.1109/VETECS.2006.1683168.

[108] Sezginer, S. and Sari, H. (2006) OFDM Peak Power Reduction with Simple Amplitude

Predistortion. *IEEE Communications Letters*, 10 (2), 65-67, doi: 10.1109/LCOMM.2006.02015.

[109] Sezginer, S. and Sari, H. (2007) Metric-based Symbol Predistortion Techniques for Peak Power Reduction in OFDM Systems. *IEEE Transactions on Wireless Communications*, 6 (7), 2622-2629, doi: 10.1109/TWC.2007.05955.

[110] Thompson, S., Proakis, J., and Zeidler, J. (2005) The Effectiveness of Signal Clipping for PAPR and Total Degradation Reduction in OFDM Systems. *IEEE Global Telecommunications Conference. GLOBECOM '05, vol. 5*, pp. 5-2811, doi: 10.1109/GLOCOM.2005.1578271.

[111] Wang, L. and Tellambura, C. (2006) An Overview of Peak-to-Average Power Ratio Reduction Techniques for OFDM Systems. *IEEE International Symposium on Signal Processing and Information Technology*, pp. 840-845, doi: 10.1109/ISSPIT.2006.270915.

[112] Sharif, M., Gharavi-Alkhansari, M., and Khalaj, B. (2003) On the Peak-to-average Power of OFDM Signals based on Oversampling. *IEEE Transactions on Communications*, 51 (1), 72-78, doi: 10.1109/TCOMM.2002.807619.

[113] Motorola R1-060023. (2006) Cubic Metric in 3GPP-LTE.

[114] R1-040642. (2004) Comparison of PAR and Cubic Metric for Power De-rating.

[115] Skrzypczak, A., Siohan, P., and Javaudin, J.-P. (2006) Power Spectral Density and Cubic Metric for the OFDM/OQAM Modulation. *IEEE International Symposium on Signal Processing and Information Technology*, pp. 846-850, doi: 10.1109/ISSPIT.2006.270916.

[116] Ciochina, C., Buda, F., and Sari, H. (2006) An Analysis of OFDM Peak Power Reduction Techniques for WiMAX Systems. *IEEE International Conference on Communications, ICC '06, vol. 10*, pp. 4676-4681, doi: 10.1109/ICC.2006.255378.

[117] Saleh, A.A.M. (1981) Frequency-Independent and Frequency-Dependent Nonlinear Models of TWT Amplifiers. *IEEE Transactions on Communications*, COM-29, 1715-1720.

[118] Rapp, C. (1991) Effects on HPA-Nonlinearity on a 4-DPSK / OFDM Signal for a Digital Sound Broadcasting System. *2nd European Conference on Satellite Communications, ECSC-2, Liége, Belgium.*

[119] Gharaibeh, K.M. (2011) *Nonlinear Distortion in Wireless Systems: Modeling and Simulation with MATLAB*, John Wiley & Sons, Inc., New York.

[120] Weekley, J. and Mangus, B. (2005) TWTA Versus SSPA: a Comparison of On-orbit

Reliability Data. *IEEE Transactions on Electron Devices*, 52 (5), 650-652, doi: 10.1109/TED.2005.845864.

[121] Bogucka, H. (2006) Directions and Recent Advances in PAPR Reduction Methods. *IEEE International Symposium on Signal Processing and Information Technology*, pp. 821-827, doi: 10.1109/ISSPIT.2006.270912.

[122] Jiang, T. and Wu, T. (2008) An overview: Peak-to-average Power Ratio Reduction Techniques for OFDM Signals. *IEEE Transactions on Broadcasting*, 54 (2), 257-268, doi: 10.1109/TBC.2008.915770.

[123] Louet, Y. and Palicot, J. (2008) A Classification of Methods for Efficient Power Amplification of Signals. *Annals of Telecommunications*, 63, 351-368, doi: 10.1007/s12243-008-0035-4.

[124] Ermolova, N. (2006) Nonlinear Amplifier Effects on Clipped-filtered Multicarrier Signals. *IEE Proceedings-Communications*, 153 (2), 213-218, doi: 10.1049/ip-com:20045178.

[125] Guel, D. and Palicot, J. (2009) Clipping Formulated as an Adding Signal Technique for OFDM Peak Power Reduction. *IEEE 69th Vehicular Technology Conference, VTC'09 Spring*, pp. 1-5, doi: 10.1109/VETECS.2009.5073442.

[126] Li, X. and Cimini, L.J.J. (1998) Effects of Clipping and Filtering on the Performance of OFDM. *IEEE Communications Letters*, 2 (5), 131-133, doi: 10.1109/4234.673657.

[127] Cha, S., Park, M., Lee, S., et al. (2008) A New PAPR Reduction Technique for OFDM Systems Using Advanced Peak Windowing Method. *IEEE Transactions on Consumer Electronics*, 54 (2), 405-410, doi: 10.1109/TCE.2008.4560106.

[128] Chen, G., Ansari, R., and Yao, Y. (2009) Improved Peak Windowing for PAPR Reduction in OFDM. *IEEE 69th Vehicular Technology Conference, VTC' 09 Spring*, pp. 1-5, doi: 10.1109/VETECS.2009.5073593.

[129] van Nee, R. and de Wild, A. (1998) Reducing the Peak-to-Average Power Ratio of OFDM. *48th IEEE Vehicular Technology Conference, VTC 98, vol. 3*, pp. 2072-2076, doi: 10.1109/VETEC.1998.686121.

[130] Kliks, A. and Bogucka, H. (2007) A Modified Method of Active Constellation Extension for Generalized Multicarrier Signals. 12th International OFDM-Workshop InOWo2007, Hamburg, Germany, August 29-30, 2007, pp. 16-20.

[131] Krongold, B. and Jones, D. (2003) PAR Reduction in OFDM Via Active Constellation

Extension. *IEEE Transactions on Broadcasting*, 49 (3), 258-268, doi: 10.1109/TBC.2003.817088.

[132] Armstrong, J. (2002) Peak-to-average Power Reduction for OFDM by Repeated Clipping and Frequency Domain Filtering. *Electronics Letters*, 38 (5), 246-247, doi: 10.1049/el:20020175.

[133] Wang, L. and Tellambura, C. (2005) A Simplified Clipping and Filtering Technique for PAR Reduction in OFDM Systems. *IEEE Signal Processing Letters*, 12 (6), 453-456, doi: 10.1109/LSP.2005.847886.

[134] Bauml, R., Fischer, R., and Huber, J. (1996) Reducing the Peak-to-average Power Ratio of Multicarrier Modulation by Selected Mapping. *Electronics Letters*, 32 (22), 2056-2057, doi: 10.1049/el:19961384.

[135] Baxley, R. and Zhou, G. (2007) Comparing Selected Mapping and Partial Transmit Sequence for PAR Reduction. *IEEE Transactions on Broadcasting*, 53 (4), 797-803, doi: 10.1109/TBC.2007.908335.

[136] Jayalath, A. and Tellambura, C. (2005) SLM and PTS Peak-power Reduction of OFDM Signals Without Side Information. *IEEE Transactions on Wireless Communications*, 4 (5), 2006-2013, doi: 10.1109/TWC.2005.853916.

[137] ETSI EN 303 035-1 V1.2.1 (2001-12). (2001) Terrestrial Trunked Radio (TETRA); Harmonized EN for TETRA Equipment Covering Essential Requirements Under Article 3.2 of the RTTE Directive; Part 1: Voice plus Data (V+D).

[138] ETSI EN 303 035-2 V1.2.2 (2003-01). (2003) Terrestrial Trunked Radio (TETRA); Harmonized EN for TETRA Equipment Covering Essential Requirements Under Article 3.2 of the RTTE Directive; Part 2: Direct Mode Operation (DMO).

[139] Duel-Hallen, A., Hu, S., and Hallen, H. (2000) Long-range Prediction of Fading Signals-enabling Adapting Transmission for Mobile Radio Channels. *IEEE Signal Processing Magazine*, 17 (3), 62-75.

[140] Conti, A., Win, M., and Chiani, M. (2007) Slow Adaptive M-QAM with Diversity in Fast Fading and Shadowing. *IEEE Transactions on Communications*, 55 (5), 895-905,

[141] Bogucka, H. and Conti, A. (2010) Utility-Based QAM Adaptation with Diversity and Ambiguous CSI Under Energy Constraints. *IEEE International Communications Conference* (*ICC 2010*), pp. 1-5, doi: 10.1109/ICC.2010.5502087.

[142] Zalonis, A., Miliou, N., Dagres, I., et al. (2010) Trends in Adaptive Modulation and

Coding. *Advances in Electronics and Telecommunications*, 1 (1), 104-111,

[143] Fantacci, R., Marabissi, D., Tarchi, D., et al. (2009) Adaptive Modulation and Coding Techniques for OFDMA Systems. *IEEE Transactions on Wireless Communications*, 8 (9), 4876- 4883, doi: 10.1109/TWC.2009.090253.

[144] Meng, J. and Yang, E.H. (2014) Constellation and Rate Selection in Adaptive Modulation and Coding based on Finite Blocklength Analysis and its Application to LTE. *IEEE Transactions on Wireless Communications*, 13 (10), 5496-5508, doi: 10.1109/ TWC.2014.2350974.

[145] Ramakrishnan, S., Balakrishnan, J., and Ramasubramanian, K. (2010) Exploiting Signal and Noise Statistics for Fixed Point FFT Design Optimization in OFDM Systems. *Communications (NCC), 2010 National Conference on*, pp. 1-5, doi: 10.1109/NCC.2010. 5430229.

[146] Grimm, M., Allen, M., Marttila, J., et al. (2014) Joint Mitigation of Nonlinear RF and Baseband Distortions in Wideband Direct-conversion Receivers. *IEEE Transactions on Microwave Theory and Techniques*, 62 (1), 166-182, doi: 10.1109/TMTT.2013.2292603.

[147] Morelli, M., Kuo, C.C., and Pun, M.O. (2007) Synchronization Techniques for Orthogonal Frequency Division Multiple Access (OFDMA): a Tutorial Review. *Proceedings of the IEEE*, 95 (7), 1394-1427, doi: 10.1109/JPROC.2007.897979.

[148] Schmidl, T. and Cox, D. (1997) Robust Frequency and Timing Synchronization for OFDM. *IEEE Transactions on Communications*, 45 (12), 1613-1621, doi: 10.1109/26. 650240.

[149] van de Beek, J.J., Sandell, M., and Borjesson, P. (1997) ML Estimation of Time and Frequency Offset in OFDM Systems. *IEEE Transactions on Signal Processing*, 45 (7), 1800-1805, doi: 10.1109/78.599949.

[150] Ozdemir, M.K. and Arslan, H. (2007) Channel Estimation for Wireless OFDM Systems. *IEEE Communication Surveys and Tutorials*, 9 (2), 18-48, doi: 10.1109/COMST.2007. 382406.

[151] Yee, N. and Linnartz, J.P. (1994) Controlled Equalization of Multi-Carrier CDMA in an Indoor Rician Fading Channel. *Vehicular Technology Conference, 1994 IEEE 44th*, pp. 1665-1669, doi: 10.1109/VETEC.1994.345379.

[152] Slimane, S. (2000) Partial Equalization of Multi-Carrier CDMA in Frequency Selective Fading Channels. *2000 IEEE International Conference on Communications, 2000, ICC 2000*, pp. 26-30, doi: 10.1109/ICC.2000.853057.

[153] Fazel, K. and Kaiser, S. (2003) *Multi-Carrier and Spread Spectrum Systems*, John Wiley & Sons, Ltd.

[154] Brandes, S., Cosovic, I., and Schnell, M. (2005) Reduction of Out-of-Band Radiation in OFDM based Overlay Systems. *IEEE International Symposium on New Frontiers in Dynamic Spectrum Access Networks* (*DySPAN*), pp. 662-665, doi: 10.1109/DYSPAN.2005.1542691.

[155] Yuan, Z. and Wyglinski, A. (2010) On Sidelobe Suppression for Multicarrier-based Transmission in Dynamic Spectrum Access Networks. *IEEE Transactions on Vehicular Technology*, 59 (4), 1998-2006, doi: 10.1109/TVT.2010.2044428.

[156] Li, D., Dai, X., and Zhang, H. (2008) Sidelobe Suppression in NC-OFDM Systems Using Phase Shift. *4th International Conference on Wireless Communications, Networking and Mobile Computing* (*WiCOM*), pp. 1-4, doi: 10.1109/WiCom.2008.297.

[157] Van De Beek, J. (2009) Sculpting the Multicarrier Spectrum: a Novel Projection Precoder. *IEEE Communications Letters*, 13 (12), 881-883, doi: 10.1109/LCOMM.2009.12.091614.

[158] Zhang, J., Huang, X., Cantoni, A., et al. (2012) Sidelobe Suppression with Orthogonal Projection for Multicarrier Systems. *IEEE Transactions on Communications*, 60 (2), 589-599, doi: 10.1109/TCOMM.2012.012012.110115.

[159] Zielinski, T. (2005) *Cyfrowe Przetwarzanie Sygnalow*, WKL, Warszawa.

[160] Faulkner, M. (2000) The Effect of Filtering on the Performance of OFDM Systems. *IEEE Transactions on Vehicular Technology*, 49 (5), 1877-1884, doi: 10.1109/25.892590.

[161] Weiss, T., Hillenbrand, J., Krohn, A., et al. (2004) Mutual Interference in OFDM-Based Spectrum Pooling Systems. *Vehicular Technology Conference* (*VTC*)*, vol. 4*, pp. 1873-1877, doi: 10.1109/VETECS.2004.1390598.

[162] El-Saadany, M., Shalash, A., and Abdallah, M. (2009) Revisiting Active Cancellation Carriers for Shaping the Spectrum of OFDM-Based Cognitive Radios. *IEEE Sarnoff Symposium* (*SARNOFF*), pp. 1-5, doi: 10.1109/SARNOF.2009.4850359.

[163] Yu, L., Rao, B., Milstein, L., and Proakis, J. (2010) Reducing Out-of-band Radiation of OFDM-Based Cognitive Radios. *IEEE 11th International Workshop on Signal Processing Advances in Wireless Communications* (*SPAWC*), pp. 1-5, doi: 10.1109/SPAWC.2010.5670975.

[164] Sutton, P., Ozgul, B., Macaluso, I., et al. (2010) OFDM Pulse-Shaped Waveforms for

Dynamic Spectrum Access Networks. *IEEE Symposium on New Frontiers in Dynamic Spectrum*, pp. 1-2, doi: 10.1109/DYSPAN.2010.5457921.

[165] Mahmoud, H. and Arslan, H. (2008) Sidelobe Suppression in OFDM-based Spectrum Sharing Systems Using Adaptive Symbol Transition. *IEEE Communications Letters*, 12 (2), 133-135, doi: 10.1109/LCOMM.2008.071729.

[166] Pagadarai, S., Rajbanshi, R., Wyglinski, A., et al. (2008) Sidelobe Suppression for OFDM-based Cognitive Radios Using Constellation Expansion. *IEEE Wireless Communications and Networking Conference* (*WCNC*), pp. 888-893, doi: 10.1109/WCNC.2008.162.

[167] Cosovic, I., Brandes, S., and Schnell, M. (2005) A Technique for Sidelobe Suppression in OFDM Systems. *IEEE Global Telecommunications Conference* (*GLOBECOM*)*, vol. 1*, p. 5, doi: 10.1109/GLOCOM. 2005.1577381.

[168] Cosovic, I., Brandes, S., and Schnell, M. (2006) Subcarrier Weighting: a Method for Sidelobe Suppression in OFDM Systems. *IEEE Communications Letters*, 10 (6), 444-446, doi: 10.1109/LCOMM.2006.1638610.

[169] Cosovic, I. and Mazzoni, T. (2006) Suppression of Sidelobes in OFDM Systems by Multiple-choice Sequences. *European Transactions on Telecommunications*, 17 (6), 623-630, doi: 10.1002/ett.1162.

[170] Li, D., Dai, X., and Zhang, H. (2009) Sidelobe Suppression in NC-OFDM Systems Using Constellation Adjustment. *IEEE Communications Letters*, 13 (5), 327-329, doi: 10.1109/LCOMM.2009.090031.

[171] Ahmed, S., Rehman, R., and Hwang, H. (2008) New Techniques to Reduce Sidelobes in OFDM System. *3rd International Conference on Convergence and Hybrid Information Technology* (*ICCIT*)*, vol. 2*, pp. 117-121, doi: 10.1109/ICCIT.2008.157.

[172] Panta, K. and Armstrong, J. (2003) Spectral Analysis of OFDM Signals and its Improvement by Polynomial Cancellation Coding. *IEEE Transactions on Consumer Electronics*, 49 (4), 939-943, doi: 10.1109/TCE.2003.1261178.

[173] Noreen, S. and Azeemi, N. (2010) A Technique for Out-of-band Radiation Reduction in OFDM-based Cognitive Radio. *IEEE 17th International Conference on Telecommunications* (*ICT*), pp. 853-856, doi: 10.1109/ICTEL.2010.5478875.

[174] Zhou, X., Li, G., and Sun, G. (2011) Low-Complexity Spectrum Shaping for OFDM-based Cognitive Radios. *IEEE Wireless Communications and Networking Conference*

(*WCNC*), pp. 1471-1475, doi: 10.1109/WCNC.2011.5779347.

[175] Cosovic, I. and Mazzoni, T. (2007) Sidelobe Suppression in OFDM Spectrum Sharing Systems via Additive Signal Method. *IEEE 65th Vehicular Technology Conference* (*VTC*), pp. 2692-2696, doi: 10.1109/VETECS.2007.553.

[176] Jiang, W. and Schellmann, M. (2012) Suppressing the Out-of-band Power Radiation in Multi-Carrier Systems: A Comparative Study. *IEEE Global Communications Conference* (*GLOBECOM*), pp. 1477-1482, doi: 10.1109/GLOCOM.2012.6503322.

[177] Xu, R. and Chen, M. (2009) A Precoding Scheme for DFT-based OFDM to Suppress Sidelobes. *IEEE Communications Letters*, 13 (10), 776-778, doi: 10.1109/LCOMM.2009.091339.

[178] Ma, M., Huang, X., Jiao, B., et al. (2011) Optimal Orthogonal Precoding for Power Leakage Suppression in DFT-based Systems. *IEEE Transactions on Communications*, 59 (3), 844-853, doi: 10.1109/TCOMM.2011.121410.100071.

[179] Zhou, X., Li, G., and Sun, G. (2013) Multiuser Spectral Precoding for OFDM-based Cognitive Radio Systems. *IEEE Journal on Selected Areas in Communications*, 31 (3), 345-352, doi: 10.1109/JSAC.2013.130302.

[180] van de Beek, J. (2010) Orthogonal Multiplexing in a Subspace of Frequency Well-localized Signals. *IEEE Communications Letters*, 14 (10), 882-884, doi: 10.1109/LCOMM.2010.081610.100997.

[181] van de Beek, J. and Berggren, F. (2009) EVM-Constrained OFDM Precoding for Reduction of Out-of-band Emission. *IEEE Vehicular Technology Conference* (*VTC*), pp. 1-5, doi: 10.1109/VETECF.2009.5378740.

[182] Van De Beek, J. and Berggren, F. (2009) N-continuous OFDM. *IEEE Communications Letters*, 13 (1), 1-3, doi: 10.1109/LCOMM.2009.081446.

[183] Zheng, Y., Zhong, J., Zhao, M., et al. (2012) A Precoding Scheme for N-continuous OFDM. *IEEE Communications Letters*, 16 (12), 1937-1940, doi: 10.1109/LCOMM.2012.102612.122168.

[184] Wei, P., Dan, L., Xiao, Y., et al. (2013) A Low-Complexity Time-Domain Signal Processing Algorithm for N-Continuous OFDM. *IEEE International Conference on Communications* (*ICC*), pp. 5754-5758, doi: 10.1109/ICC.2013.6655513.

[185] Lizarraga, E., Sauchelli, V., and Maggio, G. (2011) N-Continuous OFDM Signal Analysis of FPGA-Based Transmissions. *VII Southern Conference on Programmable*

Logic (*SPL*), pp. 13-18, doi: 10.1109/SPL.2011.5782618.

[186] Qu, D., Wang, Z., and Jiang, T. (2010) Extended Active Interference Cancellation for Sidelobe Suppression in Cognitive Radio OFDM Systems with Cyclic Prefix. *IEEE Transactions on Vehicular Technology*, 59 (4), 1689-1695, doi: 10.1109/TVT.2010.2040848.

[187] Qu, D., Wang, Z., Jiang, T., et al. (2009) Sidelobe Suppression Using Extended Active Interference Cancellation with Self-Interference Constraint for Cognitive OFDM System. *International Conference on Communications and Networking in China, ChinaCOM 2009*, pp. 1-5, doi: 10.1109/CHINACOM.2009.5339921.

[188] Wang, Z., Qu, D., Jiang, T., et al. (2008) Spectral Sculpting for OFDM Based Opportunistic Spectrum Access by Extended Active Interference Cancellation. *IEEE Global Telecommunications Conference* (*GLOBECOM*), pp. 1-5, doi: 10.1109/GLOCOM.2008.ECP.852.

[189] Golub, G.H. and Van Loan, C.F. (1996) *Matrix Computations*, Johns Hopkins University Press, Baltimore, MD.

[190] Yuan, Z., Pagadarai, S., and Wyglinski, A. (2008) Cancellation Carrier Technique Using Genetic Algorithm for OFDM Sidelobe Suppression. *IEEE Military Communications Conference* (*MILCOM*), pp. 1-5, doi: 10.1109/MILCOM.2008.4753557.

[191] Pagadarai, S., Wyglinski, A.M., and Rajbanshi, R. (2008) A Sub-Optimal Sidelobe Suppression Technique for OFDM-Based Cognitive Radios. *IEEE Military Communications Conference* (*MILCOM*), pp. 1-6, doi: 10.1109/MILCOM.2008.4753556.

[192] Huang, S.G. and Hwang, C.H. (2009) Improvement of Active Interference Cancellation: Avoidance Technique for OFDM Cognitive Radio. *IEEE Transactions on Wireless Communications*, 8 (12), 5928-5937, doi: 10.1109/TWC.2009.12.081277.

[193] Pagadarai, S., Wyglinski, A.M., and Rajbanshi, R. (2008) A Novel Sidelobe Suppression Technique for OFDM-Based Cognitive Radio Transmission. *IEEE Symposium on New Frontiers in Dynamic Spectrum Access Networks* (*DySPAN*), pp. 1-7, doi: 10.1109/DYSPAN.2008.10.

[194] Sokhandan, N. and Safavi, S. (2010) Sidelobe Suppression in OFDM-based Cognitive Radio Systems. *International Conference on Information Sciences Signal Processing and their Applications* (*ISSPA*), pp. 413-417, doi: 10.1109/ISSPA.2010.5605455.

[195] Wang, Z. and Giannakis, G. (2003) Complex-field Coding for OFDM over Fading

Wireless Channels. *IEEE Transactions on Information Theory*, 49 (3), 707-720, doi: 10.1109/TIT.2002.808101.

[196] Kryszkiewicz, P. (2010) *On the Improvement of the OFDM-Based Cognitive-Radio Performance Using Cancellation Carriers*, Poznanskie Warsztaty Telekomunikacyjne (PWT), Poland, pp. 1-4.

[197] IEEE Std 802.11-2012 (Revision of IEEE Std 802.11-2007). (2012) IEEE Standard for Information Technology-Telecommunications and Information Exchange Between Systems Local and Metropolitan Area Networks-Specific Requirements Part 11: Wireless LAN Medium Access Control (MAC) and Physical Layer (PHY) Specifications, pp. 1-2793, doi: 10.1109/IEEESTD.2012.6178212.

[198] 3GPP TS 36.101. (2008) Evolved Universal Terrestrial Radio Access (E-UTRA); User Equipment (UE) Radio Transmission and Reception, 3rd Generation Partnership Project (3GPP).

[199] 3GPP TS 25.101. (2008) User Equipment (UE) Radio Transmission and Reception (FDD), 3rd Generation Partnership Project (3GPP), http://www .3gpp.org/ftp/Specs/html-info/25101.htm.

[200] Kryszkiewicz, P. and Bogucka, H. (2012) Flexible Quasi-Systematic Precoding for the Out-of-Band Energy Reduction in NC-OFDM. *IEEE Wireless Communications and Networking Conference* (*WCNC*), pp. 209-214, doi: 10.1109/WCNC.2012.6214138.

[201] Cho, K. and Yoon, D. (2002) On the General BER Expression of One and Two-dimensional Amplitude Modulations. *IEEE Transactions on Communications*, 50 (7), 1074-1080, doi: 10.1109/TCOMM.2002.800818.

[202] Ettus Research (accessed 12 December 2014).

[203] Bogucka, H., Kryszkiewicz, P., Kliks, A., et al. (2012) Holistic Approach to Green Wireless Communications based on Multicarrier Technologies, in *Green Communications: Theoretical Fundamentals, Algorithms, and Applications* (eds J.Wu, S. Rangan, and H. Zhang), CRC Press.

[204] ETSI EN 302 755 v1.3.1. (2012) Digital Video Broadcasting (DVB); Frame Structure Channel Coding and Modulation for a Second Generation Digital Terrestrial Television Broadcasting System (DVB-T2).

[205] Senst, M., Jordan, M., Dorpinghaus, M., et al. (2007) Joint Reduction of Peak-to-Average Power Ratio and Out-of-Band Power in OFDM Systems. *IEEE Global*

Telecommunications Conference (*GLOBECOM*), pp. 3812-3816, doi: 10.1109/GLOCOM. 2007.724.

[206] Ghassemi, A., Lampe, L., Attar, A., et al. (2010) Joint Sidelobe and Peak Power Reduction in OFDM-Based Cognitive Radio. *IEEE Vehicular Technology Conference* (*VTC*), pp. 1-5, doi: 10.1109/VETECF.2010.5594133.

[207] Kryszkiewicz, P., Kliks, A., and Louet, Y. (2013) Reduction of Subcarriers Spectrum Sidelobes and Intermodulation in NC-OFDM Systems. *IEEE International Conference on Wireless and Mobile Computing, Networking and Communications* (*WiMob*), pp. 124-129, doi: 10.1109/WiMOB.2013.6673350.

[208] Tellado-Mourelo, J. (1999) Peak to Average Power Reduction for Multicarrier Transmission. PhD thesis, Stanford University.

[209] Sanguinetti, L., D'Amico, A., and Cosovic, I. (2008) On the Performance of Cancellation Carrier-Based Schemes for Sidelobe Suppression in OFDM Networks. *IEEE Vehicular Technology Conference* (*VTC*), pp. 1691-1696, doi: 10.1109/VETECS. 2008.389.

[210] Grant, M. and Boyd, S. (2014) CVX: Matlab Software for Disciplined Convex Programming, Version 2.1.

[211] Hussain, S., Guel, D., Louet, Y., et al. (2009) Performance Comparison of PRC based PAPR Reduction Schemes for WiLAN Systems. *European Wireless Conference* (*EW*), pp. 167-172, doi: 10.1109/EW.2009.5358005.

[212] Cabric, D. and Brodersen, R. (2005) Physical Layer Design Issues Unique to Cognitive Radio Systems. *IEEE 16th International Symposium on Personal, Indoor and Mobile Radio Communications* (*PIMRC*)*, vol. 2*, pp. 759-763, doi: 10.1109/PIMRC.2005.1651545.

[213] Minn, H., Bhargava, V., and Letaief, K. (2003) A Robust Timing and Frequency Synchronization for OFDM Systems. *IEEE Transactions on Wireless Communications*, 2 (4), 822-839, doi: 10.1109/TWC.2003.814346.

[214] Nickel, P., Gerstacker, W., Jonietz, C., et al. (2006) Window Design for Non-Orthogonal Interference Reduction in OFDM Receivers. *2006 IEEE 7th Workshop on Signal Processing Advances in Wireless Communications*, pp. 1-5, doi: 10.1109/ SPAWC. 2006.346334.

[215] Dahlman, E., Parkvall, S., and Skold, J. (2013) *4G: LTE/LTE-Advanced for Mobile Broadband*, Elsevier Science.

[216] Kryszkiewicz, P. and Bogucka, H. (2016) In-band-interference Robust Syn chronization

Algorithm for an NC-OFDM System. *IEEE Transactions on Communications*, 64 (5), 2143-2154.

[217] Brandes, S., Schnell, M., Berthold, U., et al. (2007) OFDM based Overlay Systems - Design Challenges and Solutions. *IEEE 18th International Symposium on Personal, Indoor and Mobile Radio Communications* (*PIMRC*), pp. 1-5, doi: 10.1109/PIMRC. 2007.4394130.

[218] Morelli, M. and Mengali, U. (1999) An Improved Frequency Offset Estimator for OFDM Applications. *IEEE Communications Letters*, 3 (3), 75-77, doi: 10.1109/4234.752907.

[219] Coulson, A. (2004) Narrowband Interference in Pilot Symbol Assisted OFDM Systems. *IEEE Transactions on Wireless Communications*, 3 (6), 2277-2287, doi: 10.1109/TWC. 2004.837471.

[220] Marey, M. and Steendam, H. (2007) Analysis of the Narrowband Interference Effect on OFDM Timing Synchronization. *IEEE Transactions on Signal Processing*, 55 (9), 4558-4566, doi: 10.1109/TSP.2007.896020.

[221] Zivkovic, M. and Mathar, R. (2011) Performance Evaluation of Timing Synchronization in OFDM-based Cognitive Radio Systems. *IEEE Vehicular Technology Conference* (*VTC*), pp. 1-5, doi: 10.1109/VETECF.2011.6092909.

[222] Kryszkiewicz, P. and Bogucka, H. (2013) *Performance of NC-OFDM Autocorrelation-based Synchronization Under Narrowband Interference*, Poznanskie Warsztaty Telekomunikacyjne (PWT), Poland, pp. 1-5.

[223] Weiss, T., Krohn, A., Capar, F., et al. (2003) Synchronization Algorithms and Preamble Concepts for Spectrum Pooling Systems. *IST Mobile & Wireless Telecommunications Summit*, pp. 1-5.

[224] Sun, P. and Zhang, L. (2010) Timing Synchronization for OFDM Based Spectrum Sharing System. *International Symposium on Wireless Communication Systems* (*ISWCS*), pp. 951-955, doi: 10.1109/ISWCS.2010.5624337.

[225] Fort, A., Weijers, J.W., Derudder, V., et al. (2003) A Performance and Complexity Comparison of Auto-Correlation and Cross-Correlation for OFDM Burst Synchronization. *IEEE International Conference on Acoustics, Speech, and Signal Processing,* (*ICASSP*), *vol. 2*, pp. II-341-4, doi: 10.1109/ICASSP.2003.1202364.

[226] Saha, D., Dutta, A., Grunwald, D., et al. (2011) Blind Synchronization for NC-OFDM When Channels are Conventions, Not Mandates. *IEEE Symposium on New Frontiers in*

Dynamic Spectrum Access Networks (*DySPAN*), pp. 552-563, doi: 10.1109/DYSPAN. 2011.5936246.

[227] Huang, B., Wang, J., Tang, W., et al. (2010) An Effective Synchronization Scheme for NC-OFDM Systems in Cognitive Radio Context. *IEEE International Conference on Wireless Information Technology and Systems* (*ICWITS*), pp. 1-4, doi: 10.1109/ICWITS. 2010.5611980.

[228] Awoseyila, A., Kasparis, C., and Evans, B. (2009) Robust Time-domain Timing and Frequency Synchronization for OFDM Systems. *IEEE Transactions on Consumer Electronics*, 55 (2), 391-399, doi: 10.1109/TCE.2009.5174399.

[229] Abdzadeh-Ziabari, H. and Shayesteh, M. (2011) Robust Timing and Frequency Synchronization for OFDM Systems. *IEEE Transactions on Vehicular Technology*, 60 (8), 3646-3656, doi: 10.1109/TVT.2011.2163194.

[230] Ren, G., Chang, Y., Zhang, H., et al. (2007) An Efficient Frequency Offset Estimation Method with a Large Range for Wireless OFDM Systems. *IEEE Transactions on Vehicular Technology*, 56 (4), 1892-1895, doi: 10.1109/TVT.2006.878560.

[231] Wei, S., Goeckel, D., and Kelly, P. (2010) Convergence of the Complex Envelope of Band Limited OFDM Signals. *IEEE Transactions on Information Theory*, 56 (10), 4893-4904, doi: 10.1109/TIT.2010.2059550.

[232] Gouba, O. and Louet, Y. (2012) Predistortion Performance Considering Peak to Average Power Ratio Reduction in OFDM Context. *IEEE Wireless Communications and Networking Conference* (*WCNC*), pp. 204-208, doi: 10.1109/WCNC.2012.6214128.

[233] Yucek, T. and Arslan, H. (2007) MMSE Noise Plus Interference Power Estimation in Adaptive OFDM Systems. *IEEE Transactions on Vehicular Technology*, 56 (6), 3857-3863, doi: 10.1109/TVT.2007.901883.

[234] Candan, C. (2013) Analysis and Further Improvement of Fine Resolution Frequency Estimation Method from Three DFT Samples. *IEEE Signal Processing Letters*, 20 (9), 913-916, doi: 10.1109/LSP.2013.2273616.

[235] Sorensen, H. and Burrus, C. (1993) Efficient Computation of the DFT with only a Subset of Input or Output Points. *IEEE Transactions on Signal Processing*, 41 (3), 1184-1200, doi: 10.1109/78.205723.

[236] Rajbanshi, R., Wyglinski, A.M., and Minden, G. (2006) An Efficient Implementation of NC-OFDM Transceivers for Cognitive Radios. *1st International Conference on Cognitive*

Radio Oriented Wireless Networks and Communications (*CROWNCOM*), pp. 1-5, doi: 10.1109/CROWNCOM. 2006.363452.

[237] Qian, S. and Chen, D. (1999) Joint Time-frequency Analysis. *IEEE Signal Processing Magazine*, 16 (2), 52-67, doi: 10.1109/79.752051.

[238] Qian, S. and Chen, D. (1996) Joint Time-Frequency Analysis. Methods and Applications, Prentice Hall PTR, Upper Saddle River, NJ.

[239] Feichtinger, H. and Strohmer, T. (1998) *Gabor Analysis and Algorithms. Theory and Applications*, Birkher, Basel.

[240] Hunziker, T. and Dahlhaus, D. (2000) Iterative Symbol Detection for Bandwidth Efficient Nonorthogonal Multicarrier Transmission. *IEEE 51st Vehicular Technology Conference Proceedings. VTC'00, vol.1*, Spring, Tokyo, pp. 61-65, doi: 10.1109/ VETECS.2000.851418.

[241] Bialasiewicz, J.T. (2004) *Falki i aproksymacje*, WNT, Warszawa.

[242] Janssen, A. (1998) The Duality Condition for Weyl-Heisenberg Frames, in *Gabor Analysis and Algorithms: Theory and Applications*, 2nd edn, vol. 2 (eds H.G. Feichtinger and T. Strohmer), Birkhäuser, Boston, MA, pp. 33-84, doi: 10.1007/978-1-4612-2016-9_2.

[243] Gabor, D. (1946) Theory of communication. *Journal of IEE: Part III: Radio and Communication Engineering*, 93 (26), 429-457.

[244] Strohmer, T. and Beaver, S. (2003) Optimal OFDM Design for Time-frequency Dispersive Channels. *IEEE Transactions on Communications*, 51 (7), 1111-1122, doi: 10.1109/TCOMM.2003.814200.

[245] Kovacevic, J., Dragotti, P., and Goyal, V. (2002) Filter Bank Frame Expansions with Erasures. *IEEE Transactions on Information Theory*, 48 (6), 1439-1450, doi: 10.1109/ TIT.2002.1003832.

[246] Daubechies, I., Grossmann, A., and Meyer, Y. (1986) Painless Nonorthogonal Expansions. *Journal of Mathematical Physics*, 27 (5), 1271-1283, doi: 10.1063/1. 527388.

[247] Casazza, P. (2000) The Art of Frame Theory. *Taiwanese Journal of Mathematics*, 4 (2), 129-202.

[248] Christensen, O. (2002) *An Introduction to Frames and Riesz Basis*, Birkhaser, Boston, MA.

[249] Casazza, P.G., Christensen, O., and Janssen, A.J.E.M. (2001) Weyl-Heisenberg Frames,

Translation Invariant Systems and the Walnut Representation. *Journal of Functional Analysis*, 180 (1), 85-147.

[250] Heil, C. (2007) History and Evolution of the Density Theorem for Gabor Frames. *Journal of Fourier Analysis and Applications*, 13, 113-166, doi: 10.1007/s00041-006-6073-2.

[251] Conway, J. and Sloane, N. (1993) Sphere Packings, Lattices and Groups, Grundlehren in Mathematischen Wissenschaften, Springer, New York.

[252] Haas, R. and Belfiore, J.C. (1997) A Time-frequency Well-localized Pulse for Multiple Carrier Transmission. *Wireless Personal Communications*, 5, 1-18, doi: 10.1023/A:1008859809455.

[253] Benedetto, J. and Zimmermann, G. (1997) Sampling Multipliers and the Poisson Summation Formula. *Journal of Fourier Analysis and Applications*, 3, 505-523, doi: 10.1007/BF02648881.

[254] Qian, S. and Chen, D. (1993) Discrete Gabor Transform. *IEEE Transactions on Signal Processing*, 41 (7), 2429-2438, doi: 10.1109/78.224251.

[255] Prinz, P. (1996) Calculating the Dual Gabor Window for General Sampling Sets. *IEEE Transactions on Signal Processing*, 44 (8), 2078-2082, doi: 10.1109/78.533729.

[256] Subbanna, N. and Eldar, Y. (2004) A Fast Algorithm for Calculating the Dual Gabor Window with Integer Oversampling. *23rd IEEE Convention of Electrical and Electronics Engineers in Israel*, pp. 368-371.

[257] Bolcskei, H., Hlawatsch, F., and Feichtinger, H.G. (1995) Equivalence of DFT Filter Banks and Gabor Expansions. *Proceedings of SPIE 2569, Wavelet Applications in Signal and Image Processing III, vol. 2569*, pp. 128-139, doi: 10.1117/12.217569.

[258] Bolcskei, H. and Hlawatsch, F. (1997) Discrete Zak Transforms, Polyphase Transforms, and Applications. *IEEE Transactions on Signal Processing*, 45 (4), 851-866, doi: 10.1109/78.564174.

[259] Slimane, S. (2002) Peak-to-Average Power Ratio Reduction of OFDM Signals Using Broadband Pulse Shaping. *IEEE 56th Vehicular Technology Conference, VTC' 02-Fall, vol. 2*, pp. 889-893, doi: 10.1109/VETECF.2002.1040728.

[260] Hughes-Hartogs, D. (1989) Ensemble Modem Structure for Imperfect Transmission Media. US Patents Nos. 4679227, July 1987, 4731816 March 1988 and 4833796 May 1989.

[261] Kliks, A. and Bogucka, H. (2008) The Application of Water-Filling Principle for Generalized Multicarrier Signal. *13th International OFDM-Workshop InOWo2008, Hamburg, Germany, August 27-28, 2008*, pp. 211-215.

[262] Campello, J. (1999) Practical Bit Loading for DMT. *IEEE International Conference on Communications, ICC'99, vol. 2*, pp. 801-805, doi: 10.1109/ICC.1999.765384.

[263] Kliks, A., Bogucka, H., Stupia, I., et al. (2009) A Pragmatic Bit and Power Allocation Algorithm for NOFDM Signalling. *IEEE Wireless Communications and Networking Conference, WCNC 2009*, pp. 1-6, doi: 10.1109/WCNC.2009.4917534.

[264] Fischer, R. and Huber, J. (1996) A New Loading Algorithm for Discrete Multitone Transmission. *Global Telecommunications Conference, 1996. GLOBECOM'96.' Communications: The Key to Global Prosperity, vol. 1*, pp. 724-728, doi: 10.1109/GLOCOM.1996.594456.

[265] Chow, P., Cioffi, J., and Bingham, J. (1995) A Practical Discrete Multitone Transceiver Loading Algorithm for Data Transmission over Spectrally Shaped Channels. *IEEE Transactions on Communications*, 43 (234), 773-775, doi: 10.1109/26.380108.

[266] Glover, I. and Grant, P. (2004) Digital Communications, Prentice Hall.

[267] Speth, M., Fechtel, S., Fock, G., et al. (2001) Optimum Receiver Design for OFDM-based Broadband Transmission .Ⅱ. A Case Study. *IEEE Transactions on Communications*, 49 (4), 571-578, doi: 10.1109/26.917759.

[268] Speth, M., Fechtel, S., Fock, G., et al. (1999) Optimum Receiver Design for Wireless Broad-band Systems Using OFDM. I. *IEEE Transactions on Communications*, 47 (11), 1668-1677, doi: 10.1109/26.803501.

[269] Rabiei, A. and Beaulieu, N. (2009) Cochannel Interference Mitigation Using Whitening Receiver Designs in Band Limited Microcellular Wireless Systems. *IEEE Transactions on Wireless Communications*, 8 (3), 1284-1294, doi: 10.1109/TWC.2008.071046.

[270] Winters, J. (1984) Optimum Combining in Digital Mobile Radio with Cochannel Interference. *IEEE Journal on Selected Areas in Communications*, 2 (4), 528-539, doi: 10.1109/JSAC.1984.1146095.

[271] Wang, T., Proakis, J., and Zeidler, J. (2007) Interference Analysis of Filtered Multitone Modulation over Time-varying Frequency- Selective Fading Channels. *IEEE Transactions on Communications*, 55 (4), 717-727, doi: 10.1109/TCOMM.2007.892455.

[272] Kasdin, N. (1995) Discrete Simulation of Colored Noise and Stochastic Processes and 1/f

alpha; Power Law Noise Generation. *Proceedings of the IEEE*, 83 (5), 802-827, doi: 10.1109/5.381848.

[273] Mochizuki, K. and Uchino, M. (2001) Efficient Digital Wide-band Coloured Noise Generator. *Electronics Letters*, 37 (1), 62-64, doi: 10.1049/el:20010026.

[274] Kay, S. (1981) Efficient Generation of Colored Noise. *Proceedings of the IEEE*, 69 (4), 480-481, doi: 10.1109/PROC.1981.12000.

[275] Golub, G.H. and Van Loan, C.F. (1996) Matrix Computation, The Johns Hopkins University Press, Baltimore, MD and London.

[276] Davis, M., Monk, A., and Milstein, L. (1996) A Noise Whitening Approach to Multiple-access Noise Rejection.Ⅱ. Implementation Issues. *IEEE Journal on Selected Areas in Communications*, 14 (8), 1488-1499, doi: 10.1109/49.539403.

[277] Monk, A., Davis, M., Milstein, L., et al. (1994) A Noise-whitening Approach to Multiple Access Noise Rejection .I. Theory and Background. *IEEE Journal on Selected Areas in Communications*, 12 (5), 817-827, doi: 10.1109/49.298055.

[278] Frohlich, F. and Martin, U. (2004) Frequency-Domain MIMO Interference Cancellation Technique for Space-time Block-coded Single-Carrier Systems. *ITG Workshop on Smart Antennas*, pp. 30-34, doi: 10.1109/WSA.2004.1407644.

[279] Manohar, S., Tikiya, V., Annavajjala, R., et al. (2007) BER-optimal Linear Parallel Interference Cancellation for Multicarrier DS-CDMA in Rayleigh Fading. *IEEE Transactions on Communications*, 55 (6), 1253-1265, doi: 10.1109/TCOMM.2007.898860.

[280] Patel, P. and Holtzman, J. (1994) Analysis of a Simple Successive Interference Cancellation Scheme in a DS/CDMA System. *IEEE Journal on Selected Areas in Communications*, 12 (5), 796-807, doi: 10.1109/49.298053.

[281] Shankar Kumar, K. and Chockalingam, A. (2004) Parallel Interference Cancellation in Multicarrier DS-CDMA Systems. *IEEE International Conference on Communications, vol. 5*, pp. 2874-2878, doi: 10.1109/ICC.2004.1313054.

[282] Xi, S., Song, M., Zhao, Y., et al. (2003) Co-Channel Interference Cancellation for MIMO CDMA Wireless Communications. *14th IEEE Proceedings on Personal, Indoor and Mobile Radio Communications. PIMRC 2003, vol. 2*, pp. 1405-1409, doi: 10.1109/PIMRC.2003.1260344.

[283] Foschini, C. (1996) Layered Space-time Architecture for Wireless Communications in Fading when Using Multiple Antennas. *Bell Laboratories Technical Journal*, 1 (2),

41-59.

[284] Golden, G., Foschini, G., Velenzuela, R., et al. (1999) Detection Algorithm and Initial Laboratory Results Using the V-BLAST Space-time Communication Architecture. *Electronics Letters*, 35 (1), 14-15.

[285] Kim, J.H., Jeong, J.Y., Yeom, S.J., et al. (1999) Performance Analysis of the Hybrid Interference Canceller for Multiple Access Interference Cancellation. *IEEE Region 10 Conference TENCON ’ 99, vol. 2*, pp. 1236-1239, doi: 10.1109/TENCON.1999.818651.

[286] Sun, S., Rasmussen, L., Lim, T., et al. (1998) A Matrix-Algebraic Approach to Linear Hybrid Interference Cancellation in CDMA. *IEEE 1998 International Conference on Universal Personal Communications, ICUPC’98, vol. 2*, pp. 1319-1323, doi: 10.1109/ICUPC.1998.733707.

[287] Farhang-Boroujeny, B. (2011) OFDM Versus Filter Bank Multicarrier. *IEEE Signal Processing Magazine*, 28 (3), 92-112, doi: 10.1109/MSP.2011.940267.

[288] Sahin, A., Guvenc, I., and Arslan, H. (2014) A Survey on Multicarrier Communications: Prototype Filters, Lattice Structures, and Implementation Aspects. *IEEE Communication Surveys and Tutorials*, 16 (3), 1312-1338, doi: 10.1109/SURV.2013.121213.00263.

[289] Plimmer, S.A., David, J.P.R., Ong, D.S., et al. (1999) A Simple Model for Avalanche Multiplication Including Deadspace Effects. *IEEE Transactions on Electron Devices*, 46 (4), 769-775, doi: 10.1109/16.753712.

[290] Saeedi-Sourck, H., Wu, Y., Bergmans, J.W.M., et al. (2011) Complexity and Performance Comparison of Filter Bank Multicarrier and OFDM in Uplink of Multicarrier Multiple Access Networks. *IEEE Transactions on Signal Processing*, 59 (4), 1907-1912, doi: 10.1109/TSP.2010. 2104148.

[291] Bellanger, M. (2010) Physical Layer for Future Broadband Radio Systems. *2010 IEEE Radio and Wireless Symposium* (*RWS*), pp. 436-439, doi: 10.1109/RWS.2010.5434093.

[292] Medjahdi, Y., Terre, M., Ruyet, D.L., et al. (2011) Performance Analysis in the Downlink of Asynchronous OFDM/FBMC based Multi-cellular Networks. *IEEE Transactions on Wireless Communications*, 10 (8), 2630-2639, doi: 10.1109/TWC.2011. 061311.101112.

[293] Waldhauser, D.S., baltar, L.G., and Nossek, J.A. (2008) MMSE Subcarrier Equalization for Filter Bank based Multicarrier Systems. *2008 IEEE 9th Workshop on Signal Processing Advances in Wireless Communications*, pp. 525-529, doi: 10.1109/SPAWC.

2008.4641663.

[294] Schaich, F., Wild, T., and Chen, Y. (2014) Waveform Contenders for 5G Suitability for Short Packet and Low Latency Transmissions. *2014 IEEE 79th Vehicular Technology Conference (VTC Spring)*, pp. 1-5, doi: 10.1109/VTCSpring.2014.7023145.

[295] Caus, M. and Neira, A.I. (2012) Transmitter-receiver Designs for Highly Frequency Selective Channels in MIMO FBMC Systems. *IEEE Transactions on Signal Processing*, 60 (12), 6519-6532, doi: 10.1109/TSP.2012.2217133.

[296] Chang, R.W. (1966) High-speed Multichannel Data Transmission with Bandlimited Orthogonal Signals. *Bell System Technical Journal*, 45, 1775-1796.

[297] Saltzberg, B. (1967) Performance of an Efficient Parallel Data Transmission System. *IEEE Transactions on Communication Technology*, 15 (6), 805-811, doi: 10.1109/TCOM.1967.1089674.

[298] Bellanger, M. and Daguet, J. (1974) TDM-FDM Transmultiplexer: Digital Polyphase and FFT. *IEEE Transactions on Communications*, 22 (9), 1199-1205, doi: 10.1109/TCOM.1974.1092391.

[299] Hirosaki, B. (1981) An Orthogonally Multiplexed QAM System Using the Discrete Fourier Transform. *IEEE Transactions on Communications*, 29 (7), 982-989, doi: 10.1109/TCOM.1981.1095093.

[300] Cherubini, G., Eleftheriou, E., Oker, S., et al. (2000) Filter Bank Modulation Techniques for Very High Speed Digital Subscriber Lines. *IEEE Communications Magazine*, 38 (5), 98-104, doi: 10.1109/35.841832.

[301] Cherubini, G., Eleftheriou, E., and Olcer, S. (2002) Filtered Multitone Modulation for Very High-speed Digital Subscriber Lines. *IEEE Journal on Selected Areas in Communications*, 20 (5), 1016-1028, doi: 10.1109/JSAC.2002.1007382.

[302] Bolcskei, H., Duhamel, P., and Hleiss, R. (1999) Design of Pulse Shaping OFDM/OQAM Systems for High Data-Rate Transmission Over Wireless Channels. *IEEE International Conference on Communications, vol. 1*, pp. 559-564, doi: 10.1109/ICC.1999.768001.

[303] Du, J. and Signell, S. (2007) Time Frequency Localization of Pulse Shaping Filters in OFD/OQAM Systems. *6th International Conference on Information, Communications Signal Processing*, pp. 1-5, doi: 10.1109/ICICS.2007.4449830.

[304] Le Floch, B., Alard, M., and Berrou, C. (1995) Coded Orthogonal Frequency Division

Multiplex [TV Broadcasting]. *Proceedings of the IEEE*, 83 (6), 982-996, doi: 10.1109/5.387096.

[305] Farhang-Boroujeny, B. and Yuen, C.G. (2010) Cosine Modulated and Offset QAM Filter Bank Multicarrier Techniques: a Continuous-time Prospect. *EURASIP Journal on Advances in Signal Processing*, 2010, 16.

[306] Farhang-Boroujeny, B. and Lin, L. (2005) Cosine Modulated Multitone for Very High-Speed Digital Subscriber Lines. *Proceedings. (ICASSP'05). IEEE International Conference on Acoustics, Speech, and Signal Processing, 2005, vol. 3*, pp. iii/345-iii/348, doi: 10.1109/ICASSP.2005.1415717.

[307] Pérez-Neira, A.I., Caus, M., Zakaria, R., et al. (2016) MIMO Signal Processing in Offset-QAM based Filter Bank Multicarrier Systems. *IEEE Transactions on Signal Processing*, 64 (21), 5733-5762, doi: 10.1109/TSP.2016.2580535.

[308] Caus, M. and Pérez-Neira, A.I. (2014) Multi-stream Transmission for Highly Frequency Selective Channels in MIMO-FBMC/OQAM Systems. *IEEE Transactions on Signal Processing*, 62 (4), 786-796, doi: 10.1109/TSP.2013.2293973.

[309] Viholainen, A., Bellanger, M., and Huchard, M. (2009) Prototype Filter and Structure Optimization. Deliverable D5.1, EU ICT - 211887 Project, PHYDYAS.

[310] Bellanger, M.G. (2010) FBMC Physical Layer: A Primer, online. PHYDYAS FP7 Project Document.

[311] Bellanger, M.G. (2001) Specification and Design of a Prototype Filter for Filter Bank Based Multicarrier Transmission. *Acoustics, Speech, and Signal Processing, 2001. Proceedings. (ICASSP'01). 2001 IEEE International Conference on, vol. 4*, pp. 2417-2420, doi: 10.1109/ICASSP.2001.940488.

[312] Farhang-Boroujeny, B. (2014) Filter Bank Multicarrier Modulation: A Wave Form Candidate for 5G and Beyond. *Advances in Electrical Engineering*, 2014, 25, doi: 10.1155/2014/482805.

[313] Amini, P., Yuen, C.H., Chen, R.R., et al. (2010) Isotropic Filter Design for MIMO Filter Bank Multicarrier Communications. *Sensor Array and Multichannel Signal Processing Workshop (SAM), 2010 IEEE*, pp. 89-92, doi: 10.1109/SAM.2010.5606775.

[314] Jackowski, T. (2014) Filter-bank based Multicarrier Transmission. MSc Thesis, Poznan University of Technology, Faculty of Electronics and Telecommunication.

[315] Siohan, P. and Roche, C. (2004) Derivation of Extended Gaussian Functions based on

the Zak Transform. *IEEE Signal Processing Letters*, 11 (3), 401-403, doi: 10.1109/LSP.2003.821727.

[316] Vahlin, A. and Holte, N. (1996) Optimal Finite Duration Pulses for OFDM. *IEEE Transactions on Communications*, 44 (1), 10-14, doi: 10.1109/26.476088.

[317] Slepian, D. and Pollak, H. (1961) Prolate Spheroidal Wave Functions, Fourier Analysis and Uncertainty. *Bell System Technical Journal*, 40, 43-64.

[318] Chen, C.Y. and Vaidyanathan, P. (2008) MIMO Radar Space Time Adaptive Processing Using Prolate Spheroidal Wave Functions. *IEEE Transactions on Signal Processing*, 56 (2), 623-635, doi: 10.1109/TSP.2007.907917.

[319] Walter, G.G. and Shen, X. (2004) Wavelets based on Prolate Spheroidal Wave Functions. *Journal of Fourier Analysis and Applications*, 10, 1-26, doi: 10.1007/s00041-004-8001-7.

[320] Zhao, H., Ran, Q.W., Ma, J., et al. (2010) Generalized Prolate Spheroidal Wave Functions Associated with Linear Canonical Transform. *IEEE Transactions on Signal Processing*, 58 (6), 3032-3041, doi: 10.1109/TSP.2010.2044609.

[321] Zakaria, R. and Ruyet, D.L. (2010) On Maximum Likelihood MIMO Detection in QAM-FBMC Systems. *21st Annual IEEE International Symposium on Personal, Indoor and Mobile Radio Communications*, pp. 183-187, doi: 10.1109/PIMRC.2010.5671632.

[322] Zakaria, R. and Ruyet, D.L. (2013) On Interference Cancellation in Alamouti Coding Scheme for Filter Bank Based Multicarrier Systems. *Wireless Communication Systems (ISWCS 2013), Proceedings of the 10th International Symposium on*, pp. 1-5.

[323] Zakaria, R. and Ruyet, D.L. (2012) A Novel Filter-bank Multicarrier Scheme to Mitigate the Intrinsic Interference: Application to MIMO Systems. *IEEE Transactions on Wireless Communications*, 11 (3), 1112-1123, doi: 10.1109/TWC.2012.012412.110607.

[324] Moret, N., Tonello, A., and Weiss, S. (2011) MIMO Precoding for Filter Bank Modulation Systems based on PSVD. *Vehicular Technology Conference (VTC Spring), 2011 IEEE 73rd*, pp. 1-5, doi: 10.1109/VETECS.2011.5956567.

[325] Ihalainen, T., Ikhlef, A., Louveaux, J., et al. (2011) Channel Equalization for Multi-antenna FBMC/OQAM Receivers. *IEEE Transactions on Vehicular Technology*, 60 (5), 2070-2085, doi: 10.1109/TVT.2011.2145424.

[326] Cheng, Y., Baltar, L.G., Haardt, M., et al. (2015) Precoder and Equalizer Design for Multi-User MIMO FBMC/OQAM with Highly Frequency Selective Channels. *2015*

IEEE International Conference on Acoustics, Speech and Signal Processing (ICASSP), pp. 2429-2433, doi: 10.1109/ICASSP.2015.7178407.

[327] Rottenberg, F., Mestre, X., and Louveaux, J. (2016) Optimal Zero Forcing Precoder and Decoder Design for Multi-User MIMO FBMC Under Strong Channel Selectivity. *2016 IEEE International Conference on Acoustics, Speech and Signal Processing (ICASSP)*, pp. 3541-3545, doi: 10.1109/ICASSP.2016.7472336.

[328] Rottenberg, F., Mestre, X., Horlin, F., et al. (2016) Single-tap Precoders and Decoders for Multi-user MIMO FBMC-OQAM under Strong Channel Frequency Selectivity. *IEEE Transactions on Signal Processing*, PP (99), 1, doi: 10.1109/TSP.2016.2621722.

[329] Estella, I., Pascual-Iserte, A., and Payaró, M. (2010) OFDM and FBMC Performance Comparison for Multistream MIMO Systems. *2010 Future Network Mobile Summit*, pp. 1-8.

[330] Tonello, A. and Pecile, F. (2008) Analytical Results about the Robustness of FMT Modulation with Several Prototype Pulses in Time-frequency Selective Fading Channels. *IEEE Transactions on Wireless Communications*, 7 (5), 1634-1645, doi: 10.1109/TWC.2008.060528.

[331] Farhang-Boroujeny, B. and Yuen, C.H.G. (2010) Cosine Modulated and Offset QAM Filter Bank Multicarrier Techniques: a Continuous-time Prospect. *EURASIP Journal on Advances in Signal Processing*, 2010, doi: 10.1155/2010/165654.

[332] Lin, L. and Farhang-Boroujeny, B. (2006) Cosine-modulated Multitone for Very-high-speed Digital Subscriber Lines. *EURASIP Journal on Applied Signal Processing*, 2006, 1-17.

[333] Vakilian, V., Wild, T., Schaich, F., et al. (2013) Universal-Filtered Multi-carrier Technique for Wireless Systems Beyond LTE. *Proceedings. (GLOBECOM'13). IEEE Global Communications Conference, 2013*, pp. 223-228, doi: 10.1109/GLOCOMW.2013.6824990.

[334] Chen, Y., Schaich, F., and Wild, T. (2014) Multiple Access and Waveforms for 5G: IDMA and Universal Filtered Multi-Carrier. *2014 IEEE 79th Vehicular Technology Conference (VTC Spring)*, pp. 1-5, doi: 10.1109/VTCSpring.2014.7022995.

[335] Schaich, F. and Wild, T. (2014) Waveform Contenders for 5G: OFDM vs. FBMC vs. UFMC. *Communications, Control and Signal Processing (ISCCSP), 2014 6th International Symposium on*, pp. 457-460, doi: 10.1109/ISCCSP.2014.6877912.

[336] Mitola, J. and Maguire, G.Q. (1999) Cognitive Radio: Making Software Radios More Personal. *IEEE Personal Communications*, 6 (4), 13-18, doi: 10.1109/98.788210.

[337] Mitola, J. (2000) Cognitive Radio: an Integrated Agent Architecture for Software Defined Radio. PhD Thesis, Royal Institute of Technology (KTH), Sweden.

[338] Mitola, J. (2006) Cognitive Radio Architecture: The Engineering Foundation of Radio XML, John Wiley & Sons, Inc., New York.

[339] Hossain, E., Niyato, D., and Han, Z. (2009) *Dynamic Spectrum Access and Management in Cognitive Radio Networks*, Cambridge University Press, Cambridge.

[340] Fette, B.A. (2009) *Cognitive Radio Technology*, Academic Press, New York.

[341] Biglieri, E., Goldsmith, A., Greenstein, L., et al. (2013) *Principles of Cognitive Radio*, Cambridge University Press, Cambridge.

[342] Di Benedetto, M.G. and Bader, F. (eds) (2014) *Cognitive Communication and Cooperative HetNet Coexistence*, Springer International Publishing, Switzerland.

[343] Holland, O., Bogucka, H., and Medeisis, A. (eds) (2015) *Opportunistic Spectrum Sharing and White Space Access: The Practical Reality*, John Wiley & Sons, Inc., New York.

[344] Akyildiz, I.F., Lee, W.Y., Vuran, M.C., et al. (2006) Next Generation/ Dynamic Spectrum Access/Cognitive Radio Wireless Networks: a Survey. *Computer Networks* (*Elsevier*), 50 (13), 2127-2159.

[345] Zhao, Q. and Sadler, B.M. (2007) A Survey of Dynamic Spectrum Access. *IEEE Signal Processing Magazine*, 24 (3), 79-89, doi: 10.1109/MSP.2007.361604.

[346] Wang, B. and Liu, K. (2011) Advances in Cognitive Radio Networks: a Survey. *IEEE Journal on Selected Topics in Signal Processing*, 5 (1), 5-23, doi: 10.1109/JSTSP.2010.2093210.

[347] Haykin, S., Thomson, D., and Reed, J. (2010) Spectrum Sensing for Cognitive Radio. *Proceedings of IEEE*, 97 (5), 849-877.

[348] Lu, L., Zhou, X., Onunkwo, U., et al. (2012) Ten Years of Research in Spectrum Sensing and Sharing in Cognitive Radio. *EURASIP Journal on Wireless Communications and Networking*, 2012 (28), 1-16.

[349] Pucker, L. (2010) Review of Contemporary Spectrum Sensing Technologies, Ts, IEEE-SA P1900.6 Standards Group.

[350] Yucek, T. and Arslan, H. (2009) A Survey of Spectrum Sensing Algorithms for Cognitive Radio Applications. *IEEE Communication Surveys and Tutorials*, 11 (1),

116-130, doi: 10.1109/SURV.2009.090109.

[351] Cichon, K., Kliks, A., and Bogucka, H. (2016) Energy-efficient Cooperative Spectrum Sensing: a Survey. *IEEE Communication Surveys and Tutorials*, 18 (3), 1861-1886.

[352] Jouini, W., Moy, C., and Palicot, J. (2012) Decision Making for Cognitive Radio Equipment: Analysis of the First 10 Years of Exploration. *EURASIP Journal on Wireless Communications and Networking*, 2012 (26), 1-16.

[353] Hardin, B. (1968) The Tragedy of the Commons. *Science*, 162 (3859), 1243-1248.

[354] Matinmikko, M., Mustonen, M., Roberson, D., et al. (2014) Overview and Comparison of Recent Spectrum Sharing Approaches in Regulation and Research: From Opportunistic Unlicensed Access Towards Licensed Shared Access. *Dynamic Spectrum Access Networks (DYSPAN), 2014 IEEE International Symposium on*, pp. 92-102, doi: 10.1109/DySPAN.2014.6817783.

[355] Report to the President's Council of Advisors on Science and Technology (PCAST) (2012) Realizing the Full Potential of Government-Held Spectrum to Spur Economic Growth.

[356] Sohul, M.M., Yao, M., Yang, T., et al. (2015) Spectrum Access System for the Citizen Broadband Radio Service. *IEEE Communications Magazine*, 53 (7), 18-25, doi: 10.1109/MCOM.2015.7158261.

[357] Holland, O., Nardis, L.D., Nolan, K., et al. (2012) Pluralistic Licensing. *Dynamic Spectrum Access Networks (DYSPAN), 2012 IEEE International Symposium on*, pp. 33-41, doi: 10.1109/DYSPAN.2012.6478113.

[358] Kliks, A., Holland, O., Basaure, A., et al. (2015) Spectrum and License Flexibility for 5G Networks. *IEEE Communications Magazine*, 53 (7), 42-49, doi: 10.1109/MCOM.2015.7158264.

[359] LTE-U Forum (2012) Online Web Page of the LTE-U Forum.

[360] Chen, Q., Yu, G., Yin, R., et al. (2016) Energy Efficiency Optimization in Licensed-assisted Access. *IEEE Journal on Selected Areas in Communications*, 34 (4), 723-734, doi: 10.1109/JSAC.2016.2544605.

[361] Galanopoulos, A., Foukalas, F., and Tsiftsis, T.A. (2016) Efficient Coexistence of LTE with Wi-Fi in the Licensed and Unlicensed Spectrum Aggregation. *IEEE Transactions on Cognitive Communications and Networking*, 2 (2), 129-140, doi: 10.1109/TCCN.2016.2594780.

[362] Li, Y., Baccelli, F., Andrews, J.G., et al. (2015) Modeling and Analyzing the Coexistence of Licensed-Assisted Access LTE and Wi-Fi. *2015 IEEE Globecom Workshops* (*GC Wkshps*), pp. 1-6, doi: 10.1109/GLOCOMW.2015.7414197.

[363] Singh, B., Hailu, S., Koufos, K., et al. (2015) Coordination Protocol for Inter-operator Spectrum Sharing in Co-primary 5G Small Cell Networks. *IEEE Communications Magazine*, 53 (7), 34-40, doi: 10.1109/MCOM.2015.7158263.

[364] Irnich, T., Kronander, J., Selén, Y., et al. (2013) Spectrum Sharing Scenarios and Resulting Technical Requirements for 5G Systems. *Personal, Indoor and Mobile Radio Communications* (*PIMRC Workshops*), *2013 IEEE 24th International Symposium on*, pp. 127-132, doi: 10.1109/PIMRCW. 2013.6707850.

[365] Zhang, Z., He, Y., and Chong, E. (2008) Opportunistic Scheduling for OFDM Systems with Fairness Constraints. *EURASIP Journal on Wireless Communications and Networking*, 2008 (1), 1-12.

[366] Han, Z., Ji, Z., and Liu, K. (2005) Fair Multiuser Channel Allocation for OFDMA Networks Using Nash Bargaining Solutions and Coalitions. *IEEE Transactions on Communications*, 53 (8), 1366-1376.

[367] Sacchi, C., Granelli, F., and Schlegel, C. (2011) A QoE-oriented Strategy for OFDMA Radio Resource Allocation Based on Min-MOS Maximization. *IEEE Communication Letters*, 15 (5), 494-496.

[368] Chen, J. and Swindlehurst, A. (2012) Applying Bargaining Solutions to Resource Allocation in Multiuser MIMO-OFDMA Broadcast Systems. *IEEE Journal on Selected Topics in Signal Processing*, 6 (2), 127-139.

[369] Han, Z., Ji, Z., and Liu, K. (2007) Non-cooperative Resource Competition Game by Virtual Referee in Multi-cell OFDMA Networks. *IEEE Journal on Selected Areas in Communications*, 25 (6), 1079-1089.

[370] Buzzi, S., Colavolpe, G., Saturnino, D.,et al. (2012) Potential Games for Energy-efficient Power Control and Subcarrier Allocation in Uplink Multicell OFDMA Systems. *IEEE Journal on Selected Topics in Signal Processing*, 6 (2), 89-103.

[371] Wu, D., Yu, D., and Cai, Y. (2008) Subcarrier and Power Allocation in Uplink OFDMA Systems based on Game Theory. *International Conference on Neural Networks and Signal Processing*, pp. 522-526.

[372] Yu, D., Wu, D., Cai, Y., et al. (2008) Power Allocation based on Power Efficiency in

Uplink OFDMA Systems: a Game Theoretic Approach. *IEEE Singapore International Conference on Communication Systems, (ICCS) 2008*, pp. 92-97.

[373] Chen, F., Xu, L., Mei, S., et al. (2007) OFDM Bit and Power Allocation based on Game Theory. *International Symposium on Microwave, Antenna, Propagation and EMC Technologies for Wireless Communications*, pp. 1147-1150.

[374] Wang, F., Krunz, M., and Cui, S. (2008) Price-based Spectrum Management in Cognitive Radio Networks. *IEEE Journal on Selected Topics in Signal Processing*, 2 (1), 74-87.

[375] Kwon, H. and Lee, B. (2006) Distributed Resource Allocation Through Noncooperative Game Approach in Multi-Cell OFDMA Systems. *IEEE International Conference on Communications*, pp. 4345-4350.

[376] Wang, L., Xue, Y., and Schulz, E. (2006) Resource Allocation in Multicell OFDM Systems Based on Noncooperative Game. *IEEE International Symposium on Personal, Indoor and Mobile Radio Communications*, pp. 1-5.

[377] Liang, Z., Chew, Y., and Ko, C. (2008) Decentralized Bit, Subcarrier and Power Allocation with Interference Avoidance in Multicell OFDMA Systems Using Game Theoretic Approach. *IEEE Military Communications Conference, MILCOM 2008*, pp. 1-7.

[378] Niyato, D. and Hossain, E. (2008) Competitive Pricing for Spectrum Sharing in Cognitive Radio Networks: Dynamic Game, Inefficiency of Nash Equilibrium, and Collusion. *IEEE Journal on Selected Areas in Communications*, 26 (1), 192-202.

[379] Bogucka, H. (2012) Optimal Pricing of Spectrum Resources in Wireless Opportunistic Access. *Journal of Computer Networks and Communications*, 2012 (1), 1-14, doi: 10.1155/2012/794572.

[380] Brandenburger, A. and Nalebuff, B. (1997) *Co-opetition: a Revolutionary Mindset that Combines Competition and Co-operation: The Game Theory Strategy That's Changing the Game of Business*, Currency Doubleday, New York.

[381] Parzy, M. and Bogucka, H. (2014) Coopetition Methodology for Resource Sharing in Distributed OFDM-based Cognitive Radio Networks. *IEEE Transactions on Communications*, 62 (5), 1518-1529, doi: 10.1109/TCOMM.2014.031214.130451.

[382] Kryszkiewicz, P., Kliks, A., and Bogucka, H. (2016) Small-scale Spectrum Aggregation and Sharing. *IEEE Journal on Selected Areas in Communications*, 34 (10), 2630-2641.

[383] Siohan, P., Siclet, C., and Lacaille, N. (2002) Analysis and Design of OFDM/OQAM

Systems Based on Filterbank Theory. *IEEE Transactions on Signal Processing*, 50 (5), 1170-1183.

[384] Sanguinetti, L., Morelli, M., and Poor, H. (2010) Frame Detection and Timing Acquisition for OFDM Transmissions with Unknown Interference. *IEEE Transactions on Wireless Communication*, 9 (3), 1226-1236.

[385] Kryszkiewicz, P. and Bogucka, H. (2016) Low Complex, Narrowband-Interference Robust Synchronization for NC-OFDM Cognitive Radio. *IEEE Transactions on Communications*, 64 (9), 3644-3654.

[386] Stitz, T., Ihalainen, T., Viholainen, A., et al. (2010) Pilot-based Synchronization and Equalization in Filter Bank Multicarrier Communications. *EURASIP Journal on Advances in Signal Processing*, 2010, 1-19.

[387] Fusco, T., Petrella, A., and Tanda, M. (2009) Data-aided Symbol Timing and CFO Synchronization for Filter Bank Multicarrier Systems. *IEEE Transactions on Wireless Communications*, 8 (5), 2705-2715.

[388] Thein, C., Fuhrwerk, M., and Peissig, J. (2013) About the Use of Different Processing Domains for Synchronization in Non-Contiguous FBMC Systems. *IEEE 24th International Symposium on Personal Indoor and Mobile Radio Communications* (*PIMRC*), pp. 791-795, doi: 10.1109/PIMRC.2013.6666244.

[389] Rahimi, S. and Champagne, B. (2014) Joint Channel and Frequency Offset Estimation for Oversampled Perfect Reconstruction Filter Bank Transceivers. *IEEE Transactions on Communications*, 62 (6), 2009-2021.

[390] 40, C.R. (2010) Compatibility Study for LTE and WiMAX Operating Within the Bands 880-915 MHz / 925-960 MHz and 1710-1785 MHz /1805-1880 MHz (900/1800 MHz Bands), Ts, CEPT.

[391] Rappaport, T. (2001) *Wireless Communications: Principles and Practice*, 2nd edn, Prentice Hall PTR, Upper Saddle River, NJ.

[392] ETSI TS 5.05. (1996) Digital Cellular Telecommunications System (Phase 2+); Radio Transmission and Reception, ETSI.

[393] 3GPP TS 25.104. (2008) Base Station (BS) Radio Transmission and Reception (FDD), 3rd Generation Partnership Project (3GPP).

[394] Bogucka, H. (2013) *Technologie Radia Kognitywnego*, Wydawnictwo Naukowe PWN, Warszawa (in Polish).